목천에게 배우는
흙집 짓는 법

내 손으로 짓는 최고의 생태주택

목천에게 배우는
흙집 짓는 법

목천 조영길 지음

황소걸음
Slow&Steady

내 손으로 짓는 최고의 생태주택

목천에게 배우는
흙집 짓는 법

펴낸날 | 2005년 5월 15일 초판 1쇄
　　　　　 2011년 7월 15일 초판 6쇄
지은이 | 조영길
만들어 펴낸이 | 정우진 강진영 김지영
꾸민이 | Moon&Park(dacida@hanmail.net)
펴낸곳 | 121-856 서울 마포구 신수동 448-6 한국출판협동조합 도서출판 광개토
편집부 | (02) 3272-8863
영업부 | (02) 3272-8865
팩 스 | (02) 717-7725
이메일 | bullsbook@hanmail.net
등 록 | 제22-243호(2000년 9월 18일)

황소걸음
Slow&Steady

© 조영길, 2005

ISBN 89-89370-38-8 03540

정성을 다해 만든 책입니다. 읽고 주위에 권해주시길….
잘못된 책은 바꿔드립니다. 값은 뒤표지에 있습니다.

목천흙집 공법을 개발하기까지

"이 염병할 인간들아!"

산골마을 동구에 서서 흙 묻은 손으로 눈물을 닦으며 마을을 향해 목이 터져라 욕설을 퍼붓던 20여 년 전 기억이 새삼스레 떠오른다. 흙집을 연구한다고 버려진 빈집이지만 멀쩡한 집을 부숴대는 필자를 마을 사람들이 미친놈이라며 쫓아냈던 것이다.

미술대학 재학 시절, 재능이 특출 나지도 않고, 미래에 대한 전망도 암울하여 방황하던 중 우연히 TV에서 사막 지역의 흙집을 보았다. 그곳이 어느 지역인지, 그 TV 프로그램이 어떤 내용이었는지는 생각나지 않는다. 이글거리는 태양이 초록색을 모두 휘발시켜 황금색으로 남은 모래만 끝없이 펼쳐져 있는데, 그런 곳에서도 사람이 살고, 그들이 사는 집은 분명 흙으로 지은 것이었다. 『이방인』에서 카뮈가 이야기하는 부조리의 느낌을 받았을 법도 한데, 뜨거운 여름에도 서늘하던 옛날 시골의 토담집이 떠올라 심장이 뛰기 시작했다.

"저거다! 흙집이야!"

그날로 짐을 싸 강원도 산골로 들어갔다. 건축에 대한 쥐꼬리만한 지식이라도 있었다면, 혹은 이 길이 이토록 힘들고 고될 줄 알았다면 그렇게까지 무모하지는 않았으리라. 하지만 당시 나는 젊은 날의 방

황 끝에 길을 찾았다는 기쁨과 정체 모를 열정에 휩싸여 있었다.

시골에 버려진 토담집과 흙벽돌집은 물론 흙으로 지어진 집 수십 채를 부숴가며 집터를 어떻게 다지고 집은 어떻게 지었는지 알아갔다. 막히는 것들은 전통 집에 관한 책을 들여다보기도 하고, 여기저기 찾아다니며 물었다. 그러면서 옛날 흙집의 장점은 살리고 단점은 보완하고, 다른 건축물의 장점을 받아들였다. 벽의 두께를 40cm 이상으로 하여 견고함과 단열 효과를 얻었다. 신라의 첨성대가 천 년이 넘도록 건재한 원인이 원형 구조에 있음에 주목했으며, 건축사에 유례가 없는 '목천목 공법'을 개발하여 호흡하는 벽에 건축미를 더했다. 그러는 동안 수백 채를 짓고 허물기를 거듭하여 탄생한 집이 지금의 '목천흙집'이다.

누구나 자기 손으로 쉽게 지을 수 있는 집, 짓는 이의 개성을 가장 잘 드러낼 수 있는 집, 짓는 비용이 가장 적게 드는 집, 가장 건강에 좋은 집, 가장 환경 친화적인 집, 냉난방비가 가장 적게 드는 집…. 목천흙집의 장점을 나열하니 자화자찬이어서 얼굴이 화끈거리지만 사실이다. 때마침 웰빙 바람이 불어 황토가 건강에 좋으니 어쩌니 하며 목천흙집을 상업적으로 바라보는 시선이 영 못마땅하지만, 그래

목천흙집 공법을 개발하기까지

도 그로 인해 많은 이들이 흙집에 관심을 갖는 것은 다행스러운 일이 아닐 수 없다.

이 책에서는 목천식으로 흙집 짓는 법에 대한 기본적인 기술을 제시하고 있다. 흙집을 짓고자 하는 이에게 용기를 주고 작은 도움이라도 된다면 더 큰 보람이 없겠다. 목천흙집 공법이 쉬워 보이고 어수룩해 보여도 오랜 기간 연구한 결과물이고, 온몸으로 한 체험에서 우러나온 기술이니 부디 하나라도 소홀히 넘기는 일이 없었으면 하는 바람이다.

초창기에 흙집을 지어보겠다고 전국 방방곡곡에 있는 흙집 기술자들을 찾아다녔지만, 누구 하나 기술을 알려주지 않았다. 그나마 인심 좋은 분을 만나면 무보수로 일을 도와주며 어깨너머로 기술을 배웠다. 궁금한 점을 질문해도 대답해주지 않아 일이 끝난 뒤 한 시간이고 두 시간이고 방금 지은 곳을 들여다보며 스스로 깨우쳐야 했다. 필자는 그때 지식에 대한 목마름을 뼈저리게 맛보았다. 그래서 필자가 배우고 개발한 기술을 널리 알리고자 한다. 덧붙여 필자보다 많이 배우고 현명한 분들이 흙집에 관심을 갖고 흙집 공법을 발전시켜 많은 이들이 사람과 자연에 좋은 흙집을 짓고 살 날이 오기를 바란다.

끝으로 목천흙집은 필자 혼자 개발한 집이 아니다. 20년 넘게 한 길을 걸으며 어찌 좌절과 외로움이 없었겠는가. 목천흙집은 한결같은 모습으로 그 길을 함께 걸으며 때로는 벗이 되어주고, 때로는 제자가 되어주고, 때로는 스승이 되어준, 지아비의 아내를 넘어 나의 영원한 도반인 아내 현과 함께 개발한 집이다. 이 자리를 빌려 현에게 깊은 고마움과 존경을 표한다. 그리고 이 책을 위해 처음부터 끝까지 자료와 글을 꼼꼼히 정리해준 오경문님, 자신의 책을 내는 것처럼 도와준 백가이버 백종길님, 그밖에도 일일이 거명을 못하지만 흙집 짓기에 관심을 가지고 직접 배우러 오셨던 많은 분들에게도 감사의 말씀을 드린다. 끝으로 이 책을 낼 수 있도록 용기를 주고, 정성을 들여 만들어준 황소걸음 식구들에게도 깊은 감사의 말씀을 드린다.

2005년 늦봄
흙집세상에서
목천 조영길

목천흙집에 대한 이해_ 20

2.

목천흙집 기초_ 40

3.

본채 만들기_ 98

4.

지붕 올리기_ 194

5.

마무리_ 294

6.

편의시설 만들기_ 376

부록_ 430

1.
목천흙집에
대한 이해

1. 흙집 일반

    수천 년 된 그리스 로마의 석조 건축물과 수백 년 된 유럽의 돌로 만든 집들은 아직도 웅장하고 고색창연하게 남아 세계 여러 나라 관광객들의 발길을 끈다. 필자도 한때 '굴뚝 없는 공장'이라는 관광 산업으로 잘 먹고 잘 사는 그 후손들을 보며 부러워한 적이 있다. 석굴암을 만들 정도로 훌륭한 기술이 있으면서도 왜 우리 조상들은 돌로 집을 짓지 않았을까? 그런 기술로 많은 석조 건축물을 남기고 돌로 집을 지었다면 오늘날 세계 여러 나라의 관광객들이 우리나라에 몰려왔을 텐데….

    문명이 발달함에 따라 건축 재료와 공법이 급격히 획일화되고 있지만, 얼마 전만 해도 에스키모들은 얼음을 잘라 지은 집에서 살았고, 동남아시아의 어느 부족은 아직도 땅 위에 기둥을 박고 그 위에다 집을 짓고 산다. 남미 페루에 있는 어느 인디언 부족은 호수에서 자라는 갈대로 떠다니는 섬을 만들고, 그 위에 갈대로 집을 짓는다.

    집의 형태가 왜 이렇게 다양할까? 지역마다 다른 건축 재료나 형태를 보면 참으로 놀라운 사실, 아니 당연한 사실을 발견할 수 있다. 사람들은 자기가 사는 지역에서 가장 흔하게 얻을 수 있는 재료로 그 지역 기후에 알맞은 집을 짓고 산다.

    우리 조상들은 오랜 세월 동안 흙과 나무로 집을 지었다. 왜 그랬을까? 흙과 나무가 가장 흔하게 구할 수 있고, 우리나라 기후에 가장 적합한 재료이기 때문이다. 유럽 사람들도 그 지역에서 가장 흔하고 그 지역 기후에 알맞은 돌로 집을 지었을 뿐이다.

우리나라 기후는 여름에 고온다습하고 겨울에는 저온건조하다. 그런 연유로 가장 흔하게 구할 수 있으면서도 단열이 잘 되고 습기 조절이 가능한 흙을 건축 재료로 가장 많이 사용했다.

현대 건축의 재료가 건강에 해롭다는 사실이 밝혀지자 부쩍 전통 집에 대한 관심이 많아졌다. 그중에서도 황토가 여러 가지로 몸에 이롭다는 연구 결과가 발표됨에 따라 흙집에 대한 관심 또한 많아졌다. 우리 것은 낡은 것이고 좋지 않은 것이며, 서양 것은 새로운 것이고 좋은 것이라는 인식이 흔들리고 있는 듯해 반갑기 그지없다.

우리 전통 흙집은 벽을 올리는 방식에 따라 몇 가지로 나뉜다. 지금도 이런 방식을 발전시켜 흙집을 짓고 있기 때문에 기본적인 것을 알아두면 좋다.

첫째, 심벽집이 있다. 심벽집은 목조 건축에 흙으로 벽을 쌓은 집이다. 먼저 나무로 기둥과 보를 넣어 집을 짓고, 벽을 만들 때 아래위 보 사이에 가는 나무로 심을 박은 다음 거기에 흙을 바른다. 그래서 숙련된 목수 일이 필요하고, 벽을 두껍게 만들기 어렵다. 우리나라 전통 건축에서 가장 많이 사용한 방식이다.

둘째, 흙벽돌집이 있다. 흙을 볏짚과 섞어 반죽한 뒤 틀에 넣어 찍어낸 벽돌로 만든 집이다. 시공이 단순하고 쉬워 우리나라는 물론 세계 여러 곳에서 많이 볼 수 있는 건축 방식이다.

셋째, 흙으로 담을 쌓아 만드는 토담집이 있다. 목천흙집도 바로 이 토담집에서 발전한 형태라고 할 수 있다. 토담집을 '담틀집'이라고도 부르는데, 담틀집은 말 그대로 틀(거푸집)을 세우고 그 안에 흙을 다져 넣어 벽을 쌓는 방식이다.

외국에서도 지역에 맞게 다양한 흙집을 짓는다. 아프리카 마사이족은 쇠똥과 흙을 섞어 흙집을 짓고, 무더운 중동 지방이나 북아프리카에서는 흙벽돌로 집을 짓는다. 흙집의 공통점은 벽이 스스로 숨을 쉬어 습도를 조절해주며, 겨울에는 따뜻하고 여름에는 시원하다는 점이다. 머리말에서 밝혔듯이 목천흙집도 사막 지역의 벽이 두꺼운 흙집에서 착안한 것이다. 하지만 흙집에도 단점은 있다.

첫째, 물에 약하다. 따라서 흙벽이 물에 젖지 않도록 신경을 써야 한다.

목천흙집 지붕 올리는 공법

목천흙집에서 지붕을 올리는 공법에는 다섯 가지가 있다. 각 공법은 집의 용도나 크기, 층수에 따라 다르게 적용된다. 하지만 기본 기술은 이 책에서 설명하는 요철통 공법에 모두 들어 있다.

요철통 공법
집 면적이 비교적 좁은 12평 이하의 집을 지을 때 사용한다.

동자기둥 대들보 공법
12평 이상, 25평 이하의 흙집을 지을 때 사용한다.

둘째, 크랙이 많이 생긴다. 크랙을 막기 위해 시멘트를 섞기도 하는데, 별로 좋은 방법이 아니다. 시멘트를 섞는다면 굳이 흙집을 지을 이유가 없을 것이다. 크랙이 생기면 흙으로 메우면 된다.

셋째, 고층으로 짓는 것이 불가능하다. '목천흙집 공법'으로도 최고 3층까지밖에 지을 수 없다.

넷째, 현대 건축처럼 다양한 디자인을 하는 데 한계가 있다.

필자는 이런 단점을 보완하기 위해 많은 연구를 거듭했고, 어느 정도 성과를 거두었다.

보 공법
원형 방과 방을 연결할 때 사용한다.

마당 공법
2층을 올릴 때 사용한다.

기둥 공법
면적이 큰 건물이나 2층 이상의 흙집에 사용한다.

2. 목천흙집

1) 목천흙집의 특징

목천흙집은 전통 흙집의 단점을 없애고 장점을 극대화했으며, 새로 개발한 공법을 더해 내구성, 견고성, 건축과 거주의 편의성, 경제성, 건축미까지 고루 갖춘 가장 자연친화적인 생태 주택이라 할 수 있다. 목천흙집의 특징은 본문의 각 과정마다 상세히 설명할 것이므로 여기서는 간략히 짚고 넘어가겠다.

첫째, 흙과 돌, 나무 등 재료를 자연 그대로 사용한다. 목천흙집은 우리 주변에서 가장 흔하게 구할 수 있는 재료로 지으며, 그 재료도 거의 가공하지 않는다. 짓다가 마음에 들지 않으면 허물어 그 재료로 다시 지을 수도 있고, 흙집에 살다가 명이 다해 저세상으로 갈 때는 그대로 허물면 무덤이 될 정도다. 따라서 건축비가 가장 저렴하며, 재료를 자연 그대로 사용하기 때문에 건강에도 좋다. 물을 많이 쓰는 화장실에 타일을 붙이거나 비가 샐 염려가 있는 지붕에 방수포를 덮는 정도는 용인해주기 바란다.

둘째, 원형을 기본 모양으로 한다. 흙집은 원형으로 짓는 게 가장 튼튼하다. 원형으로 지으면 벽에 가해지는 힘이 고루 분산되어 다소 균형이 맞지 않더라도 무너지지 않는다. 흙집을 원형으로 짓는 또 다른 이유는 필자의 집에 대한 철학 때문이다.

직선 구조로 된 싱크
대는 벽면을 따라 싱
크대 상판만 톱질하
여 꺾으면 원형 벽을
따라 놓을 수 있다.

사람은 자기가 사는 집을 닮는다. 사람 사는 땅이 둥글고 하늘이
둥글고 만물에게 생명을 주는 태양이 둥근데, 모나고 각지게 집을 짓
고 사니 사는 것도 모나고 각지지 않나 싶다. 목천흙집을 본 많은 사
람들이 다른 모양으로는 지을 수 없느냐고 묻곤 한다. 각이 진 가구
때문에 공간의 효율성을 걱정해서 하는 말일 것이다. 흙집에 살면 굳
이 큰 가구가 필요 없다. 수납 공간을 얼마든지 흙벽으로 만들 수 있
기 때문이다. 그리고 집에 가구를 맞춰야지 가구에 집을 맞춘다면 주
객이 전도된 것 아닌가 싶다. 하지만 굳이 원형 구조로 된 흙집을 피
하고 싶으면 원형 구조를 기본으로 한 다른 모양도 가능하니 걱정하
지 않아도 된다.

셋째, 반죽한 흙을 40cm 두께로 쌓아 흙벽을 만든다. 흙벽돌집이
지진이나 다른 충격에 약한 면을 보이는 것과 달리 목천흙집은 반죽
한 흙을 두드려가며 두껍게 쌓기 때문에 사람들이 상상하는 것보다

훨씬 튼튼하다. 얼마나 튼튼한지는 뒤에 사례를 들어 설명하겠다. 또 개미와 같은 벌레는 물론 쥐도 절대 구멍을 뚫고 들어오지 못한다.

40cm 두께의 흙벽은 단열 효과가 뛰어나 여름에는 에어컨이 필요 없을 정도로 시원하고, 겨울에는 외풍이 거의 없어 최소한의 난방만으로도 따뜻하다. 따라서 냉난방비가 적게 든다. 또 흙벽은 습할 땐 습기를 빨아들여 머금고, 건조할 땐 습기를 내뿜어 습도를 조절한다. 평당 약 1*l*의 물을 머금었다 내뿜었다 할 정도로 뛰어난 습도 조절기다.

넷째, 흙벽에 통나무를 넣는 '목천목 공법'으로 짓는다. 이 공법은 건축의 상식을 뛰어넘는 것이며, 건축사에 유례가 없는 공법이다. 목조 건축에서 나무를 주로 기둥과 보로 활용하고, 통나무 건축에서도 길이로만 사용했지, 나무를 잘라 벽에 가로로 놓는 일은 건축사 어디에도 없다. 그리고 우리나라에서 생산되는 나무는 휜 것이 대부분이라 목재보다는 땔감으로 많이 쓰는데, 40cm 길이로 잘라서 사용벽은 직선으로 하고 각지는 부분을 둥글리는 방법을 사용하면 사각 흙집을 지을 수 있다. 지금도 여러 곳에서 사각 흙집을 짓고 있는데, 몇 가지 주의할 점이 있다.

첫째, 기초를 다질 때 공을 많이 들이고, 흙벽이 정확히 수직이 되도록 해야 한다. 조금이라도 균형이 맞지 않거나 흙벽이 수직을 이루지 않으면 무너질 우려가 있다.

둘째, 흙벽을 쌓을 때 모서리 부분이라도 곡선으로 해야 하중을 분산시키고, 각지는 부분에 크랙이 많이 생기는 것을 예방할 수 있다.

셋째, 직선으로 흙벽을 쌓는 길이는 10m 미만으로 한다. 그 이상은 무너질 염려가 있다. 지주대를 대면 괜찮지만 여러모로 힘이 든다.

이외에 반원형 흙집도 가능하다. 물론 각지는 부분은 곡선으로 처리해야 한다.

사각 흙집도 가능하다

사각형으로 지은 목천흙집에서 각진 부분을 곡선으로 처리한 모습

하니 그동안 쓸모없다고 버리던 나무가 유용한 건축재가 되었다.

이 목천목은 밋밋한 흙벽의 단순함을 보완하여 건축미를 더하는 것은 물론 집 안 공기를 정화하는 역할을 한다. 목천흙집 안에서 담배를 피워보면 목천목이 얼마나 훌륭하게 공기 정화 작용을 해내는지 느낄 수 있다. 또 나무에서 나오는 그윽한 솔향과 사람에게 이롭다는 피톤치드 성분까지 덤으로 얻을 수 있다.

여기서 잠시 목천목의 이름에 대해서 이야기하고자 한다. 그동안 목천목에 특별한 이름이 없었다. 어떤 이는 '벽체나무'라 하고, 어떤 이는 '목심'이라고도 해 부르는 이마다 달랐다. 외국에서는 보통 새로운 공법을 개발하면 그 공법에 개발한 사람 이름을 붙이는 경우가 많다. 이는 그 사람의 업적을 기리고, 새로운 공법을 개발하고자 하는 이들에게 동기를 부여하기 위함인 듯하다. 필자 또한 자부심을 가지고 필자가 개발한 공법에 필자의 호를 붙이고자 한다. 독자들이 많이 불러주어 목천목 공법이 일반화된 이름을 얻는다면 필자에게 더없는 영광이겠다.

다섯째, 자연 친화적인 '흙물 도배'를 한다. 많은 사람들이 흙집에 대해 부정적인 생각을 갖는 이유가 물기에 약하다는 것과 흙이 묻어나거나 먼지가 생기지 않나 하는 점이다. 필자도 흙집을 지으며 가장 많이 고민하고 연구한 부분이다. 필자는 이 문제를 선조들의 지혜로 해결했다. 우리 선조들은 예부터 해초나 찹쌀로 쑨 풀을 흙과 적절히 섞어 벽에 발랐다. 단지 우리가 선조들의 지혜를 소홀히 여겨 배우지 못했을 뿐이다. 필자는 선조들의 흙물 도배를 목천흙집에 적용해보고 감탄하지 않을 수 없었다.

여섯째, 누구나 쉽게 배워 자기만의 집을 자기 손으로 지을 수 있다. 목천흙집은 원리를 알고 몇 가지 원칙만 지키면 누구나 쉽게 배워 자기가 살 집을 스스로 지을 수 있다. 그만큼 공법이 단순하고 쉽다. 현대 건축의 공법은 너무나 복잡하고 전문적인 기술이 필요할 뿐만 아니라 재료도 개인이 구하기 어렵다. 그래서 자기 집을 스스로 지을 엄두를 내기는커녕 전문 건축업자에게 맡겨야 하고, 설계나 건축 재료의 한계 등 여러 가지 이유로 집주인의 뜻이 무시되기도 한다. 이에 비해 목천흙집은 재료를 구입하기도 쉽고, 가격도 저렴하며, 공법이 단순해 스스로 집을 지을 수 있음은 물론, 자기 마음대로 모양을 내기 때문에 집주인의 개성을 최대한 살릴 수 있다.

2) 목천흙집을 짓기 전에 유의할 점

목천흙집 공법이 아무리 쉽다 해도 난생처음 집을 지으려는 사람에게 집 짓기가 그리 쉬운 일은 아니다. 목천흙집 짓기가 쉽다는 말은 짓는 기술, 즉 공법이 쉽다는 이야기다. 이 말을 육체노동도 쉽다는 의미로 받아들이면 곤란하다. 세상에서 가장 힘든 노동이 바로 흙으로 하는 일이다. 흙으로 집 한 채를 짓는 일이니 오죽 힘이 들겠는가. 그러니 육체노동은 각오하고 집 짓기를 시작해야 한다.

또 흙집을 지을 때 규정에 얽매이지 말라고 했더니, 어느 공정이 힘들다며 슬쩍슬쩍 넘어가려는 사람이 있다. 무슨 일에나 원칙이 있는 법이다. 흙집을 짓다 보면, 원칙을 지키지 않을 때는 반드시 그 대가를 치른다는 진리를 깨달을 것이다.

3) 목천흙집을 쉽게 짓는 방법

첫째, 지어놓은 목천흙집을 둘러본다. 목천흙집 공법은 쉽다. 그래서 지어놓은 집을 자세히 살펴보는 것만으로도 어느 정도 공법을 익힐 수 있다.

70평 규모의 큰 흙집

교육생 중에 미대를 나온 사람이 있었는데 다리가 조금 불편했다. 그러다 보니 현장에서 다른 사람들과 같이 일하며 기술을 익히는 데 한계가 있었다. 이 친구는 교육 기간 동안 휴일에도 집에 가지 않고, 지어놓은 흙집을 열심히 살피고 다녔다. 교육이 끝날 때쯤 되니까 다른 사람들보다 흙집 짓는 법에 대해 훨씬 많이 알고 있었다.

둘째, 작은 집부터 지어본다. 현재 필자가 거주하는 집은 70평이다. 게다가 거실은 2층 높이로 지었다. 넓은 집이 좋아 크게 지은 것이 아니다.

"흙집은 고만고만하게 지을 수밖에 없나요?"

이렇게 묻는 사람이 많아 흙집도 크게 지을 수 있다는 것을 보여주려고 지었다. 목천흙집 공법이 쉽다고 해도 집이 커지면 생각해야 할 부분이 생긴다. 처음부터 거실이 넓고 방이 많은 흙집을 짓기는 어렵다. 방 하나에 화장실이 딸린 10평 이하의 집을 지어 흙집 짓는 연습

을 한 뒤에 큰 집을 짓기 바란다. 이런 간단한 집에도 목천흙집 짓는 기본적인 기술은 모두 들어 있다. 큰 집이라고 특별한 기술이 있는 것이 아니라 작은 집 짓는 기술을 응용하여 짓기 때문이다.

셋째, 규격을 정확하게 맞추려고 하지 않는다. 처음 집을 짓는 사람에게 각도가 어떻고, 길이가 어떻고 하며 숫자부터 들이대면 겁을 먹어 포기하고 만다. 목천흙집은 현대 건축과 달리 여유가 있다. 이 여유는 집을 짓는 공법에도 그대로 적용된다. 목천흙집을 지을 때는 현대 건축에서처럼 치수를 정확하게 맞추지 않아도 된다. 흙벽을 다 쌓고 천장을 올렸는데 너무 높으면 방구들을 높이고, 집을 짓다가 마음 가는 쪽으로 창을 옮길 수도 있다.

넷째, 목천흙집에서는 실수라는 것이 없다. 잘못되었으면 그 부분만 다시 지으면 된다. 심지어 집을 다 지어놓고 보니 다른 출입문이 필요해 벽을 뚫고 새로 만들기도 한다. 나무를 잘못 깎거나 해서 못 쓰는 일도 없다. 본문을 읽어보면 알겠지만 그런 나무도 다 쓸 곳이 있다. 흙집은 꼭 우리의 보자기와 같다. 서양에서 들어온 가방은 가방 크기에 맞춰 물건을 넣지만, 보자기는 물건 크기에 맞춰 보자기를 사용한다. 흙집이 바로 그렇다. 사람이 집에 맞춰가는 것이 아니라 짓는 사람이 하는 대로 집이 따라온다. 그래서 목천흙집을 지을 때는 설계도가 없어도 된다.

다섯째, 가족이나 가까운 사람과 함께 짓는다. 목천흙집은 다른 건축과 달리 인건비가 90%를 차지한다. 그러니 가족이 함께 짓거나 친구와 품앗이로 짓는 것이 좋다. 서두르지 말고 도란도란 이야기 나누며 짓고, 밤에는 서로 어깨 두드려주며 쉬는 것이 가장 이상적인 모습이다. 부부가 지으면 완전 초보일 경우 30평짜리를 짓는 데 5~6개월 걸린다. 이보다 작은 10평짜리는 1~2개월이면 짓는다.

여섯째, 단시간 내에 지으려고 하지 않는다. 목천흙집 공법이 쉬운 것은 사실이지만 힘든 육체노동이 필요하다. 그래서 조급한 마음에 빨리 지으려 하면 지쳐서 포기할 우려가 있다. 빨리 짓는 것보다 자신의 몸 상태에 맞춰 공사 기간을 넉넉하게 잡는 것이 좋다.

마지막으로, 자기 개성을 최대한 살려 흙집을 짓도록 노력한다. 이 책에서 필자는 목천흙집을 짓는 기술과 원리 위주로 설명한다. 이를 기초로 자기만의 개성을 살려 흙집을 짓기 위해 노력한다면 목천흙집이 더욱 발전할 수 있을 것이다. 목천흙집의 가장 큰 장점은 얼마든지 응용이 가능하다는 것이다. 목천흙집에는 현대 건축의 장점과 현대 인테리어를 접목시킬 수 있다. 창호나 문틀, 화장실과 욕실, 바닥과 흙벽의 마무리 등 자연에 반하지 않는 범위에서 얼마든지 새로운 기술 접목이 가능하다. 지금까지 목천흙집을 배운 사람들이 그렇게 응용하여 집을 짓고 있다. 여러분도 필자가 가르쳐주는 기술에 만족하지 말고 새로운 방법을 찾아 자신에게 맞는 흙집을 짓기 바란다.

3. 흙과 나무의 이해

1) 흙

흙이란 돌이 바람과 물 혹은 다른 어떤 것에 의해 수많은 시간 동안 풍화되어 모래가 되고, 그 모래가 더 풍화되어 생긴 가루를 말한다. 그 가루에 적당한 양의 수분과 유기물, 광물이 첨가되면 생명체를 길러내는 만물의 어머니, 흙이 된다.

흙의 종류는 아주 많지만 목천흙집은 어떤 특정한 흙만 고집하지 않기 때문에 흙의 종류에 대해 자세히 알 필요는 없다. 하지만 황토에 대해서는 살펴봐야 할 것 같다. 요즘 너도나도 황토 타령을 하기 때문이다.

황토

황토는 참 희한한 흙이다. 색깔이나 하는 짓이 예쁘고, 버릴 것은 한 가지도 없기 때문이다.

필자는 황토의 성분이 무엇인지 잘 모른다. 디페놀 옥시다아제 등 도통 알아들을 수 없는 외국말이라 별로 알고 싶지도 않다. 필자가 아는 황토는 산소를 많이 함유하고 있으며, 오염 물질을 정화하는 작용이 뛰어나고, 냄새를 없애주며, 기름을 잘 흡수하고, 60℃ 이상 열을 가하면 원적외선이 나와 사람 몸에 좋고, 황토 한 줌에는 수많은 종류의 미생물이 몇억 마리나 살고 있다는 상식 정도다.

　시골에서 자란 사람은 황토의 과학적 성분은 몰라도 황토 좋은 줄은 다 안다. 개가 침을 흘리며 아파할 때 햇빛 잘 드는 황토 땅에 배를 대고 누워 있는 것이나, 가축들이 아프면 황토를 핥아먹는 것을 본 기억이 있을 것이기 때문이다.

　'黃'자를 쓴다 하여 누런 흙이 모두 황토는 아니다. 황토는 포함되어 있는 광물질에 따라 적색이나 자색을 띠기도 한다. 또 적토를 황토로 잘못 알고 있는 사람도 많다. 황토는 진홍갈색이나 황색, 갈색 계통이다. 하지만 적토는 아주 빨간색이고, 모래가 섞여 있지 않아 반죽하면 크랙이 많이 생긴다.

　황토로 지은 집이 가장 좋기는 하지만, 필자는 꼭 황토로 집을 지으라고 권하고 싶지는 않다. 황토든 적토든 흑토든 생명을 기르는 흙임에는 틀림없기 때문이다.

목천흙집에서 사용하는 흙

　먼저 '목천황토집'이 아니라 '목천흙집'임을 분명히 하고 싶다. 우리 전통 초가집은 모두 황토로 지은 것으로 잘못 알고 있는 경우가 많은데, 그 집들은 흙집이라고 불렀지 황토집이라고 부르지는 않았다. 목천흙집 역시 마찬가지다. 흙집이라는 말에는 황토, 적토, 흑토 등 모든 흙으로 지을 수 있다는 뜻이 들어 있다. 목천흙집은 우리나라에서 나는 모든 흙으로 지을 수 있지만, 굳이 적합하다고 생각되는 조건을 든다면 다음과 같다.

　만져보아서 입자가 고르고 부드러우며, 특히 오염되지 않은 흙을 사용한다. 밭이나 논흙은 농사를 위해 비료와 농약을 뿌렸기 때문에 흙집을 짓는 데 부적당하다. 가장 좋은 흙은 집 주위에 있는 흙이다. 주위에 사는 나무나 풀이 가장 잘 적응한 흙이기 때문이다. 흙은 나뭇잎이나 풀이 썩어 거름기가 있는 표피를 걷어내고 사용한다.

황토는 반죽을 하면 굉장히 차지고, 마른 뒤에 크랙이 많이 생긴다. 크랙을 예방하기 위해 모래나 밀가루를 섞기도 한다.

적토로 지으면 색깔 때문에 시각적으로 피로함을 느낄 수 있다. 적토로 집을 지었을 때는 나중에 황토로 벽을 칠하면 이런 단점을 보완할 수 있다. 또 적토는 모래가 섞여 있지 않아 크랙이 많이 생긴다.

2) 나무

예부터 건물을 짓는 나무는 까다롭게 골랐다. 반듯하고 단단해야했다. 잘생긴 나무는 모두 집 짓는 데 사용되었기 때문에 '못생긴 나무가 숲을 지킨다'는 말까지 나왔을 정도다. 목천흙집에서는 못생긴 나무도 상관없다. 40cm 길이로 잘라 사용하기 때문이다. 다만 단단하고 잘 갈라지는 활엽수보다는 목질이 탄력 있고 질겨 갈라짐이 적은 소나무, 잣나무와 같은 침엽수를 주로 사용한다. 지금까지 여러 가지 나무를 사용해본 결과 목천흙집을 지을 때는 야산에서 자란 우리 소나무가 향이 그윽하고 가격도 저렴해 가장 좋았다. 그리고 보 공법으로 집을 지을 때 보는 미송을 사용한다.

육송 우리나라에서 나오는 소나무로 우리에게 가장 잘 맞는다. 가볍고 무늬가 아름다우며, 목질도 강해 가장 좋은 목재 중 하나다.
적송 '홍송' '조선소나무'라고도 한다. 옛날에는 건물 지을 때 주로 사용했는데, 휜 것이 많아 현대 건축에서는 쓸 곳이 별로 없다. 하지만 목천흙집에서는 아주 요긴하게 쓰인다.
잣나무 특유의 향기가 나며 가볍고 연하다. 비틀어지거나 갈라짐이 적은 고급 목재로 악기 등을 만든다.

이외에도 전나무, 곰솔, 리기다소나무, 수입목으로 소련에서 들어오는 북양잣나무, 북양전나무, 구주소나무, 북양낙엽송 등을 사용할 수 있고, 미국에서 들어오는 미국솔송나무, 하이트 스프루스, 레드파인, 다그라스 훠, 엥겔만 스프루스 등 생소한 나무들도 사용한다. 다른 건축물에서 사용하기를 기피하는 낙엽송 등도 사용할 수 있다.

나무의 건조

일반적인 건축에서 나무의 건조는 매우 중요한 일이다. 특히 기둥과 보로 사용하는 나무는 잘 건조되지 않으면 뒤틀려 집이 무너질 수도 있으니 이보다 중요한 일이 없을 것이다. 따라서 나무 건조 방법과 기간도 복잡하고 까다로워 전문 업체에서 건조시킨 나무를 구입하는 것이 최선이었다.

목천흙집에서 사용할 나무는 노지에 내놓은 채로 말린다.

하지만 목천흙집을 지을 때 사용하는 나무는 건조가 그리 중요치 않다. 극단적으로 말하면 건조시키지 않아도 된다. 목천흙집에서는 나무를 집의 틀을 만드는 데 사용하거나 나무가 집의 하중을 맡는 것이 아니기 때문이다. 따라서 나무를 노지에 내놓고 햇빛과 바람, 비를 맞든지 말든지 그대로 말린다. 자연의 자식은 자연 속에서 가장 자연스럽다. 다만 서까래로 사용할 나무는 인디언 천막처럼 세워서 말린다. 물론 햇빛이나 바람, 비 등을 그대로 맞힌다.

2.
목천흙집
기초

1. 설계

　건축 설계는 건축학을 전공한 전문가가 해야 한다. 그만큼 설계가 건축에서 중요하고 전문성이 필요한 분야라는 말이다. 그런데 목천 흙집은 현대 건축처럼 자세한 설계가 필요치 않다. 자신이 지을 집 모양을 정리한다는 생각으로 대략적인 스케치만 한다.

　설계도를 이렇게 그려도 되는 것은 흙집을 지을 사람이 바로 자신이고, 자신의 머릿속에 집의 모양이 모두 들어 있기 때문이다. 자신이 살 집을 자기 손으로 짓겠다는 사람이라면 얼마나 많은 시간 동안 집에 대해서 생각했겠는가. 눈감고도 문의 위치나 창틀의 모양을 그릴 수 있을 것이다. 따라서 극단적으로 말하면 설계도 없이도 지을 수 있다. 다만, 집이 크거나 흙집을 처음 지어보는 사람이라면 일반적인 종이에 설계도를 좀더 상세히 그려놓는 정도면 족하다. 다른 사람의 힘을 빌려야 하는 경우에도 일하는 분들의 이해를 돕기 위해 설계도가 있으면 좋다.

　설계도에 들어갈 내용은 방이나 거실, 주방, 화장실 등의 수, 위치와 크기, 문이나 창문의 위치와 크기, 실내외 전등의 위치, 아궁이와 굴뚝의 위치 등이며, 그외에 특별히 더하고 싶은 내용이 있으면 넣는다. 예를 들어 발코니를 만들겠다든지, 목천목을 이용해 창문 아래에 화분 놓을 곳을 만들겠다든지 하는 첨가 사항 등이다. 첨가 사항을 만들기 위해서는 미리 목천목을 용도에 맞게 잘라놓아야 하는 경우가 있기 때문이다. 문이나 창문은 위치만 표시하면 된다. 설계도에 평수를 표시하고 싶으면 목천흙집 기본 구조가 원형이므로 원의 넓이 구하기 공식을 이용하면 된다.

목천흙집은 실제로 짓다 보면 설계가 아무리 잘 되어 있어도 더 좋은 방법이 생각나는 경우가 많다. 그럴 때는 처음에 그린 설계도만을 고집하기보다 바꿔가면서 짓는 것이 좋다. 그만큼 짓는 이의 마음과 창의성을 넉넉하게 받아들이는 것이 목천흙집이기 때문이다.

이쯤에서 참을성 많은 독자라도 눈살을 찌푸리며 손을 번쩍 들 것이다.

"아무리 그래도 설계도에 전기 배선도 안 그립니까?"

안 그린다. 목천흙집 설계도에서는 전등이 놓일 곳만 표시하면 된다. 덧붙인다면 목천흙집의 설계도에는 배수와 배관도 신경 쓸 필요가 없다. 방이나 화장실 등의 위치만 결정하면 된다. 뭐 이런 집이 다 있나 생각할 수도 있다. 하지만 정말 그렇게 해도 된다.

전기 배선의 경우 목천흙집은 시멘트 집이 아니므로 집을 지은 다음 갈고리를 이용해 흙벽을 파고 전선을 넣는다. 가장 편한 길로 전선을 넣었다가 가장 좋은 자리에 스위치를 달고 흙으로 덮으면 된다. 만들어진 벽을 보며 하는 작업이 아직 만들어지지 않은 벽을 상상하며 설계하는 것보다 훨씬 쉬운 것은 두말하면 잔소리다.

설계도

▶ 24평

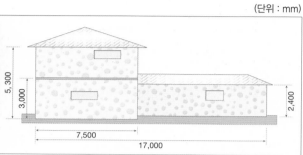

(단위 : mm)

5,300
3,000
2,400
7,500
17,000

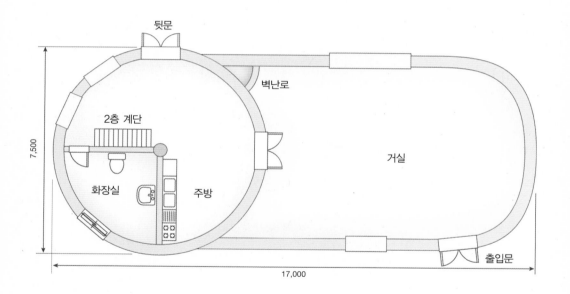

뒷문

벽난로

2층 계단

거실

화장실

주방

출입문

7,500

17,000

▶ 35평

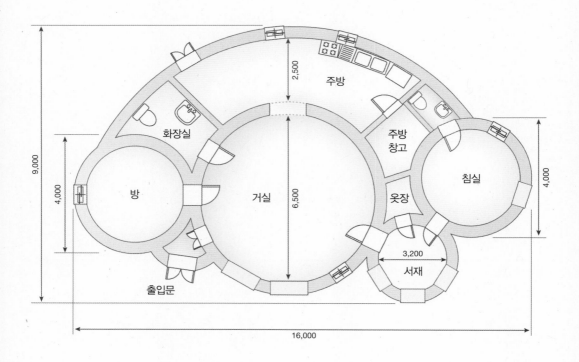

▶ 동자기둥 대들보 공법

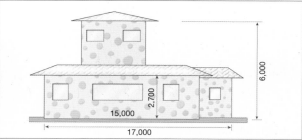

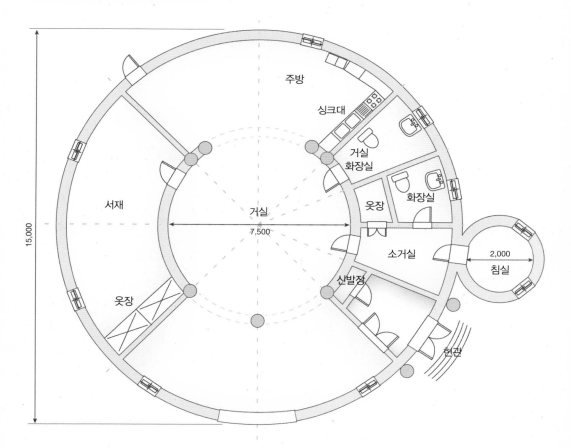

▶ 요철통 공법

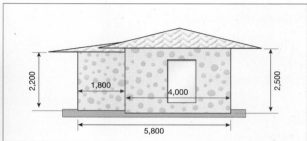

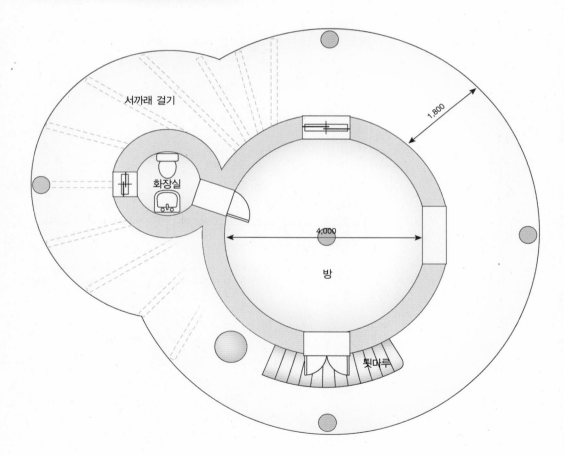

▶ 보 공법

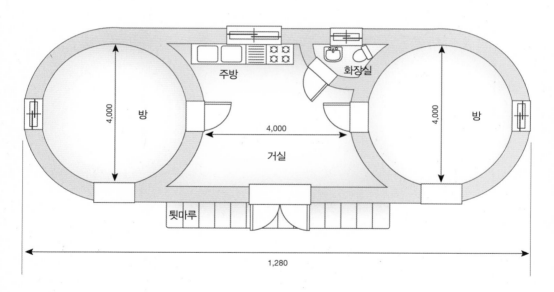

▶ 마당 공법

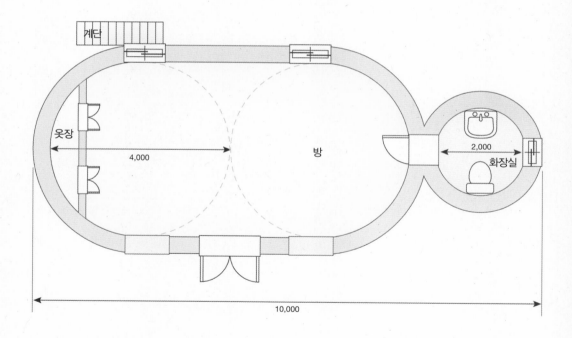

원형조건표

원의 지름(m)	면적(m²)	면적(평)	면적(평)	면적(m²)	원의 지름(m)
1	0.785	0.237461	1	3.3058	2.052123
2	3.14	0.949846	2	6.6116	2.902141
3	7.065	2.137153	3	9.9174	3.554382
3.5	9.61625	2.908903	4	13.2232	4.104247
4	12.56	3.799383	5	16.529	4.588687
4.5	15.89625	4.808594	6	19.8348	5.026655
5	19.625	5.936536	7	23.1406	5.429408
5.5	23.74625	7.183208	8	26.4464	5.804281
6	28.26	8.548612	9	29.7522	6.15637
6.5	33.16625	10.03275	10	33.058	6.489384
7	38.465	11.63561	11	36.3638	6.806123
7.5	44.15625	13.35721	12	39.6696	7.108764
8	50.24	15.19753	13	42.9754	7.399036
8.5	56.71625	17.15659	14	46.2812	7.678342
9	63.585	19.23438	15	49.587	7.94784
9.5	70.84625	21.43089	16	52.8928	8.208493
10	78.5	23.74614	17	56.1986	8.461121

목천흙집은 기본 구조가 원형이기 때문에 평수 계산하기가 다소 어렵다. 그런 점을 감안해 원 지름만으로 평수를 알 수 있도록 원형조견표를 만들었다.

2. 정화조 공사

1) 정화조를 설치하기 전에

시골집에서는 실내에 양변기를 두지 않으면 정화조를 설치할 필요가 없다. 배설물은 외부의 재래식 화장실에 모아두었다가 거름으로 사용하고, 생활 폐수는 자연 정화 시설을 만들어 해결하기 때문이다.

전원에 살고자 하는 사람이라면 자신이 만들어낸 오물은 정화하여 자연으로 돌려주려는 마음가짐이 필요하다. 하지만 양변기를 사용하던 사람은 재래식 화장실을 사용하지 못하는 경우가 많다. 양변기를 사용하려면 정화조를 설치해야 건축 준공 허가를 받을 수 있다.

2) 정화조 설치

정화조는 집터를 닦을 때 설치하는 것이 좋다. 자치단체에 따라 조금씩 다르지만, 보통 정화조 설치 신고를 하면 건축 준공 신고를 한 것으로 인정해주기 때문에 빨리 해두는 것이 유리하다.

정화조 묻을 곳도 미리 정해둔다. 집이 지어진 뒤에는 설치할 장소를 정하는 데 자유롭지 못하기 때문이다. 정화조는 집보다 낮은 쪽에 설치하는 것이 상식이다. 물이 낮은 곳으로 흐르기 때문이다. 또 정화조는 별로 깨끗한 시설이 아니므로 사람들의 왕래가 적은 곳에 설

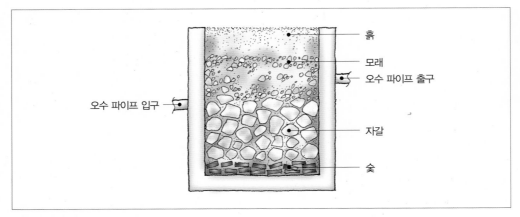

흙

모래

오수 파이프 출구

오수 파이프 입구

자갈

숯

자연 정화 시설. 하수 용량에 따라 길이 5~15m, 너비 1m, 높이 1m 크기의 시멘트 틀을 만들고 숯, 자갈, 모래, 흙을 넣는다.

치한다. 그렇다고 아무도 다가갈 수 없는 후미진 곳에 설치하면 곤란하다. 1년에 한 번씩 관청에서 정화조의 내용물을 수거해 가는데, 수거차의 호스가 미치지 못하면 낭패를 보기 때문이다.

정화조 설치는 정화조를 파는 업자에게 일괄적으로 맡기는 것이 좋다. 그들이 알아서 설치하고 준공 검사까지 해주는 조건으로 계약을 맺는다. 이때 정화조까지 하수관은 집주인이 빼야 한다.

정화조를 직접 설치할 때는 다음과 같은 방식으로 한다. 단, 여기서는 기초적인 지식만 설명하는 것이므로 정화조를 설치할 때는 자기 집에 맞는 방법을 자세히 알아봐야 한다. 요즘 사용하는 정화조는 '오·폐수 합병 정화조'라고 하여 하수와 배설물을 함께 처리하는 방식이다. 가격도 만만치 않아 하나에 100만원이 넘는다. 정화조는 집 평수에 맞는 규격품이 나와 있다. 30평 이하(100m²)인 경우에는 5~6인용, 그 이상(60평, 200m²)은 10~12인용을 설치한다.

정화조를 구입할 때 업체에서 시공하는 방식을 자세히 물어본다. 또 제품에 있는 설명서에 따라 설치해놓으면 정화조를 판매한 업체에서 관청에 신고하고 신고필증까지 받아준다. 이때 공정별로 사진을 찍어둬야 나중에 낭패를 보지 않는다.

3. 지하수 개발

전원 생활에서 가장 신경 써야 할 부분이 식수다. 시골은 도시처럼 수도 시설이 잘 갖춰지지 않았고, 그럴 필요도 없다. 주위에 있는 물이 수돗물보다 훨씬 좋은 물이기 때문이다.

시골에서 식수를 얻는 방법은 세 가지가 있다.

첫째, 정부에서 만들어놓은 수도 시설을 이용한다. 수도 시설이 되어 있는 지역이라면 이 방법을 택하는 것이 좋다.

둘째, 자연수를 이용한다. 집 주위에 맑은 계곡물이 있다면 그 물을 식수로 사용한다. 단, 이때는 행락객들이 식수원을 오염시키지 않도록 식수 표시를 하거나 감시 활동을 해야 한다.

셋째, 지하수를 이용한다. 시골에서 가장 많이 사용하는 방법으로, 수질 면에서도 가장 안전하고 어지간한 가뭄에는 걱정 없다. 지하수를 사용할 때는 미리 수질 조사를 해보는 것이 좋다. 근처에 오염 시설은 없는지, 가까운 마을의 지하수는 어떤지 등을 알아본다. 지하수 개발은 터 닦기 할 때 해야 집을 짓는 동안 물을 사용할 수 있다.

흙집의 다른 공사와 달리 지하수 공사는 개인이 직접 하기는 어렵다. 옛날에는 지하수가 흐를 듯한 지점의 땅을 판 뒤 물이 나오면 그곳에 돌을 쌓아 우물을 만들거나, 펌프 시설을 갖추어 사용했다. 하지만 지금은 그렇게 하는 것보다 지하수만 전문으로 개발하는 업체에게 맡기는 편이 시간적으로나 경제적으로 유리하다.

　업체에게 의뢰할 때는 개발 가격에 대해 확실히 계약을 한 뒤 시행한다. 즉, 100m 깊이로 뚫는데 물이 나올 때까지 시공을 계속하는 조건의 가격 등을 계약서에 명시해야 뒤탈이 없다. 또 개발업체를 한 군데만 알아보지 말고 몇 군데에 문의하여 견적을 받아보고 비교한 다음 결정하는 것이 좋다.

4. 목천흙집 터 다지기

1) 터 다지기에 앞서

도시에서 출근할 때 건설 현장의 요란한 소리에 걸음을 멈춰본 적이 있을 것이다. 그곳에는 거대한 시멘트 기둥을 박는 오거크레인이 시커먼 연기를 내뿜고 있다. 그 옆에서는 콘크리트 펌프카와 콘크리트 믹서가 꽁무니를 맞대고 콘크리트를 쏟아 붓는다. 굴삭기로 파놓은 땅속에 철근이 가로 세로로 얽혀 있고, 그 위로 쏟아지는 콘크리트 반죽을 평평하게 다지는 인부들이 있다. 이것이 현대 건축의 기초 공사다.

현대 건축에서 기초 공사는 아주 중요한 공정이다. 기초 공사가 소홀하면 아무리 잘 지은 건물이라도 무너지기 때문이다. 이렇게 어렵고 힘든 기초 공사를 집이라고는 해수욕장 모래사장에서 두꺼비집만 지어본 사람이 어떻게 할 수 있을까?

겁 먹지 말기 바란다. 지금부터 지으려는 목천흙집은 강도와 깊이나 길이를 맞추기 위해 머리를 싸매야 하는 현대식 건축 공법이 필요 없다. 필자는 전문 건축가가 아니었기 때문에, 그리고 집을 쉽게 지으려고 했기 때문에 여기까지 올 수 있었다.

지금부터 시작하는 흙집 짓기는 누구나 할 수 있다는 사실을 명심하고 필자가 하라는 대로만 하면 된다. 따라 짓다 보면 필자가 왜 그런 말을 했는지 이해가 될 뿐만 아니라 자기도 모르는 사이에 목천흙집 기술자가 되어 있을 것이다.

2) 목천흙집 터 다지기

한옥을 지을 때 나뭇둥치를 들었다 놓기를 반복하거나, 돌이나 쇳덩어리처럼 무거운 것이 달려 있는 여러 갈래의 줄을 여러 사람이 당겼다 놓았다 하며 터를 다지는 모습을 본 사람이 있을 것이다. 이 방법이 우리 전통 터 다지기다. 이 터 닦는 도구를 '달구'라고 하는데, 한두 사람이 쓸 수 있는 나뭇둥치로 된 작은 것도 있고, 무게가 나가는 돌이나 쇠를 줄에 매달고 여러 사람이 들었다 놓았다 하는 것도 있다.

목천흙집을 지을 때 이렇게 해준다면 과분할 정도여서 흙집이 몇 번이나 고맙다는 인사를 할 것이다. 그런데 부부나 친구 한두 명과 집을 짓는 경우라면 전통 달구를 이용할 수도 없다. 그래도 걱정할 필요가 전혀 없다. 왜냐하면 앞서 말한 것처럼 목천흙집 지을 때는

전통 터 다지기에 사용된 나무달구와 돌달구

집터의 한쪽이 약해졌지만 원형 집은 하중이 분산되기 때문에 문제가 생기지 않는다.

터를 다지는 일이 그리 중요치 않기 때문이다. 심지어 터를 다지지 않아도 된다.

"……?"

멀뚱거리며 그렇게 쳐다볼 필요 없다. 정말 안 해도 된다. 터를 다지지 않고 집을 지어도 흙집은 알아서 자리를 잡는다. 그렇다고 밟으면 푹 꺼지는 곳이나 흙을 메워 집터를 만든 곳까지 터 다지는 과정 없이 그냥 지으라는 말은 아니다.

터를 다지는 일이 중요치 않은 것은 목천흙집이 원형 집이기 때문이다. 각집은 한쪽 터 다지기가 부실하면 집이 그쪽으로 쏠릴 위험이 있다. 이에 반해 원형 집은 집 전체가 서로 붙잡고 있어 하중이 분산되기 때문에 어느 한쪽 터가 약해도 큰 문제가 생기지 않는다.

터를 다지지 않아도 되는 이유가 하나 더 있다. 목천흙집은 흙벽을 쌓아가면서 목천목을 안착시키기 위해 중망치로 나무를 계속 내려치고, 그 울림에 의해 터가 다져진다. 다시 말해 목천흙집은 흙벽을 쌓는 내내 터를 다진다고 할 수 있다. 이 말의 의미는 '흙벽 쌓기' 부분까지 읽고 나면 알 수 있을 것이다.

물론 약간의 터 다지기는 해주는 것이 좋다. 그래야 기초 쌓기도 수월하고 일하기도 편하며, 무엇보다 집주인이 안심이 된다. 단, 흙을 메워 집터를 새로 만든 경우에는 흙 사이에 공간이 많기 때문에 반드시 터를 단단히 다져야 한다. 이 경우에는 목천흙집이 아니라 작은 오두막 하나를 짓더라도 마찬가지다.

여기까지 설명을 듣고 나서 정말 그 정도만 해도 괜찮을까 고개를 갸웃거릴 분도 있을 것이다. 필자가 지금까지 수많은 흙집을 이런 방식으로 지었지만 탈이 생긴 적은 단 한 번도 없다.

터는 집 지을 넓이보다 30% 정도 넓게 다진다. 예를 들어 30평짜리 집을 짓는다면 40~50평 넓이를 다진다. 목천흙집 터 다지기는 넓게 다진다 하여 돈이 더 드는 것도 아니고, 시간이 몇 배로 드는 것도 아니니 이 정도 넉넉하게 다져도 손해 볼 것 없다. 또 그래야 집을 여유 있게 지을 수 있다.

터 다지는 방법 ①

산을 깎거나 낮은 곳을 메워 집터를 만들 때는 포클레인을 불러야 한다. 포클레인은 무한궤도식과 타이어식 두 가지가 있는데, 무한궤도식으로 빌리면 터 다질 때 유용하게 사용할 수 있다. 삽과 곡괭이 등을 이용해 터를 편평하게 만든 뒤 포클레인 기사에게 부탁하여 몇 번만 왕복하게 하면 자동으로 터가 다져진다. 목천흙집에서는 그 정도만 해도 충분하다. 만약 포클레인이 타이어식이라면 아쉬운 대로 그거라도 여러 번 왕복하여 다질 수 있다. 머리 좋은 사람은 이 부분에서 또 한 가지 방법을 생각해낼 것이다.

'그렇다면 내 트럭으로도?'

당연히 트럭으로 여러 번 왕복해서 터를 다질 수 있다.

1. 집터를 만들기 전 2. 포클레인 공사 3. 삽과 곡괭이로 터 다질 자리를 평평하게 만든다.

터 다지는 방법 ②

시간 여유가 있고 지인들이 구경하러 올 경우, 혹은 흙집을 짓는 사람이 한두 명일 경우에 즐기면서 터를 다지는 방법이다. 특히 부부가 집을 지을 경우에 이 방법이 좋다.

구경 온 사람들에게 한쪽 면을 반듯하게 자른 통나무를 하나씩 안겨주고 집 지을 터에서 들었다 놨다 하며 놀아달라고 한다. 집 짓는 구경 와서 이 정도 안 해줄 사람은 없다. 또 이렇게 한바탕 놀고 나면 모르는 사람들도 금방 친해져 쉬는 시간에 막걸리 한 사발 들이켜며 즐길 수 있다.

부부가 짓는 경우 가벼운 통나무를 하나씩 들고 도란도란 이야기를 나누며 땅을 두드린다. 힘도 별로 들지 않고 집을 짓기 전에 준비운동 삼아 할 수 있다.

터 다지는 방법 ③

삽이나 곡괭이 등을 이용해 집터를 평평하게 만들고 톱으로 나무의 잔뿌리를 자른 뒤, 콤팩트로 몇 번 왕복한다. 가장 간편하고 쉬운 방법이지만, 콤팩트를 구입할 돈이 든다는 단점이 있다. 물론 콤팩트를 빌릴 수 있다면 쉽게 터를 다지는 방법이다.

중장비 대여

중장비 대여 방법은 지역이나 시기에 따라 조금씩은 다르겠지만 기본적인 내용은 같다. 먼저 중장비 회사와 임대 계약을 맺는다. 보통 임대료는 장비 사용, 기사 인건비 등을 포함해 30만~60만원이 든다. 중장비 대여는 하루(오전 7, 8시~오후 6시)를 기본으로 하며, 중장비 기사에게 점심과 새참을 제공해야 한다.

집주인은 줄이나 석회 등으로 작업할 부분을 미리 표시해두면 좋다. 그런 뒤 중장비 기사에게 작업 내용(위치, 모양, 깊이, 넓이 등)을 자세히 설명하고, 원하는 대로 하는지 옆에서 지켜본다.

1. 톱으로 나무의 잔뿌리를 잘라낸다. 2. 콤팩트로 터 다지기 3. 완성된 집터

5. 흙 반죽

1) 흙 반죽량 계산

흙을 반죽하기 전에 자신이 지을 흙집에 들어갈 흙의 양을 계산하는 방법을 알아야 한다. 흙의 양을 미리 계산하지 못하면 쓸데없는 비용을 들이거나 힘을 낭비하기 때문이다.

포클레인을 하루 사용하는 데 30만~60만원(2005년 현재)이 든다. 흙 반죽 이야기 중에 갑자기 왜 포클레인 대여비용이 나오는지 의아해하는 독자가 있을 것이다. 사람이 삽으로 반죽하면 너무 힘이 들고 시간도 오래 걸리기 때문에 포클레인을 사용하는 것이 좋다. 하지만 그 비용이 만만치 않으니 흙집에 필요한 흙을 한꺼번에 반죽해놓는 것이 유리하다는 얘기다. 만약 흙의 양을 잘못 계산하여 조금 모자라게 반죽할 경우, 흙벽을 1m만 더 쌓으면 되는데 흙 반죽을 위해 다시 포클레인을 불러야 한다. 그렇지 않으면 자기가 직접 힘들게 반죽을 해야 한다.

반대로 흙 반죽을 너무 많이 해놓아도 생고생을 할 수가 있다. 흙벽을 다 쌓았는데 집 안에 흙이 많이 남아 있으면 그 흙을 밖으로 옮겨야 한다. 반죽한 흙을 옮기기가 생각처럼 쉽지 않다. 왜 흙을 집 안에 쌓아놓는지는 '흙 반죽 옮기기'에서 설명하겠다.

흙은 필요한 양보다 20~30% 많이 반죽하는 것을 원칙으로 한다.

정확하게 맞출 경우에는 반드시 모자라기 때문이다. 흙집을 처음 짓는 사람은 흙벽 두께를 정확하게 쌓아 올리기가 힘들다. 대부분 자신도 모르는 사이에 더 두껍게 쌓는다. 지금까지 목천흙집을 가르쳐본 경험에 따르면 희한하게도 백이면 백 두껍게 쌓았다. 그래서 늘 흙 반죽이 부족하다. 여기서 눈치 빠르고 머리 좋은 사람은 손을 번쩍 들며 눈에 쌍심지를 켤 것이다.

"아니, 바로 앞에서 흙 반죽이 남으면 생고생한다고 해놓고 왜 말을 바꾸시는 겁니까?"

맞다. 하지만 흙 반죽을 넉넉하게 하는 것과 반죽한 흙을 집 안에 쌓는 것은 다르다. 흙 반죽을 넉넉하게 한다고 포클레인 기사가 돈을 더 달라고 하거나 시간이 더 걸리지 않는다. 반죽한 흙은 필요한 양만 집 안에 쌓고 나머지 반죽은 그대로 비닐을 덮어둔다. 나중에 흙이 부족할 때를 대비해 비상용으로 저장해두는 것이다. 사용할 일이 없으면 그냥 버리면 된다. 목천흙집에서는 흙에 자연에 반하는 물질을 섞지 않기 때문에 반죽한 흙 역시 자연의 흙과 다를 바 없다.

흙량 계산법 ①

흙집에 사용할 흙의 양을 계산하는 방법은 간단하다. 필자의 경험으로 가장 쉬운 방법은 원 가운데 쌓이는 흙이 자기 키 정도면 적당한 양이다. 예를 들어 5평짜리 방을 만들면, 방을 만들기 위해 원을 그리고 그 안에 흙 반죽을 들여놓는다. 그 반죽 옆에 서서 자신의 키 정도까지 쌓이면 적당한 양이라는 말이다. 이 부분에서 눈살을 찌푸리는 사람도 있을 것이다.

"사람마다 키가 다른데, 너무 비과학적인 방법 아닙니까?"

당연히 이런 질문이 나온다. 그런데 어쩌랴. 지금까지 경험에 비춰보면 이렇게 할 경우 흙의 양이 맞는데. 여기서 눈썰미 있는 사람이라면 고개를 끄덕일 것이다. 좀 높게 짓고 싶으면 키 큰 사람에 맞추고, 굳이 높게 짓지 않아도 된다면 작은 사람 키에 맞추면 되기 때문이다. 필자의 경험에 따르면 흙집을 짓는 사람은 자신의 키에 맞춰 집을 짓는 경우가 많아서 이런 말씀을 드리는 것이니 찌푸린 눈살을 펴시기 바란다.

흙량 계산법 ②

위의 방법이 아무래도 미심쩍다거나, 키는 작지만 집만큼은 크게 짓겠다는 사람이 분명히 있을 것이다. 그래서 흙의 양을 계산하는 방법을 한 가지 더 소개하겠다. 이 방법은 그동안 흙집을 지어오면서 평수에 맞춰 흙이 들어간 양을 적어두었다가 평균치를 계산해놓은 것이다.

목천흙집 공법으로 10평짜리 집을 지을 때 흙은 15톤 트럭 2대 분

사람 키 높이까지 쌓은 흙 반죽

량이 필요하다. 흙은 나무의 3배 정도 들어간다. 즉, 10평을 지을 때 들어가는 목천목은 10톤 트럭 한 대 분량이다.

단, 처음 집을 짓는 사람의 경우 흙은 앞에서 말한 2대 분량 외에 한 대 정도 더 준비해야 한다. 왜냐하면 포클레인으로 흙 반죽을 할 때 의외로 허실이 많이 생기기 때문이다. 또 트럭 기사들이 대부분 흙을 조금 적게 실으므로 넉넉히 준비해야 낭패를 보지 않는다.

2) 흙 반죽에 앞서

흙을 반죽하기 전에 알아둘 사항이 있다. 흙집 짓는 방법을 알려주는 책이나 언론 매체 인터뷰를 보면 마치 자기만의 노하우나 되는 듯이 흙에 무얼 섞어야 한다고 말하는 경우가 있다. 여기에 몇 대 몇이라는 비율까지 덧붙이면 흙집을 처음 짓는 사람은 대단한 정보라도 얻은 것처럼 메모하기 바쁘다. 물론 이렇게 설명하는 분들도 나름대로 경험이 있고, 과학적인 데이터가 있을 것이다. 하지만 목천흙집에서는 흙 반죽에 어떤 이물질도 섞지 않는다.

다른 곳에서 흙에 섞으라고 하는 내용물은 주로 다음과 같다.

흙 구하는 방법

흙은 차 한 대당 2만~20만원으로 가격 차이가 많이 난다. 흙을 구하는 방법은 다음과 같다.

첫째, 집터를 고를 때 나온 흙을 사용한다.

둘째, 봄에 논밭 객토할 때 그 흙을 사면 싼값에 구할 수 있다.

셋째, 도로공사를 할 때 절개지에서 나온 흙을 산다. 트럭 운전수에게 이야기하면 쉽게 구할 수 있다.

어떤 흙이나 사용할 수 있기 때문에 이외에도 각자 생각해보면 흙을 싼값에 구할 방법이 많다. 단, 같은 곳에서 구한 같은 흙을 사용하는 것이 가장 좋다.

시멘트나 석회를 섞는 경우

시멘트나 석회를 섞으라는 것은 흙의 강도에 대한 믿음이 부족하기 때문이다. 반죽했을 때 말랑말랑한 흙이 시멘트나 석회보다 약할 것이라는 짐작에서 나온 노파심이다. 목천흙집에서는 흙벽을 두드려 쌓고, 벽의 두께가 40cm나 되기 때문에 웬만한 콘크리트 벽보다 강하다. 그런 노파심은 버리기 바란다.

또 시멘트를 섞으면 반자연적인 공법이 된다. 흙집을 짓는 이유 중 하나는 화학 재료를 거부하고 자연 친화적인 재료로 환경을 오염시키지 않겠다는 뜻도 포함되어 있다. 이런 거창한 뜻은 접어두고라도 흙 반죽에 시멘트를 섞으면 목천흙집에 심각한 문제가 발생할 수 있다. 시멘트와 흙이 건조되는 속도가 다르다 보니 목천목이 빠지거나 집의 수명이 단축되기도 하는 것이다.

석회를 섞는 경우, 석회에서 몸에 좋은 물질이 나온다는 주장도 있고, 집이 단단해진다는 주장도 있다. 물론 이렇게 주장하는 나름의 경험과 근거가 있겠지만, 목천흙집에서는 석회도 섞지 말라고 가르친다. 석회에서 어떤 좋은 물질이 나온다는 과학적 발표를 들은 적이 없고, 얼마나 더 강해진다는 통계치를 본 적도 없기 때문이다.

흙으로만 지어도 전혀 지장이 없는데 굳이 석회를 섞어야 하는 이유를 모르겠다. 시멘트나 석회를 섞어 일은 일대로 힘들고, 돈은 돈대로 들고, 집은 집대로 망가지는 방식을 고집하겠다면 굳이 쫓아다니며 말리고 싶지는 않다.

짚을 넣는 경우

나이가 30~40대 이상이고 시골에서 자란 사람이라면, 동네에서 집을 짓거나 담을 쌓기 위해 흙 반죽을 할 때 옆에서 흙장난 치며 놀아본 기억이 있을 것이다. 어른들이 바지를 걷어붙이고 물을 뿌려가며 작두로 썬 짚을 흙에 섞던 모습이 눈에 선할 것이다.

옛날 흙집은 대부분 이런 방식으로 지었다. 짚을 썰어 넣는 방식은 '미장형'이라고 한다. 이에 반해 목천흙집은 다지는 형이다. 미장형은 흙을 얇게 바르는 형식이기 때문에 흙이 떨어지지 않도록 장력을 높이기 위해 짚을 섞는다. 이에 비해 목천흙집처럼 다지는 형일 경우에는 굳이 장력을 높일 필요가 없다.

굳이 짚을 넣어서 지어야겠다면, 짚 대신 머리카락을 권하고 싶다. 옛날에 머리카락은 물품 이상의 가치가 있어 귀했고 값도 엄청나게 비쌌다. 그래서 머리카락을 집 짓는 데 사용한다는 것은 생각도 할 수 없었다. 하지만 현대의 머리카락은 돈을 주고 버려야 할 정도로 귀찮은 쓰레기가 되었다. 미장원 몇 군데에 부탁하면 하루 만에 필요한 양을 얻을 것이다.

머리카락은 짚에 비해 접착력이 훨씬 강하고, 썩지도 않는다. 그렇다고 환경을 오염시키지도 않는다. 흙 반죽에 넣는 재료로 짚보다 장점이 많은 것이 머리카락이다. 하지만 목천흙집을 지을 때는 이런 불필요한 노동은 하지 않는 것이 좋다. 흙으로만 지어도 충분하기 때문이다.

소금을 넣는 경우

집을 지을 때 소금을 섞는다는 말은 많이 들어봤을 것이다. 소금을 섞으면 벌레도 생기지 않고, 오존이 발생해 건강에도 좋다.

필자도 초창기에 흙 반죽을 할 때 바닷물을 사용해보았다. 결론은 '흙 반죽에는 소금을 섞지 말라'는 것이다. 왜냐하면 건조 속도가 아주 느려지기 때문이다.

목천흙집 벽의 두께는 40cm 이상인데, 이 벽이 완전히 마르려면 1년 정도 걸린다. 벽이 완전히 말라야 흙벽의 습도 조절 능력이 생긴다. 그런데 소금을 섞으면 건조 속도가 두 배 이상 느려진다. 테니스장에 소금을 뿌리는 이유는 코트를 항상 축축한 상태로 유지하기 위해서다. 그만큼 소금은 수분 증발을 억제한다.

어떤 분은 개미가 흙벽을 뚫고 들어오는 걸 예방하기 위해 소금을 섞는다고도 한다. 하지만 개미는 반죽해서 다져놓은 흙벽을 뚫지 못한다. 벌레들은 흙벽을 뚫는 것이 아니라 흙 사이에 생긴 크랙을 통해 들어온다. 그러므로 벌레를 막기 위해 흙 반죽에 소금이나 다른 화학 약품을 섞는 행동은 불필요한 일이라 하겠다.

목천흙집에서는 벌레 퇴치와 오존 발생을 위해 바닥에 소금을 사용한다. 이 내용은 '구들 놓기'에서 설명하겠다.

3) 흙 반죽하는 방법

흙은 반죽을 하면 부피가 줄어든다. 그렇다고 흙을 더 섞어 반죽할 필요는 없다. 처음에 마른 흙으로 계산한 양이 맞는 분량이기 때문이다. 흙 반죽은 포클레인으로 하는 것이 가장 편하다. 포클레인 기사에게 말하면 다 알아서 해준다. 집주인은 포클레인이 이리저리 흙을 뒤섞을 때 한쪽에 서서 호스로 물을 뿌려주면 된다. 포클레인이 흙 위를 좌우로 세 번 정도 왕복하면 어느 정도 반죽이 되었다고 볼 수 있다. 포클레인이 흙을 반죽할 때 한쪽에 있는 흙을 물과 골고루 섞기 위해 짓이기면서 옆으로 밀어놓는데, 그런 과정이 세 번 반복되면 반죽이 끝난다는 말이다. 기계로 반죽한 경우에는 비닐을 덮어서 2~3일 숙성시켜야 흙과 물이 속까지 잘 섞여 반죽이 고르게 된다.

사정상 사람이 직접 해야 하는 경우 장화를 신고 물을 뿌려가며 골고루 밟아 반죽한다. 이때 반드시 장화를 신어야 한다. 맨발로 흙을 밟다가는 돌에 발바닥을 다치기 십상이다. 사람이 반죽할 때는 아침

1. 포클레인으로 흙을 반죽한다. 2. 반죽한 흙은 비닐을 덮어 숙성시킨다.

에 그날 사용할 분량을 반죽한다. 많이 반죽하려고 욕심내다 보면 어느새 반나절이 지나고, 힘도 빠져 일을 못하기 때문이다. 또 사람이 반죽하면 기계로 하는 것보다 전체적으로 시간이 세 배 이상 더 든다.

반죽을 기계로 하든 손으로 하든 너무 질면 사용할 수 없다는 점을 명심해야 한다. 질게 반죽하면 일하기는 편하다. 하지만 한 번에 쌓을 수 있는 벽 높이가 낮아지며, 벽을 쌓아놓은 뒤 크랙이 많이 생겨 맥질 작업이 힘들어진다. 또 목천목을 올린 뒤 안착시키기 위해 중망치로 내려치면 흙이 양옆으로 너무 많이 밀려나간다. 작업을 하다가 사람이 벽 위에 올라가 걸어다닐 경우에 흙이 마르지 않은 상태라면 흙벽 자체가 무너질 위험도 있다. 흙벽을 정확하게 수직으로 쌓지 못하면 바깥쪽으로 무너질 확률이 높아진다는 것도 단점이다. 목천흙집 벽은 원형이기 때문에 흙끼리 미는 힘에 의해 안쪽으로 무너지지는 않지만, 흙이 바깥으로 밀고 나가려는 성질 때문에 묽은 쪽이 그 힘을 못 이겨 갈라지면서 무너진다. 따라서 질게 반죽할 바에는 차라리 되게 하는 편이 낫다. 되게 반죽한 흙은 일할 때 힘들지만 사용할 수는 있다.

목천흙집을 짓기에 가장 적당한 반죽은 손으로 만져봐서 말랑거릴 정도다. 이 상태는 아이들이 미술시간에 사용하는 찰흙이나 도자기를 빚을 때 사용하는 점토 정도다. 반죽을 할 때 물과 흙 섞는 비율을 정확하게 일러주면 좋겠지만 그렇게 하기는 곤란하다. 왜냐하면 흙은 겉흙과 속흙이 품고 있는 수분량이 각각 다르기 때문이다. 겉흙은 불면 날아갈 듯해도 속흙은 축축하게 젖어 있어, 물 섞는 비율이 다를 수밖에 없다.

흙 반죽을 하다가 물을 너무 많이 뿌려 질어졌으면 비닐을 덮지 말고 습기를 말린다. 또 일을 하다 너무 건조해졌으면 호스로 물을 뿌린 뒤 비닐로 덮어둔다. 반죽한 흙은 비닐을 덮어놓으면 3개월 이상까지도 사용할 수 있다. 사용하다가 너무 건조되면 물을 뿌린 뒤 비닐로 씌워놓는다. 또 기초 원 안에 사용할 흙을 넣고 남는 양은 비닐을 덮어놓는다. 나중에 흙이 모자라면 비상용으로 요긴하게 쓰이기 때문이다. 반죽한 흙이 일단 마르고 난 뒤에는 사용할 수 없고, 다시 반죽할 수도 없다. 그러므로 작업하면서 흙이 너무 마르지 않도록 해주는 일도 중요하다.

6. 기초 쌓기

1) 선 그리기

터 다지기와 흙 반죽이 끝났으면 집 지을 기본적인 준비는 다 됐다. 지금부터 본격적으로 집을 짓는다. 가장 먼저 할 일은 땅 위에 집의 형태에 따라 선을 그리는 작업이다. 선을 그릴 때는 줄자를 이용해 길이를 잰다. 예를 들어 지름이 4m인 방을 만들고자 한다면 줄자로 가로 4m, 세로 4m를 잰다. 그 다음 가운데 가로와 세로 선이 겹치는(2m 되는) 지점에 기준점임을 표시하는 쇠말뚝을 박는다.

이 말뚝은 아주 중요한 의미를 갖는다. 원형 집은 한가운데 위치를 잡으면, 다시 말해 균형을 잡으면 어지간한 충격에도 끄떡없다. 반대로 균형을 잡지 못하면 그만큼 약해진다. 그래서 이 말뚝이 중요하다. 나중에 이 말뚝을 기준으로 원형을 잡아 흙벽이 올라가고, 요철통을 정확하게 이 말뚝 위에 올려야 서까래들이 미는 힘을 한가운데 집중시켜 지붕이 무너지지 않는다. 그렇지 않고 요철통이 원형 중앙에서 조금이라도 옆으로 놓이면 사방에서 미는 서까래들의 힘 때문에 미세한 균형이 깨져 지붕이 내려앉을 수도 있다. 이런 점들은 차차 설명할 것이므로 여기서는 선 그리기만 배우고 넘어간다.

한가운데 쇠말뚝을 박고 이 말뚝에 길이 3m 이상 되는 줄을 묶는다. 그리고 줄의 2m 지점을 잡고 빙 돌아가며 땅 위에 원을 그린다.

1·2. 줄자를 이용해 가로, 세로의 길이를 잰다. 3. 가로와 세로 줄이 겹치는 곳에 한가운데임을 표시하는 쇠말뚝을 박는다.

1. 중앙 쇠말뚝에 줄을 묶어 내벽이 될 선을 그린다. 2. 내벽과 외벽 선 완성 3. 부속 건물 선 그리기. 부속 건물 내벽 선이 본채의 내벽 선에 닿아 있다.

처음에 그리는 선은 내벽이 될 선이다.

다음에 줄의 2m 40cm 지점을 붙잡고 다시 빙 돌아가며 원을 그린다. 이 선이 외벽이 될 선이다. 40cm 차이를 두고 외벽을 긋는 이유는 목천흙집의 벽 두께가 40cm이기 때문이다.

본채의 원을 그렸으면 똑같은 방식으로 본채에 연결되는 부속 건물, 예를 들어 화장실 만들 원도 그린다. 줄자를 이용해 중심점을 잡아 쇠말뚝을 박고, 이 말뚝에 줄을 묶어 원을 그린다. 이때 화장실 내벽의 선이 본채의 내벽 원과 닿아야 한다.

요점 정리
선 그리는 순서
1. 줄자로 길이를 잰 뒤 한가운데에 중심을 표시하는 쇠말뚝을 박는다.
2. 쇠말뚝에 줄을 묶어 2m 지점을 붙잡고 빙 돌아가며 내벽 원을 그린다.
3. 줄의 2m 40cm 지점을 붙잡고 다시 외벽 원을 그린다.
4. 부속 건물의 내벽과 외벽 선을 같은 방법으로 그린다.

2) 선 표시하기

본채와 부속 건물 선을 그린 뒤 표시를 한다. 그렇다고 이 선 표시에 특별한 의미가 있는 것은 아니다. 땅 위의 선이 사람들 발길이나 바람에 지워지지 않도록 조치하는 것에 불과하다.

선 표시는 기초 돌을 쌓을 때까지만 필요하므로, 선 표시를 하는 재료는 기초 작업이 끝날 때까지 지워지지 않을 정도면 어떤 것이든 상관없다. 목천흙집에서는 석회를 사용한다. 석회는 잘 지워지지 않고 가격도 저렴하며, 자연을 오염시키지 않기 때문이다.

선을 그릴 때 유성 페인트를 쓰는 어리석은 짓은 하지 말기 바란다. 흙집을 짓겠다는 사람이 기초 선 그리는 일부터 비자연적인 재료

1. 석회로 선을 표시
한다. 2. 중앙의 쇠
말뚝을 뽑고 대신 박
아놓은 나무 말뚝

를 사용한다면 지나가는 소가 웃는다. 또 어떤 사람은 기초도 다질
겸 백시멘트 가루를 사용하기도 한다. 하지만 이 역시 권하고 싶지
않다. 백시멘트를 바닥에 조금 뿌려서 기초가 다져지지도 않을뿐더
러 가격도 만만치 않고, 백시멘트 역시 비자연적이기 때문에 꼭 필요
한 곳 외에는 사용을 자제하는 것이 바람직하다.

바닥에 흰 선을 그린 뒤 원 주위에 서서 집터를 바라보면 무슨 생각이 들까? 자신의 손으로 자기 집을 짓는다는 감격도 있을 테고, 무사히 완성할 수 있을까 하는 염려도 있을 것이다. 그런데 이때 사람마다 공통된 생각이 있다. 선을 그려놓고 보니 자신이 생각했던 크기보다 집이 훨씬 작아 보인다는 것이다. 또 옆에서 구경하던 사람들도 한마디씩 한다.

"애걔, 저렇게 작은 집에서 어떻게 살아?"

"키 큰 사람은 제대로 눕지도 못하겠네."

이런 말을 듣고 보면 정말 작은 것 같다. 원형조견표를 참고하여 평수를 정확하게 계산해서 그렸지만 왠지 미심쩍다. 그렇다고 원을 더 크게 그리면 안 된다. 땅바닥에 원을 그렸을 때는 작아 보이지만 지붕을 얹고 나면 처음에 생각했던 크기의 집이 나온다. 원형인 목천흙집은 땅에 표시했을 때의 느낌과 실제로 지어진 집의 크기에 차이가 많다는 점을 염두에 두어야 한다.

선 표시를 한 뒤 할 일이 또 하나 있다. 선을 그릴 때 원의 한가운데 박았던 쇠말뚝을 뽑아내고 그곳에 나무로 말뚝을 박아야 한다. 앞에서도 말했듯이 이 말뚝은 집의 한가운데를 표시하는 것이다. 나무 말뚝으로 바꾸는 것은 나중에 요철통 지주대를 올릴 때 좀더 편하게 작업하기 위해서다. 그때 말뚝 위에 흙 반죽이 쌓여 있어 뽑아내기 힘들면 해머를 이용해 땅바닥에 그대로 박으면 된다. 나무이기 때문에 시간이 지나면 자신을 키워준 흙으로 돌아간다.

요점 정리

1. 선이 지워지지 않도록 석회나 밀가루를 이용해 표시한다.
2. 원의 한가운데 박았던 쇠말뚝을 뽑고 그곳에 나무로 말뚝을 박는다.

3) 기초 돌 놓기

이제 흙집을 짓기 위한 최초의 재료가 들어가는 작업, 즉 기초 돌을 쌓는다. 목천흙집은 기초 놓는 방식이 일반 주택과 전혀 다르다. 기초를 위해 땅을 파거나 콘크리트를 부으려고 철근을 철사로 묶는 작업을 하지 않는다. 기초 돌 쌓기라고 했지만 정식 이름은 '기초 놓기'다. 목천흙집에서 기초 돌을 쌓는 것은 기초를 튼튼히 하려는 것보다 땅에서 올라오는 습기를 방지하기 위한 것이 주된 목적이다.

기초 돌을 주우러 간다

도시에 목천흙집을 짓거나, 시골에서도 30평 이상 집을 지을 경우에는 기초 놓을 돌을 미리 확보해두는 것이 일하기에 편하다. 하지만 시골에서 30평 이하의 목천흙집을 지을 경우에는 굳이 기초 돌을 미리 준비할 필요가 없다.

기초 작업하는 날 아침밥을 먹고 나서 트럭을 몰고 집 주위, 산비탈, 밭 주위, 도로변, 혹은 평소에 봐둔 돌이 많은 곳으로 간다. 그곳에 차를 세우고 돌이란 돌은 모두 트럭에 싣는다. 트럭이 없으면 손수레라도 상관없다. 큰 돌도 좋고 작은 돌도 좋다. 깨진 돌도 좋고 조각난 돌도 좋다. 부부가 함께 짓는다면 둘이 노래라도 하면서 쉬엄쉬엄 돌을 싣는다. 서두를 필요가 없다. 오늘 하루는 기초 돌 쌓는 날이기 때문에 오전 내내 돌을 주워도 시간은 충분하다. 이렇게 말하면 어떤 사람은 인상을 팍 구긴다.

"그런 식으로 설렁설렁해서 집이 제대로 꼴을 갖추겠소?"

자신의 집을 짓는 일인데 뭔가 너무 어설프다는 말이다. 그 마음을 백번 이해한다. 사람들은 집 짓는 일을 전문 회사나 기술자들이 각종 기계를 이용해야 하는 어려운 일이라고 생각하기 때문이다.

앞에서도 느꼈겠지만 필자는 무슨 일이든 단순하고 쉽게 한다. 그래야 누구나 스스로 자기 집을 지을 수 있기 때문이다. 어수룩해 보여도 오랜 기간 경험에서 우러나온 것이니 믿고 따라 하시기 바란다. 이렇게 쉽게 해도 전문 회사에서 지은 집보다 훨씬 튼튼하고 편리하며, 자연 친화적이고 건강에 좋으며 아름다운 집을 지을 수 있다.

목천흙집 공법은 콜럼버스의 달걀이다. 필자에게 목천흙집 짓기를 배운 사람 중에는 집 짓는 방법이 너무 쉬워 무슨 기술도 아니라고 생각하는 분도 있을 것이다. 어렵고 힘들게 가르쳐주면 뭔가 배운 것 같고, 쉽게 가르쳐주면 '애개… 겨우 이런 걸 배우려고 시간을 허비했잖아?' 하는 게 사람 심리다. 하지만 이 기술을 처음 개발하기 위해 기울였을 노력을 생각해보기 바란다. 과학이나 자연현상은 이치를 알면 상식이지만 모르면 신비의 세계다.

다시 기초 돌을 주워보자. 기초 돌을 주울 때 강이나 시냇가에 있는 돌은 피한다. 돌에 문제가 있어서가 아니라 환경에 영향을 끼칠 수 있기 때문이다. 기초 돌은 가능한 한 많이 줍는다. 남으면 구들과 화단을 만들거나 연못, 특히 봉당 돌릴 때 사용한다. 적게 주워도 상관없다. 자연에서 살기 위해 흙집을 짓는 사람이 기초 돌 몇 개 모자란다고 안달복달하면 안 된다. 기초 놓다가 모자라면 또 주우러 가면 되지 않는가. 해가 뜨면 느긋하게 차를 타고 나간다. 어제 줍다 만 돌을 간밤에 다른 사람이 몽땅 주워 가는 일은 없다.

돌 구하기

목천흙집에서는 자연석과 가공석을 모두 사용할 수 있다. 그리고 목천흙집을 지을 때 돌은 많이 사용하지 않으므로 욕심부릴 필요는 없다.

돌 구하는 방법은 첫째, 집 주위에 있는 돌을 주워서 사용한다. 목천흙집은 대부분 이런 돌로 지을 수 있다.

둘째, 발파석을 산다. 발파석은 가격이 싸서 30만 원어치만 사면 60평짜리 건물을 짓고도 남는다.

본채 기초 돌 놓기

주워 온 돌은 원형 선 주위에 군데군데 쌓아놓는다. 돌을 한 곳에 쌓아두면 기초 돌을 놓기 위해 몇 번씩 옮겨야 하기 때문이다.

일반 주택의 기초는 50cm 정도 땅을 판 뒤 콘크리트나 돌로 다진다. 하지만 목천흙집은 일반 주택 공법과는 완전히 다르기 때문에 종전에 알고 있는 지식은 일단 잊기 바란다. 간단히 말해 목천흙집 기초는 터 위에 돌을 놓기만 하면 된다.

하얀 선을 따라 돌을 나란히 놓는다. 큰 돌을 먼저 놓고, 돌의 면을 선에 맞추면 반듯하게 놓을 수 있다. 큰 돌의 면을 양쪽 선에 맞추면서 마치 탑을 쌓듯이 놓는다. 돌의 반듯한 면을 벽의 바깥쪽으로 하라는 말이다. 이렇게 하면 보기에도 좋고, 돌 쌓기도 편하고, 나중에 봉당을 쌓을 때 봉당 돌 붙여놓기에도 편하다. 하지만 반드시 이렇게 하라는 것은 아니다. 안쪽을 반듯하게 해봤자 집 안으로 들어가 보이지 않고, 바깥쪽을 반듯하게 해도 나중에 봉당을 돌리면 흙 속에 가려지기 때문이다. 단지 이렇게 하면 일을 좀더 편하게 할 수 있다.

큰 돌을 둘렀으면 돌 사이에 조금 작은 돌을 넣고, 돌과 돌 사이는 작은 돌과 돌가루로 꼼꼼하게 채운다. 돌이 크면 망치로 깨서 사용하고, 돌을 쌓을 때는 돌담이나 옛날 성벽 쌓듯이 한다.

돌과 돌 사이를 작은 돌이나 모래, 자갈로 채우는 것은 돌 사이에 틈이 많으면 시멘트 몰탈을 많이 넣어야 하기 때문이다. 시멘트 몰탈은 될 수 있으면 적게 사용하는 것이 좋다. 또 기초 돌을 반듯반듯하게 놓는 것도 시멘트 몰탈을 적게 쓰기 위함이다. 시멘트 몰탈을 적게 써야 하는 이유는 '몰탈 바르기'에서 설명할 것이다.

기초 돌은 15~30cm 높이로 쌓는다. 될 수 있으면 높이를 맞추되, 정확하게 맞출 필요는 없다. 현대 건축에서는 수평이 잘못될 경우 붕괴 위험이 있지만, 목천흙집은 흙벽을 다 쌓고 나중에 서까래를 편평

1. 원형 선 주위에 기초 돌을 놓아두었다. 2. 하얀 선을 따라 기초 돌을 나란히 놓는다. 3. 반듯하게 쌓아 올린 바깥 부분

1. 기초 돌 쌓은 것을 위에서 본 모양. 양쪽 큰 돌 가운데 부분은 작은 돌로 채운다. 2. 아궁이 위치에 구멍을 뚫어놓는다. 굴뚝 구멍도 같은 모양으로 만든다.

하게 올리기 위해 흙벽 상단 수평만 맞추면 된다.

　기초 돌을 다 놓고 보면 너비 40cm, 높이 15~30cm가 된다. 기초 돌 높이가 다른 것은 난방 방식 때문이다. 보일러를 놓는다면 기초 돌 높이는 15cm 정도가 적당하고, 구들을 놓는다면 30cm가 적당하다. 구들을 놓으면 고래(불길과 연기가 나가는 길. 목천흙집에서는 '불길'이라고 함)를 만들어야 하므로 기초 돌을 높이 쌓아야 한다. 보일러를 놓을 때 기초가 높으면 방 높이를 맞추기 위해 나중에 방 안에 흙을 많이 채워야 하므로 번거롭다.

　기초 돌을 놓을 때 반드시 해야 할 일이 한 가지 더 있다. 아궁이와 굴뚝 위치를 정하고, 그곳에 구멍을 뚫어놔야 한다. 아궁이나 굴뚝의 위치는 어디나 상관없다. 목천흙집 구들 공법은 옛날 구들 방식처럼 바람 부는 방향이나 높낮이를 고려할 필요가 없다. 그저 불 넣기 편하고 보기 좋은 곳에 만들면 된다.

　'구들 놓기'에서 자세히 설명하겠지만 아궁이와 굴뚝 구멍을 만드는 방식은 비슷하다. 다만 아궁이 쪽은 강한 불을 직접 받는 부분이기 때문에 평평하고 넓은 돌을 사용한다. 아궁이 구멍은 양쪽에 돌을 세우고 그 위에 넓고 평평한 돌을 올려놓으면 된다. 굴뚝 구멍도 이런 방식으로 만든다.

요점 정리

기초 돌 놓는 순서

1. 돌을 원형 선 주위에 군데군데 놓아둔다.
2. 하얀 선을 따라 너비 40cm, 높이 15~30cm로 쌓는다.
3. 돌을 쌓을 때 아궁이와 굴뚝 위치에 구멍을 뚫는다.

부속 건물(화장실) 기초 놓기

본채에 딸린 화장실 기초를 놓을 때는 본채(방) 기초 돌보다 낮게 쌓아도 된다. 화장실에는 구들이나 보일러와 같은 난방 시설을 하지 않기 때문이다.

여기서 눈치 빠른 사람은 고개를 갸웃거릴 것이다. 기초를 놓는 이유는 집을 지탱하기 위해서인데, 어째서 구들을 놓지 않는다고 높이가 달라질까 하는 의구심이 생길 것이기 때문이다. 이 부분에 대한 설명은 잠깐 뒤에 하고, 일단 화장실 기초 놓는 방법만 설명하겠다.

본채 기초 돌 놓을 때 아궁이와 굴뚝 구멍을 뚫었듯이 화장실 기초 돌 놓을 때는 배관과 수도관 구멍(냉온수관)을 뚫는다. 배관 구멍을 뚫는 방법은 아궁이와 조금 다르다.

배관 구멍은 기초 돌을 쌓으면서 파이프 2개와 옆에 수도관이 들어갈 공간만 남겨두면 된다. 그 구멍에 짧게 자른 파이프 2개나 파이프 굵기만한 통나무 토막 2개를 끼워놓는다. 이때 파이프나 나무토

배관을 위해 파이프 2개를 기초 돌 사이에 끼워둔다. 파이프 사이의 간격은 3cm 정도가 알맞다.

막 2개 사이의 간격을 3cm 정도 떼어놓아야 나중에 배관 파이프를 자유롭게 끼울 수 있다. 이 배관 구멍은 지붕을 덮지 않았을 때 비가 오면 배수로 역할도 한다.

목천흙집에서 기초 돌을 놓는 이유

극단적으로 말해 목천흙집 공법에서는 기초를 하지 않아도 된다. 흙벽을 쌓아올리면서 중망치로 목천목을 계속 내려치기 때문에 기초가 없어도 흙벽을 다 쌓고 나면 집 자체가 저절로 자리를 잡는다. 흙집을 지지하는 역할만을 위해 기초 돌을 놓는 것이 아니라는 말이다.

목천흙집에서 기초 돌을 놓는 더 큰 이유는 습기를 방지하기 위해서다. 도로 공사를 할 때 침하 방지는 물론 습기를 막아 결로 현상이 생기기 않도록 땅을 파고 잡석을 까는 것과 같다.

필자도 처음에는 침하 방지에 더 큰 무게를 두어 기초 공사할 때 철근을 30cm 길이로 잘라 넣고 콘크리트를 했다. 하지만 콘크리트는 습기를 막지 못한다는 사실을 아는 데 만족해야 했다. 그 뒤 연구를 거듭해 목천흙집에서 기초를 하는 방법을 알아냈다. 지금처럼 기초를 해서 집이 무너진 적은 단 한 번도 없었다.

목천흙집에서 기초 돌 쌓을 때 침하 방지에 중점을 두지 않는 것은 집이 원형이어서 하중이 분산되기 때문이다. 사각 집은 하중이 모서리에 집중되기 때문에 기초를 튼튼히 해야 한다.

목천흙집 공법을 배운 뒤 나름대로 더 연구하여 기초 돌을 30cm보다 높게 쌓는 분들도 있다. 하지만 필자는 처음 흙집을 짓는 사람들에게는 기초 돌을 30cm 이하로 쌓으라고 권하고 싶다. 높게 쌓으나 낮게 쌓으나 기초 돌이 하는 역할과 효과는 똑같기 때문이다. 높게 쌓으려면 돌도 많이 필요하고, 힘도 더 들고, 시간도 많이 걸린다.

또 기초를 놓기 위해 네모반듯한 돌을 힘들게 구하는 경우도 보았

기초 돌 놓기가 완성
된 모습

다. 정성을 다해 집을 짓겠다는 뜻은 높이 사줄 만하지만 역시 좋은
방법은 아니다. 기초 돌을 쌓는 가장 좋은 방법은 전라북도 여산에
가서 그 유명한 화강암을 40cm 크기로 주문하는 것이다. 하지만 길
가에서 주운 돌이나 여산의 화강암이나 똑같은 효과를 내는데 굳이
비싼 돈 들이면서 그럴 필요가 없다는 말이다.

　다시 말하건대, 목천흙집을 지을 때 기초 돌은 집 주위에 있는 돌
을 이용해도 충분하고, 힘들여 더 높이 쌓을 필요도 없다.

4) 시멘트 몰탈 바르기

시멘트 몰탈 만들기

　기초 돌을 놓았으면 시멘트 몰탈 작업을 한다. 시멘트 몰탈을 바르
는 것은 기초 돌이 움직이지 않도록 잡아주기 위해서다. 결코 기초를
더 튼튼히 하거나 다른 목적이 있는 것이 아니다. 작업 순서상 시멘

시멘트 몰탈 만들기

트 몰탈 만드는 방법부터 설명하겠다.

시멘트는 화학적 공정을 거친 물질이기 때문에 될 수 있으면 사용하지 않으려고 했다. 하지만 기초 돌 부분에서 시멘트 역할을 대신할 만한 자연 재료를 찾지 못해 부득이하게 사용하는 것이다. 시멘트 몰탈을 가능한 한 적게 사용하는 것도 이 때문이다. 적게 사용해도 건물의 안전성에는 전혀 문제가 없다.

시멘트 몰탈을 만드는 방법은 다음과 같다. 6평 크기의 방을 기준으로 할 때 시멘트 1~2포가 적당하다. 바닥에 물이 새지 않도록 비료 포대나 비닐, 폐합판 등을 깔고 모래와 시멘트를 5 : 1의 비율로 섞는다. 시멘트와 모래가 잘 섞였으면 원뿔형으로 만든 뒤 가운데 분화구처럼 구멍을 내고 물을 붓는다. 어느 정도 시간이 흘러 물이 스며들면 가장자리에 있는 시멘트 혼합물을 삽으로 떠서 물을 덮어간다. 양이 많지 않아 별 어려움 없이 섞을 수 있다.

시멘트 몰탈 반죽은 만져봐서 약간 푸석거릴 정도가 좋다. 하지만 시멘트와 모래, 물의 비율을 잘못 섞어 몰탈을 바르고 난 뒤 시멘트가 깨져도 상관없다. 기초 돌 위에 흙 반죽을 올리면 흙이 다 잡아주기 때문이다.

시멘트 몰탈 바르기

시멘트 몰탈을 바르기 전에 기초 돌에 물 뿌리는 일이 중요하다. 기초 돌이 촉촉하게 젖도록 물을 뿌려야 시멘트와 돌이 잘 붙기 때문이다. 물을 뿌린 뒤 시멘트 몰탈을 한 줌 쥐고 기초 돌 틈에 비벼가며 붙인다. 이때 고무장갑을 끼면 편하다. 시멘트 몰탈을 돌에 대고 손으로 비비면 몰탈이 적당한 깊이까지 들어간다. 이때 기초 돌 안쪽까지 모두 몰탈로 채우는 것이 아니라 기초 돌 양쪽, 위쪽 등 표면만 붙여야 한다. 이쯤 설명하면 아까부터 고개를 갸웃거리던 사람이 궁금증을 못 참고 손을 들 것이다.

"시멘트 대신 흙 반죽을 바르면 안 될까요?"

그래도 된다. 하지만 흙은 시멘트보다 돌을 잡아주는 능력이 떨어지고, 그 점을 방지하려고 흙을 많이 사용하면 흙을 통해 습기가 올라오므로 권하고 싶지 않다.

계속해서 시멘트 몰탈 바르는 법을 설명하겠다. 기초 돌 안쪽 깊숙이 시멘트 몰탈을 채우면 나중에 집이 망가질 수 있으므로 주의한다. 시멘트는 수분을 엄청나게 빨아들이는 성질이 있다. 앞에서도 말했듯이 목천흙집에서 기초 돌을 놓는 이유는 침하 방지보다 습기 방지에 더 큰 목적이 있다. 그런데 시멘트를 기초 돌 속까지 꽉꽉 채우면 시멘트를 통해 습기가 흙벽으로 올라온다. 습기가 많이 올라오면 흙벽이 무너질 수도 있기 때문이다.

시멘트 몰탈을 바르는 목적은 기초 돌이 움직이지 않도록 잡아주기 위함이라고 했다. 그러므로 몰탈이 건조되면서 금이 가고 깨져도

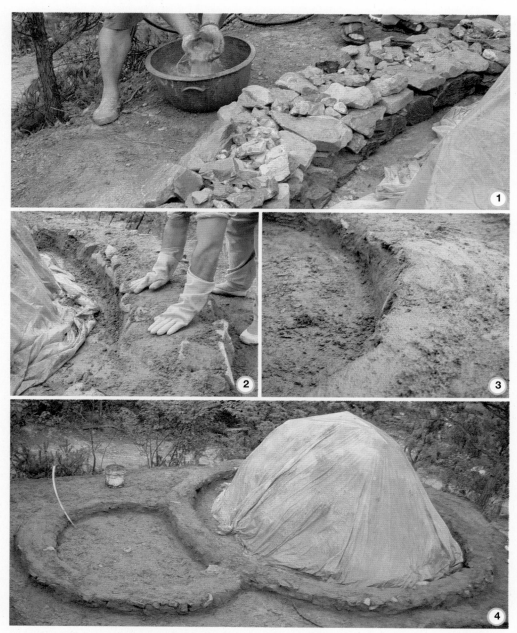

1. 시멘트 몰탈을 바르기 전에 기초 돌에 물을 뿌린다. 2. 고무장갑 낀 손으로 기초 돌 틈을 비비며 시멘트 몰탈을 바른다. 이때 시멘트 몰탈은 기초 돌이 움직이지 않도록 겉에만 바른다. 3. 시멘트 몰탈로 기초 돌 양쪽 귀에 각을 세워주면 흙벽 쌓기가 편하다. 4. 기초 돌에 시멘트 몰탈 바르기를 완성한 모습

돌만 잡아주고 있으면 된다. 몰탈을 바를 때도 벽 미장하듯이 깨끗하게 할 필요 없이 잘 붙여놓기만 한다.

이렇게 기초 공사하는 걸 보고 집 짓는 구경을 온 어떤 사람이 콧방귀를 뀌었다.

"도대체 그렇게 엉성하게 해서 무슨 집을 짓겠다는 건지, 원."

뭘 모르고 하는 소리다. 이 기초 공법의 습기 방지 효과와 견고성 등을 보고 건축감리단에 있는 전문가가 감탄을 했다. 그분은 무심코 목천흙집 짓는 구경을 하다가 이마를 쳤다.

"이렇게 간단하고 실용적인 방법이 있는 것을…."

간단해 보여도 이 방법을 개발하기 위해 필자는 얼마나 많은 연구를 했는지 모른다. 나무로도 해보고, 콘크리트는 물론 철판으로도 해보았다. 어떤 방법을 써도 목천흙집에는 맞지 않았다. 일반 주택 기초 공사하듯 시멘트를 깔고 집을 지어보았더니 물이 계속 스며들어 집이 서 있지 못했다. 그래서 우리 전통 토담집 짓는 법을 다룬 서적을 뒤졌고, 전통 흙집들을 열두 번도 더 뜯어보면서 찾아낸 방법이다. 세상에 공짜로 되는 일은 없다.

다시 한번 말하지만, 목천흙집을 지을 때는 기초를 튼튼하게 한다고 땅을 깊게 판다든지 콘크리트를 하는 우를 범해선 안 된다. 필자가 다 해보았기 때문에 이 책을 읽는 독자는 그런 실수를 하지 않기 바란다. 목천흙집의 기초가 다소 엉성해 보여도 지금까지 해본 것 중에서 가장 좋은 방법이다.

다시 시멘트 몰탈 바르기를 설명하자면, 군대에서 일석점호 시간에 모포의 각을 세워주듯이 기초 돌 위에 각을 만들어 몰탈을 바른다. 그러면 흙벽 쌓기가 편하고, 목천목을 놓을 때도 수평으로 반듯하게 놓기 쉽다. 시멘트 몰탈을 다 발랐는데 비라도 쏟아질 것처럼 하늘이 컴컴하다면 몰탈 위에 비닐을 덮어준다.

7. 기초 배관

　기초 배관이란 화장실, 수도, 부엌으로 통하는 각종 배수관을 설치하는 작업을 말한다. 집 바깥에서 집 안으로 들어가는 물질과 집 안에서 바깥으로 나가는 물질이 지나는 길을 만들어준다고 생각하면 된다.

　배관에는 화장실과 부엌의 오·폐수 배관, 상수도의 냉·온수 배관이 있다. 이외에도 각자의 필요에 따라 배관을 더 하기도 한다. 여기서 설명하는 배관 방법은 집을 짓기 전에 하는 가장 기초적인 기술이다. 나머지는 이 기술을 바탕으로 응용하기 바란다.

　작은 집(10평 미만 – 방 하나에 화장실 하나)일 경우에는 배관에 큰 신경을 쓰지 않아도 된다. 기초 쌓을 때 설명했듯이 배관이 지날 곳에 구멍만 뚫어놓았다가 집을 다 지은 뒤에 해도 충분하기 때문이다. 하지만 거실이 있고 방이 여러 개에 화장실이 몇 개나 되는 큰 집이면, 물론 이때도 기초 돌 놓을 때 배관이 지날 구멍만 뚫어주면 되지만 좀더 편하게 미리 준비하는 것이 좋다.

　여기서는 기초를 놓기 전에 배관을 하는 방법 위주로 설명하면서, 집을 지어놓고 배관하는 방법도 간단히 설명하겠다.

　"배관을 그렇게 설명만 듣고 할 수 있을까요?"

　이렇게 묻는 독자도 있을 것이다. 그런데 목천흙집에서 배관하는 방법은 아주 간단하기 때문에 설명만 듣고도 할 수 있다. 목천흙집과 일반 콘크리트 집은 배관 개념이 약간 다르다. 콘크리트 공사를 할 때는 반드시 배관 공사를 먼저 해야 하지만 목천흙집은 그럴 필요가 없다. 지금까지 필자는 흙집을 다 지어놓고 배관 공사를 했다. 흙은 파기 쉬우니까 그렇게 해도 상관이 없다. 하지만 콘크리트 집은 처음부터 설계도에 따라 철저하게 배관을 해야 한다. 콘크리트가 굳은 뒤 배관을 하려면 콘크리트를 다 뜯어내야 하기 때문이다. 그렇게 어려운 방법으로 집을 지으라고 했다면 필자는 벌써 포기했을 것이다.

1) 배관을 먼저 하고 기초를 놓는 방법

기초 공사할 때 기초 돌 사이에 파이프를 넣어 배관할 부분을 뚫어 놓으라고 했는데, 배관을 먼저 하고 기초 돌을 놓으면 그럴 필요가 없다. 기초 돌을 놓기 전에 수도관과 배수관이 들어오는 곳에 동결심도(겨울에 얼지 않을 깊이. '야외 수도 공사'에 나와 있다.)로 땅을 판다. 그곳에 파이프와 수도관을 놓고 묻은 뒤 수도와 화장실이 위치할 부분까지 파이프를 빼놓는다.

화장실 배관을 할 때 주의할 점이 있다. 건물 내부에 화장실을 설치할 때는 양변기를 놓아야 한다. 이 양변기의 물통 뒷부분은 직선으로 되어 있는데 목천흙집의 벽은 원형이다. 그래서 직선과 원형 간격을 계산하여 파이프를 놓아야 한다. 즉, 보통 벽에서 30cm 지점에 양변기 배수구가 놓이는데, 흙집은 벽이 원형이므로 양변기의 직선 부분이 놓이는 지점부터 계산해야 한다. 그렇지 않으면 변기가 엉뚱한 곳에 앉히기 때문이다.

주의할 점 한 가지 더. 배관 파이프는 오·폐수가 잘 빠지도록 직선으로 놓아야 하며, 빠지는 쪽을 낮게 하여 10도 정도 기울기를 주

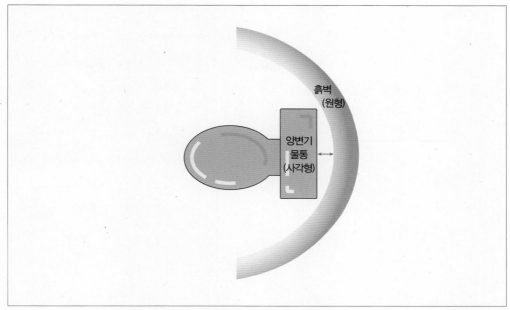

실내 양변기 배관할 때 ←→ 만큼의 공간을 계산해서 설치해야 한다.

는 것이 좋다.

기초 돌을 놓기 전에 배관 공사를 할 때는 화장실, 하수구, 수도관을 한꺼번에 묻어야 일하기 편하고, 나중에 배수관이 어디에 있는지도 알기 쉽다. 만약 전기선까지 한꺼번에 묻는다면 전기선은 집의 외벽 아래에 빼놓는다. 전기 원선은 그곳에서 외벽을 파고 위로 뺀 뒤 계량기로 연결시켜 집 안으로 들어가는 것이다.

시골에서 바깥 전기 배선 묻는 깊이는 10~20cm가 적당하다. 너무 깊이 묻으면 고장났을 때 도시와 달리 전문 업체에 의뢰하기 힘들기 때문이다. 또 시골 땅속은 복잡하지 않아 이 정도만 묻어도 문제가 없다.

배관 공사를 할 때 화장실 배관에는 오수와 폐수 두 가지 관이 들어가고, 수도에도 냉·온수 파이프가 들어간다는 사실을 알고 파이프 숫자를 맞게 묻는다. 또 물이 통하는 배수관은 동결심도에 따라

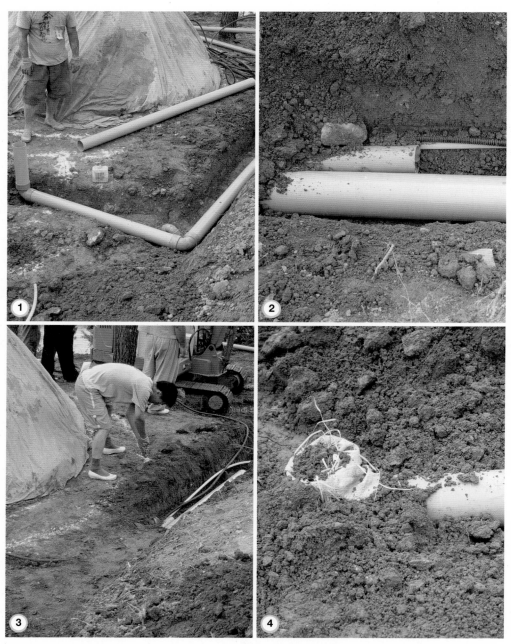

1. 배수관을 놓고 양변기가 놓일 위치에 L자 밸브를 이용해 배수관 방향을 바꿔 내놓는다. 2. 하수관, 수도관, 전기 배선 등을 한꺼번에 묻는다. 3. 전기선은 집의 외벽 아래에 빼놓는다. 4. 배관 파이프에 이물질이 들어가지 않도록 구멍을 막는다.

묻는다. 동결심도는 각 지방의 행정관청에 문의하면 알 수 있다.

각자 위치에 맞게 파이프를 빼놓았으면 파이프 구멍은 비닐이나 장갑을 이용해 흙이나 이물질이 들어가지 못하도록 막고 파이프를 묻는다. 집 바깥쪽 파이프도 적당한 길이까지 빼놓은 뒤 비닐이나 장갑으로 구멍을 막고, 그곳까지 파이프가 와 있다는 표시를 한 뒤 흙으로 덮어둔다. 집을 다 지은 뒤 그곳을 파고 파이프를 원선과 연결하면 된다.

요점 정리

배관하는 방법

1. 배수관이 지날 곳의 땅을 동결심도로 판다.
2. 배수관을 묻은 뒤 수도와 변기가 놓일 위치까지 파이프를 빼놓는다.
3. 빼놓은 파이프 구멍을 비닐이나 장갑으로 막고, 그곳까지 파이프가 와 있다는 표시를 한 뒤 흙으로 덮는다.

2) 집을 지어놓고 배관하는 방법

필자는 일을 쉽고 단순하게 한다고 했다. 배관도 더 쉬운 방법에 대해 고민하다 보니 이런 방법까지 찾게 되었다.

집을 지은 뒤에 하는 배관은 화장실 공사나 구들 공사, 봉당 돌리기를 하기 전에 해야 한다. 기초 공사할 때 배관 구멍에 파이프 두 개를 놓고 기초 돌을 놓으라고 했다. 그곳이 배관 파이프가 통과할 곳이다.

기초 돌 사이에 미리 뚫어놓은 배관 구멍으로 배관 파이프를 통과시켜 변기와 하수도, 수도가 놓일 위치까지 뺀다. 부엌도 마찬가지다. 그런 뒤에 흙벽 바깥쪽 땅을 동결심도까지 파고, 배관 파이프 중

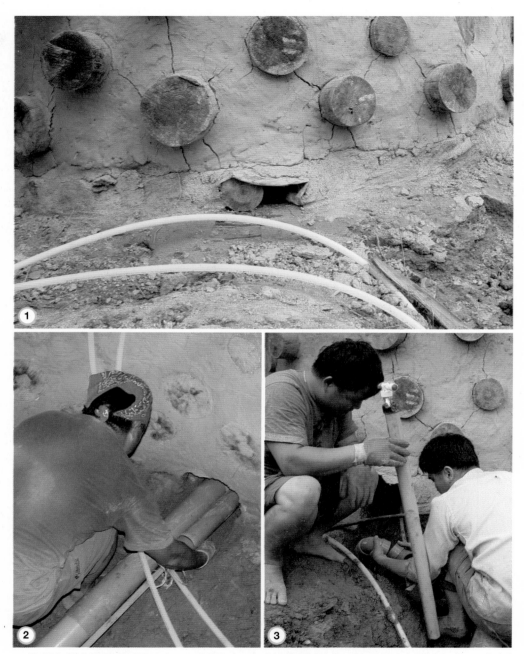

1. 기초 돌 놓을 때 뚫어놓은 배관 구멍　2. 집 안쪽. 수도관, 배수관을 변기와 수도가 놓일 곳까지 맞춰 놓는다.　3. 집 바깥쪽. L자 밸브를 이용해 바깥쪽 배수관과 연결한다.

하수도관은 정화조로 연결되는 하수관 원선에, 수도관은 원수 파이프에 연결시켜 흙으로 묻는다. 이때 하수도관의 기울기는 10도 정도로 한다.

이렇게 하면 배관 공사가 끝난다. 부엌의 수도나 화장실 하수 파이프를 수도꼭지나 변기에 직접 연결시키는 것은 내부 공사를 할 때 필요한 작업이니 기초 배관 공사는 여기까지가 끝이다.

요점 정리

배관하는 방법

1. 기초 돌 사이에 뚫어놓은 구멍에 배수관을 넣어 변기와 수도가 놓일 위치에 놓는다.
2. 벽 바깥쪽을 동결심도까지 파고 배수관을 묻어 하수 원관에 잇는다.

3.
본채 만들기

1. 목천목

1) 목천목으로 사용되는 나무

흙벽을 쌓기 전에 흙벽에 들어갈 나무, 즉 목천목을 준비해야 한다. 목천흙집에 어떤 흙이나 사용할 수 있듯이 나무 또한 어떤 나무라도 사용할 수 있지만 그중에서 송진을 머금고 있는 나무가 좋다. 우리나라에서 송진을 머금은 대표적인 나무는 소나무, 잣나무, 전나무가 있는데, 경험에 따르면 목천목은 소나무 종류가 좋다. 소나무는 흔하기도 하고 휜 것이 대부분이라 건축 재료로 부적합하여 값이 싸기 때문이다.

지금까지 휜 나무는 모두 땔감으로 사용되었다. 그런데 목천흙집에서는 휜 나무도 아주 훌륭한 재료가 된다. 앞에서도 얘기했지만 목천목은 일반 건축물처럼 나무 전체를 사용하는 것이 아니라 벽의 두께에 맞춰 40cm씩 잘라서 사용한다. 전체적으로 많이 휜 나무도 짧게 자르면 반듯하다. 또 휜 나무를 세우는 것이 아니라 뉘어서 사용하기 때문에 휜 나무라도 집 짓는 데 아무런 문제가 없다.

그렇다면 목천목으로 소나무 종류 외에 다른 나무를 잘 쓰지 않는 이유는 무엇일까. 예를 들어 활엽수, 그중에서도 우리나라에서 가장 흔한 참나무를 사용해보았더니 문제가 있었다. 다른 활엽수와 마찬가지로 참나무는 너무 강해 작업하기가 이만저만 힘든 게 아니었다.

또 단단하다 보니 건조 과정에서 갈라지기도 했다. 집을 지어놓으면 흙벽이 마르는 과정에서 나무도 건조되는데 그때 나무가 갈라진다. 물론 소나무도 건조 과정에서 갈라지지만 참나무보다 훨씬 덜하고, 갈라지더라도 송진이 나와 그 부분을 메운다.

목천목은 굵기에 상관없이 모든 나무를 사용할 수 있다. 그렇다고 회초리로나 쓸 수 있는 나무도 사용하느냐고 묻는 사람이 있다면, 그 나무로 종아리 좀 맞아야 한다.

목천목에는 굵은 나무가 3분의 1, 가는 나무가 3분의 2 정도의 비율로 사용되며, 평당 50개 내외가 들어간다.

2) 목천목의 벌목과 구입

목천목은 절기상 우수와 경칩 사이에 벌목한다. 나무는 싹이 나기 시작하면 목재에 물이 오르고 육질이 약해지며 벌레가 생긴다. 하지만 우수와 경칩 사이에 자른 나무는 아직 겨울잠에서 깨지 않았기 때문에 물이 오르지 않은 상태다. 이 시기에는 벌레들도 겨울잠을 자고 있다. 또 이때 자른 나무가 껍질도 잘 벗겨지며, 정부에서도 겨울에만 벌목 허가를 내준다. 날씨가 풀려 숲이 우거지고 벌레가 많아지면 작업하기도 어렵다.

산에서 나무를 벨 때는 반드시 관청의 허가를 받아야 한다. 허가도 없이 벌목을 하는 것은 범법 행위며, 환경 파괴자라 하여 도덕적으로도 지탄을 받는다. 또 특정 지역에서 함부로 나무를 베면 주민들과 마찰이 생겨 그 지역에서 집을 짓지 못할 수도 있다.

나무를 구입할 때는 지역 목재소에 부탁해도 되고, 허가를 받아 벌목하고 있는 산에서 구입하기도 한다.

목재소에서 구입하면 다 알아서 해주기 때문에 별로 신경 쓸 일이

목천목으로 사용하기 위해 40cm 길이로 잘라놓은 나무. 이렇게 잘라놓으면 운반하기 쉽다.

없다. 곧은 나무뿐만 아니라 휜 나무도 상관없이 달라고 하면 싼값에 구입할 수 있다. 목재소에서 나무를 구입할 때는 몇 군데의 가격을 비교해본 다음 산다.

벌목 현장에서는 책임자와 상의하여 구입한다. 벌목은 목재소와 미리 계약을 맺고 하는 경우도 있지만, 대부분 토지를 개발할 목적으로 벌목한다. 그런 곳에서 벌목되는 나무는 잡목 수준이어서 땔감용으로 처분되는 경우가 많지만 목천흙집에서는 요긴하게 쓰인다.

벌목 현장에서 나무를 운반할 때도 목천목은 아주 편리하다. 일반 주택에 사용할 나무는 긴 나무째로 옮겨야 하지만, 목천목은 40cm 길이로 잘라서 옮기면 되므로 차가 있는 도로까지 운반하기도 쉽다.

보통 산에서 구입하는 나무는 트럭에 실리는 6자 단위, 즉 180cm 길이로 잘라준다. 하지만 목천흙집에서는 짧으면 짧은 대로, 길면 긴 대로 모두 쓸 수 있으니 기계톱(엔진톱, 전기톱)을 가져가 자신이 운반하기 쉬운 길이로 자르면 된다.

3) 목천목 다듬기

목천목을 다듬는다는 것은 구입한 나무를 자르고, 껍질을 벗기고, 옹이를 없애 흙벽에 사용할 수 있도록 만든다는 말이다.

목천흙집 벽에 사용할 나무는 직접 다듬어야 한다. 옛날에는 나무를 자르는 것이 보통 힘든 일이 아니었다. 톱으로 굵은 나무를 자르기 위해서는 수많은 사람이 필요했고, 며칠씩 걸려 인부들에게 음식과 잠자리를 제공해야 했다. 하지만 지금은 기계톱이 나와 있어 혼자서도 가능하다. 기계톱 하나면 작은 산에 있는 나무 정도는 하루에 모조리 베어낼 수 있다.

전원 생활을 하려면 장작도 잘라야 하고, 정원을 꾸미기 위해서 기계톱 사용법은 반드시 알아두어야 한다. 기계톱 사용법은 공구 가게에서 자세히 알려주며, 이틀 정도 연습하면 능숙하게 사용할 수 있다. 하지만 대단히 위험한 기계이므로 항상 조심해야 한다. 필자가 가르치던 교육생이 기계톱을 사용하다가 큰 사고를 당한 적도 있었다. 그뒤로 교육생이 기계톱 사용하는 것을 엄격히 금지하고 있다. 아차 하는 순간에 돌이킬 수 없는 상처를 남기기 때문이다.

목천목을 다듬기 위해서는 구입한 나무를 건조시켜야 한다. 하지만 나무를 건조시키는 것은 운반을 쉽게 하기 위함일 뿐 특별한 이유는 없다. 목천흙집 벽에 사용하는 나무는 건조되었든 안 되었든 큰 구애를 받지 않는다. 하지만 굳이 따진다면 젖은 나무보다 건조된 나무가 흙집을 짓는 데 좋다. 잘 마른 나무는 흙에 있는 수분을 빨아들이면서 흙과 더 잘 붙기 때문이다.

제1장에서 나무 건조법에 대해 설명했지만 간단히 몇 마디만 덧붙인다면, 목천흙집 목천목은 볕 잘 드는 곳에 쌓아두면 된다. 시간 여유가 있으면 나무를 쌓아놓고 장맛비를 한 번 맞히면 좋다. 비를 맞은 뒤 다시 마르면 나무껍질이 아주 잘 벗겨지기 때문이다. 물론 뒤

겨울에 목천목을 말
리는 모습

에 다시 이야기하겠지만 굳이 나무껍질을 벗기려고 노력할 필요는
없다.

목천목은 40cm 길이로 자른다. 하지만 필자의 경험상 목천흙집은
벽 두께가 40cm이기 때문에 정확하게 40cm로 자르면 나무가 벽에
꼭 들어맞아 바깥에서 볼 때 모양이 좋지 않았다. 마치 자로 잰 것처
럼 딱딱 들어맞아 공장에서 찍어낸 벽돌 같았다. 초창기에 필자도 목
재소에 같은 크기로 주문해 쌓아보았더니 개성도 없고, 벽 전체가 흙
처럼 보였다.

자연과 인공의 가장 큰 차이는 '다름'과 '같음'이라고 생각한다.
자연이 만든 것은 어느 것 하나도 같지 않다. 그것이 자연의 아름다
움이다. 이에 비해 사람이 만든 것은 한 치의 오차도 없이 모두 똑같
아야 아름답다고 한다. 흙집을 지어 자연을 닮으려는 사람은 될 수
있으면 인공적인 아름다움은 멀리하는 게 좋을 거라는 생각에, 목천

목천목을 엇갈리게 놓으면 받침대 없이도 빨리 자를 수 있다. 숙달되면 눈대중으로 잘라도 40cm가 된다.

목도 40~45cm로 자르는 것이 좋다고 본다. 그러면 벽 바깥쪽에 목천목이 들쑥날쑥 튀어나와 단조로움이 없어진다.

　초보자가 나무를 자를 때 자를 대고 일일이 40cm로 맞추려면 시간이 많이 걸린다. 기계톱 맨 위에 보면 제어 장치가 있다. 여기에 40cm 정도 길이의 가는 나뭇가지를 테이프로 붙인 뒤 나뭇가지의 길이에 맞춰 자르면 쉽다. 숙달되면 눈대중으로 잘라도 40cm가 되니까 잠시 동안만 이렇게 하면 된다. 사람의 눈은 아주 정확해서, 기울기가 조금 이상해 보여 수평자를 대보면 반드시 어느 한쪽으로 기울어진 경우가 많다. 또 나무 하나하나를 받침대에 옮겨놓고 자르면 시간이 걸리기 때문에 나무를 서로 엇갈려놓으면 받침대 없이도 빠르게 자를 수 있다.

　나무를 자를 때 주의할 점은 두 가지가 있다.

　첫째, 단면이 직각이 되도록 자른다. 그래야 흙벽을 쌓으면서 수직 맞추기가 편하다. 이 내용은 '흙벽 쌓기'에서 자세히 설명할 것이니 여기서는 나무를 직각으로 자른다는 것만 알아둔다.

둘째, 내벽에 넣을 나무의 길이는 내벽 두께에 맞춰 자르면 일하기가 편하다.

목천흙집에는 외벽과 내벽이 있다. 외벽은 바깥과 마주하는 벽이고, 내벽은 방(실내)과 방 사이의 벽을 말한다. 외벽의 두께는 40cm로 하고 내벽은 30cm로 한다. 그래서 벽에 들어가는 나무의 길이도 달라진다. 외벽에 들어갈 나무는 40cm보다 좀더 길게 자르지만, 내벽에 들어갈 나무는 벽 두께에 맞춰 비교적 정확하게 자르는 것이 좋다. 그래야 앞뒤에서 보기가 좋고, 또 외벽과 같이 한쪽에 목천목이 들쑥날쑥 튀어나와 있으면 안전상으로도 문제가 된다.

나무를 다 자른 뒤에는 껍질을 벗긴다. 하지만 필자의 경험상 이 작업은 하지 않아도 된다. 껍질을 벗기지 않아도 목천흙집에서는 별다를 게 없기 때문이다. 이 대목에서 양미간을 찌푸리며 입을 삐죽거리는 독자가 있을 것이다.

"껍질째 사용했다가 거기에서 벌레들이 우글우글 기어 나오면 어떡해요?"

본문 곳곳에서 설명하기 때문에 이 책을 다 읽고 나면 알겠지만, 벌레가 기어 나오는 일은 절대 없을 테니 걱정하지 않아도 된다. 나무껍질에 사는 벌레는 생리적 특성 때문에 흙벽 안에 갇히면 살 수 없다.

나무껍질을 벗기면 깨끗해서 보기에는 좋다. 하지만 일부러 시간을 내서 벗기려고 노력할 필요는 없다는 의미다. 자연스러운 상태가 가장 좋은 것이다. 또 껍질째 사용하면 껍질 사이에 흙이 들어가 나무와 벽흙이 더 단단하게 밀착된다.

단, 껍질을 반드시 벗겨야 하는 경우가 있다. 직접 작업을 해보면

1. 장맛비를 한 번 맞힌 나무는 껍질을 망치로 두드리면 쉽게 벗겨진다. 2. 낫을 껍질과 목재 사이에 넣고 벗겨도 된다.

알겠지만 장마철에 비를 맞힌 나무는 껍질에 손만 대면 호로록 벗겨지는 것이 있다. 이런 경우에는 반드시 껍질을 벗겨준다. 이런 나무는 껍질과 목재가 완전히 떨어진 상태여서 벽에 나무를 넣고 흙을 쌓으면 흙이 껍질하고만 붙고 안쪽 나무는 따로 논다. 그래서 흙이 마르고 난 뒤에 나무를 밀면 마치 게 다리에서 속살 빠지듯 벽에서 나무만 쏙 빠져 벽 사이에 동그란 창이 생긴다.

목천목 껍질을 쉽게 벗기는 방법이 두 가지 있다.

첫째, 기초 공사나 흙 반죽을 위해 포클레인을 부를 때 목천목을 미리 잘라놓는다. 포클레인이 기초 공사나 흙 반죽을 하고 난 뒤 포클레인 기사에게 부탁하여 잘라놓은 나무를 한두 번 휘저어달라고 한다. 그러면 웬만한 껍질은 모두 벗겨진다.

둘째, 장마철 이후에는 망치로 껍질을 내려치면 잘 벗겨진다.

요점 정리

1. 목천목의 껍질은 벗겨도 되고 안 벗겨도 된다.
2. 목천목은 40~45cm 길이로 자르는 것이 좋다.
3. 목천목의 양쪽 면은 직각이 되도록 자른다.
4. 내벽에 넣을 목천목의 길이는 내벽 두께에 맞춰 자른다.

2. 흙 반죽 옮기기

기초를 놓은 뒤에는 포클레인을 이용해 흙 반죽을 기초 원 가운데로 옮겨야 한다. 흙 반죽은 기초 돌 놓은 집 안에 쌓아야 작업하기 편하기 때문이다. 바깥에 쌓아놓고 일하면 힘도 많이 들고 시간도 몇 배로 걸린다.

흙 반죽은 내벽에서 30~50cm 공간을 두고 안쪽에 집에 살 사람의 키 높이로 쌓는다. 그래야 일하기 편하다. 높이는 보통 160~180cm

흙 반죽을 원형 선 안에 쌓아두면 일하기 편하다. 원형 선과 흙 반죽 사이는 30~50cm 떼어둔다. 이 사진은 사정상 기초 돌을 놓기 전에 흙 반죽을 옮기는 모습이다.

가 될 것이다. 그러면 대충 흙벽을 올릴 정도 양이 된다. 이때 본채에 딸린 부속 건물이 있는 경우, 부속 건물의 평수가 넓으면 부속 건물 안에도 흙을 쌓아놓고 작업한다. 하지만 부속 건물이 작으면 본채 안에 쌓은 흙을 사용한다. 좁은 부속 건물 중앙에 흙을 쌓으면 일할 공간이 없어지기 때문이다.

3. 흙벽 쌓기

1) 흙벽 쌓기 준비

목천흙집은 기둥을 성둥성둥 잘라 옆으로 누이는 특이한 공법을 사용한다는 점을 염두에 두고 흙벽 쌓기를 배우기 바란다. 필자는 흙벽을 쌓을 때마다 뿌듯함을 느낀다. 우리나라에서 지금까지 5천 년 동안 집을 지으며 나무를 세울 줄만 알았지 옆으로 누일 생각을 어느 누구도 못했는데, 필자가 그 일을 했다는 자부심이다. 이것이 발상의 전환 아니겠는가.

흙벽을 쌓기 위해서는 먼저 손을 보호하기 위해 장갑을 낀다. 흙 속에는 날카로운 돌이 많아 맨손으로 흙벽을 쌓다가는 상처가 생긴다. 앞뒤로 코팅된 면장갑이 일하기 좋다. 고무장갑도 무난하지만, 코팅 안 된 면장갑은 피한다.

신발은 장화를 신는 것이 좋다. 시골 생활에서 장화는 매우 편리하다. 운동화를 신고 흙벽을 쌓으면 그날로 흙투성이가 되어 다음날 신을 수 없고, 고무신은 편하긴 하지만 젖은 흙 위를 걷다 보면 훌러덩 벗겨진다. 맨발로 하면 작은 돌 때문에 발바닥을 다칠 염려가 있다. 여름에 장화를 신으면 땀이 고인다는 단점은 있지만 안전을 위해서라도 장화를 권한다.

또 보안경을 끼면 좋다. 흙벽을 쌓을 때는 흙을 힘껏 내려치는 방

기초 선을 따라 군데 군데 목천목을 놓아 두면 흙벽 쌓기가 편하다.

식으로 쌓아야 튼튼해지는데, 그러다 보면 흙물이 튀어 눈에 들어갈 염려가 있다. 그렇다고 물안경처럼 공기까지 막는 안경은 습기가 차서 일하기에 더 불편하다. 또 눈에 흙물이 들어갔다고 해도 큰일이 나는 건 아니고, 흐르는 물에 씻으면 되기 때문에 보안경이 불편한 사람은 굳이 쓰지 않아도 된다.

장갑을 끼고 장화를 신고 보안경을 끼었으면 물뿌리개를 이용해 기초 돌에 물을 촉촉하게 뿌려준다. 이제 흙벽 쌓을 준비는 끝났다.

2) 흙벽 쌓기 ① – 아랫부분 쌓기

목천흙집의 벽 두께는 일반 건축물의 두 배인 40cm다. 보통 흙벽 두께는 30cm 이상이면 된다. 흙벽을 더 얇게 하면 일도 빠르고 힘도

흙 반죽을 적당한 크
기로 떼어 기초 돌
위에 10cm 높이로
쌓는다.

덜 들 것 같지만 그렇지가 않다. 흙벽 두께는 최소 20cm까지도 가능
하지만, 이 이하가 되면 단열에도 문제가 생기고 벽을 쌓아 올리는
작업도 어렵다. 또 벽이 무너지기 쉬워 하루에 많이 쌓을 수도 없으
므로 쌓아놓은 흙이 어느 정도 마른 뒤에 쌓아야 한다.

　필자도 초기에 강원도에서는 단열을 염두에 두어 흙벽을 45cm 두
께로 했다. 하지만 우리나라는 어느 지역이라도 40cm면 충분하다.
벽이 두꺼울수록 단열 효과가 좋고 튼튼하지만, 흙이 너무 많이 들어
가고 일하기도 힘들기 때문이다.

　목천흙집의 외벽은 40cm, 내벽은 30cm로 쌓는다고 했다. 여기서
생각해볼 일이 있다. 그러면 본채에 붙여 짓는 부속 건물과 맞닿는
본채 벽은 어떻게 할까. 부속 건물과 본채가 맞닿는 벽은 내벽이므로
다른 곳은 40cm로 쌓다가 그 지점만 30cm로 쌓아야 할까? 아니다.

그렇게 쌓지 않는다. 최초로 쌓는 건축물은 거실이든 방이든 벽 두께는 40cm로 한다. 왜냐하면 그 건축물이 집의 중심이기 때문이다. 벽 두께는 줄여도 붕괴되는 일은 없지만 처음에 쌓는 벽은 다른 건물과 겹쳐져 내벽이 되는 부분이라도 40cm로 쌓는다. 그래야 중심이 단단해진다.

또 목천목이 40cm보다 약간 길기 때문에 부속 건물과 겹치는 부분의 벽에는 나무가 삐죽삐죽 튀어나온다. 튀어나온 나무는 기계톱으로 잘라서 벽면과 맞춘다. 부속 건물 벽을 다 쌓고 나면 내벽 쪽에 튀어나온 나무를 정리하기가 어려우므로 부속 건물 흙벽을 쌓기 전에 정리한다. 톱으로 자르면 깨끗하지는 않아도 어느 정도 다듬을 수 있다. 나중에 그라인더 작업할 때 다듬으면 깨끗해진다. 이런 수고를 하기 싫으면 설계도를 세밀하게 작성하여 목천목을 자를 때 벽이 겹치는 부분의 내벽에 들어갈 나무는 정확히 40cm로 잘라놓고, 흙벽을 쌓을 때 정확하게 벽 안으로 넣어주면 된다.

흙은 손으로 쌓는다. 흙 반죽을 적당한 크기로 떼어 기초 돌 위에 약 10cm 높이로 쌓는다. 최초로 쌓는 흙은 돌멩이를 솎아내고 흙으로만 쌓는다. 그래야 기초 돌과 잘 붙는다. 하지만 목천목이 올라간 뒤에는 흙 속 작은 돌멩이쯤은 신경 쓰지 말고 그대로 쌓는다. 물론 큰 돌은 제거해야 한다.

기초 돌 위에 10cm 높이로 흙 반죽을 빙 둘러간다. 벽의 두께가 40cm라는 사실을 염두에 두고, 흙벽을 손으로 다듬어 원형 틀을 만든다.

흙벽을 쌓는 일은 항아리 만드는 원리와 같다. 항아리를 만들 때는 물레를 너무 천천히 돌리거나 너무 빨리 돌리면 안 된다. 흙벽을 쌓아 올릴 때도 적당한 높이와 적당한 속도로 해야 흙이 마르는 속도에 맞추어 쌓을 수 있다.

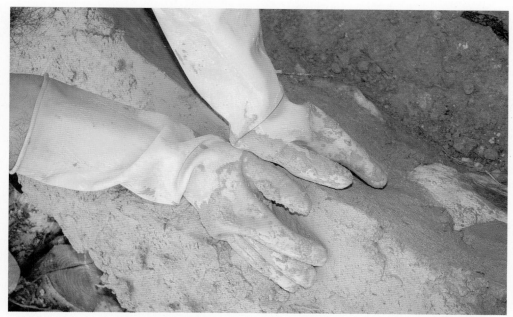

쌓아 올린 흙벽의 각을 잡는 방법. 이렇게 각을 잡아 평평하게 해놓으면 목천목을 수평으로 올리기 쉽다.

　기초 돌을 따라 빙 둘러 흙을 쌓았으면 그 위에 목천목을 놓는다. 목천목을 놓기 전에 쌓은 흙 위를 평평하게 만들면 나무를 수평으로 놓기가 편하다. 목천목은 수평을 유지하도록 해야 다음에 올릴 나무를 아래 나무에 맞춰 수평으로 올릴 수 있다. 나무가 휘어 정확히 수평이 맞지 않는다면 작업자는 그 나무가 수평이 아니라는 사실을 알고 있어야 한다. 그래야 다음번 나무를 올릴 때 그 나무에 맞추지 않고 올릴 수 있다. 만약 수평이 아닌데도 그 나무에 맞춰 다음 목천목을 올리면, 처음에는 티가 나지 않아도 벽을 쌓아갈수록 눈에 보이지 않게 기울어 결국은 흙벽이 무너진다. 휜 목천목을 올릴 때는 목천목을 옆으로 돌리면서 수평을 맞춘다.

　'목천목 다듬기'에서 목천목을 직각이 되도록 자르라고 한 이유는, 절단면이 직각이면 목천목을 벽에 수평으로 놓을 때 벽 안쪽 나무의 모서리가 삐죽삐죽 튀어나오지 않도록 쌓을 수 있기 때문이다.

1. 목천목의 단면이 벽과 일직선이 되도록 놓여야 한다. 2. 목천목은 15~20cm 간격으로 놓는다.

절단면이 직각이 아닌데 목천목을 수평으로 놓으면 나무 한쪽 면이 삐죽 튀어나와 미관상 안 좋고, 나중에 튀어나온 모서리에 다칠 염려도 있다.

하지만 신경을 쓴다고 해도 목천목은 단면이 반듯하지 않게 잘린 경우가 많다. 양쪽 면이 모두 반듯하지 않은 경우에는 튀어나온 부분이 아래쪽이나 위쪽으로 가는 것보다는 좌우로 가게 하는 것이 낫다. 조금 튀어나온 면의 모서리는 그라인더 작업을 할 때 다듬으면 된다.

기초 부분과 가장 가까운 곳에 처음 올리는 목천목은 조금 굵은 것을 넣는다. 위로 올라갈수록 가는 나무를 사용하면 집 전체가 안정되어 보인다.

처음 올리는 목천목은 15~20cm 간격으로 나란히 놓는다. 그리고 놓인 목천목을 중망치로 내려친다. 이 과정을 '안착시킨다'고 한다. 안착시키는 데는 나무가 흙과 잘 붙도록 하고, 수평으로 맞추려는 것 외에 눈에 보이지 않는 목적이 있다.

목천흙집 기초를 놓을 때 너무 허술하다고 생각한 독자가 있었을 것이다. 그런데 목천흙집에서 기초를 그렇게 해도 되는 이유가 바로 이 '안착'에 있다. 목천흙집은 목천목 하나를 올릴 때마다 중망치로 내려치는 공법을 사용한다. 결국 벽을 다 쌓을 때까지 계속 기초 다지기를 하는 셈이다. 중망치로 목천목을 때리면 은은한 진동이 땅까지 전달되어 기초가 다져지기 때문이다. 필자가 옛날에 지금과 같은 방식으로 기초를 한 뒤에 집을 지었는데 한쪽 기초 돌이 모두 땅속으로 꺼져버린 일이 있었다. 겉에서는 기초 돌이 보이지도 않았다. 처음에는 '이거 큰일났다' 싶었다. 하지만 그 집은 지금까지도 튼튼하게 잘 서 있다. 현재 지어놓은 집 중에서도 한쪽 기초가 땅속으로 들어가 방 안에서 보면 장판 아래 가려지는 경우가 있다. 이렇게 기초가 꺼졌는데 집에 아무 문제가 없다는 것이 신기하지 않은가.

현대 건축물에서는 생각지도 못할 이런 일이 가능한 것이 바로 목천흙집이다. 목천흙집은 짓는 과정에서 스스로 자리를 잡는다. 한쪽이 무거우면 그쪽이 땅속으로 들어가고, 지반이 약한 부분은 알아서 다져진다.

기초 돌 위에 흙을 쌓으면서 할 중요한 일이 또 한 가지 있다. 바로 문틀을 세우는 일이다. 미리 만들어놓은 문틀 밑틀을 세워야 한다. '문틀 세우기'는 과정이 나눠지므로 따로 설명하겠다.

흙벽이 높아질수록 흙 올리기가 점점 힘들어진다. 이럴수록 천천히, 느긋하게, 세월아 네월아 하며 쌓는다. 일은 재미있게 해야 한다. 일이 노동이 되면 힘들어진다. 자신이 쌓은 흙벽을 감상하며 천천히 일한다.

요점 정리

1. 목천흙집 벽 두께는 외벽 40cm, 내벽 30cm지만 중심이 되는 건축물의 두께는 모두 40cm로 한다.
2. 내벽 쪽으로 튀어나온 목천목은 흙벽 두께에 맞춰 자른다.
3. 처음 흙벽 쌓는 방법
   ① 기초 돌 위에 흙 반죽을 약 10cm 높이로 쌓고 윗부분을 평평하게 만든 뒤 목천목을 수평으로 놓는다.
   ② 목천목 가운데를 중망치로 내려쳐서 안착시킨다.
   ③ 문틀 밑틀을 세운다.

목천목 안착시키는 방법

목천목은 놓을 때마다 중망치로 쳐서 안착시켜야 한다. 이때 나무를 치는 방법이 아주 중요하다. 무턱대고 내려치면 나무가 수평을 유지하지도 못하고 제대로 안착되지도 않는다. 또 흙벽이 어느 정도 높

1. 목천목을 안착시키기 위해 중망치로 한가운데를 친다.　2. 목천목의 수평을 맞출 때는 한가운데를 비스듬하게 쳐야 한다.
3. 수직이 맞지 않는 벽은 그 부분만 V자 형태로 허물고 다시 쌓는다.

이로 쌓였을 때 중망치로 목천목을 잘못 치면 겨우 수직으로 맞춰놓은 흙벽이 뒤틀리기도 한다.

나무를 중망치로 칠 때는 반드시 한가운데를 내려친다. 높은 쪽을 쳐서 한 번에 수평을 맞추고 싶은 유혹에 넘어가지 않도록 주의한다. 어느 한쪽을 치는 것이 아니라 나무의 중앙 부위를, 중망치를 비스듬하게 뉘어 모서리 부분으로 쳐야 한다. 가운데를 쳐야 목천목 아래에 있는 흙이 골고루 다져진다. 어느 한쪽만 치면 친 부위는 다져지지만 반대쪽은 엉성한 상태로 다져진다. 물론 다져진 상태를 겉으로는 알 수가 없다. 이런 상태로 흙벽이 다 올라간 뒤 건조되면 엉성하게 다져진 흙 쪽의 나무와 흙 사이에 틈이 생길 수 있다.

다시 한번 당부하건대 목천목을 안착시킬 때는 수평을 맞춘다고 어느 한쪽을 쳐서는 안 된다. 항상 가운데를 내려치고, 수평을 맞출 때는 중망치의 모서리 부분으로 가운데를 옆으로 친다.

목천목을 안착시킬 때는 조심한다고 살살 치지 말고 과감히 내려친다. 목천목을 과감하게 내려쳐야 쉽게 안착되고 흙과 잘 붙으며 기초도 다져진다.

이렇게 목천목을 안착시켜 흙벽을 쌓았는데, 하루 종일 일한 뒤 살펴보니 흙벽이 살짝 기울었다. 이럴 때 성질 급한 사람은 기운 흙벽 쪽으로 가서 목천목 한쪽 면을 쳐서 흙벽을 수직으로 세우려 할 것이다. 하지만 중망치로 목천목 한쪽 면을 치면 흙벽 전체가 울려 다 망가진다. 이럴 때는 반드시 수직으로 쌓이지 않은 부위의 흙을 떼어낸 뒤 다시 쌓는다. 때로는 돌아가는 것이 빠른 길일 수 있다.

아궁이와 굴뚝 부분 흙벽 쌓기

흙벽을 쌓으면서 잊지 말아야 할 곳이 아궁이와 굴뚝이다. 아궁이와 굴뚝 부분은 기초 쌓기를 할 때 구멍을 만들어놓았다. 아궁이는

목천목이 아궁이와 너무 가까우면 불에 탈 염려가 있다. 하지만 목천목만 탈 뿐 집 전체에 불이 붙지는 않는다.

열기를 많이 받는 곳이므로 이에 대비해야 한다.

아궁이 부분은 흙을 놓기 전에 미리 준비한 크고 반반한 돌을 놓는다. 이곳에 아무 생각 없이 목천목을 올려놓으면, 큰일이야 없지만 불을 오래 지피다 보면 목천목에 불이 붙는 경우가 생길 수도 있다. 불이 붙어도 그곳만 타고 말기 때문에 별 상관은 없다. 하지만 나중에 그 주위를 긁어내고 물을 뿌린 뒤 새로운 흙으로 메우는 불필요한 작업을 해야 한다.

굴뚝도 아궁이보다는 훨씬 덜하지만 열기를 많이 받는 곳이다. 그러므로 굴뚝 구멍 위를 쌓을 때는 아궁이 쌓을 때처럼 돌을 놓아준다. 별로 힘든 일이 아닌데도 하기 싫다면, 목천목이라도 굴뚝 구멍에서 조금 떨어뜨려 쌓기 바란다.

흙벽 쌓는 요령

흙벽은 흙 반죽을 적당한 크기로 뭉쳐 떡을 치듯이 힘껏 내려치면서 쌓는다. 내려치는 위치는 항상 흙벽의 중앙이어야 한다. 그러면 흙이 양쪽으로 퍼진다. 흙은 위에서 아래로 내려쳐야 한다. 옆이나 일정 각도 이상 바깥으로 내려치면, 처음에는 이상을 못 느끼지만 벽이 높아질수록 내려치는 반대 방향으로 눈에 보이지 않게 벽이 밀려나간다. 이런 벽은 작업 중에 수평자를 대볼 때는 분명히 수직이 맞았지만 조금씩 휘어 결국에는 무너진다.

그런데 흙벽이 높지 않을 때는 내려치기가 쉽지만 벽이 높아질수록 점점 어려워진다. 벽이 높아지면 위에서 수직으로 내려치지 못하고 비스듬하게 바깥쪽으로 치게 마련이다. 그러면 역시 흙벽의 전체가 바깥쪽으로 조금씩 밀려나가다 결국 무너진다. 흙벽이 자신의 어깨 높이까지 올라오면 발판을 딛고 서서 흙벽 윗부분을 내려다보는 자세로 작업해야 한다. 발판 위로 오르락내리락하기가 약간 불편해도 무너진 흙벽을 다시 쌓는 것보다는 편하다.

비스듬하게 치더라도 집 안쪽으로 치면 벽이 무너지지는 않는다. 하지만 작업자가 집 안쪽에서 일하기 때문에 안쪽으로 칠 수 없다. 이 점은 나중에 흙벽의 수직을 세우는 과정에서 다시 이야기할 것이다.

흙벽은 흙 반죽을 쌓은 뒤 목천목을 올리고 중망치로 내려쳐 수평을 맞추며 안착시키는 순서로 쌓는다. 처음에는 수직이 맞는지 수평자로 확인해야 하지만 숙달되면 수평자가 필요 없어진다. 초보자는 수평자를 두 개 사용하는 것이 좋다. 긴 수평자는 벽 전체를 보는 데 사용하고, 작은 수평자는 줄로 묶어 목에 걸고 필요할 때마다 벽에 대보면 편리하다. 작은 수평자를 목천목의 안쪽 면에 수시로 대보고 수평과 수직을 확인해가며 쌓는다.

흙벽을 쌓을 때 흙을 자꾸 만지면 물렁해지고 물이 나와 무너질 염

1. 흙 반죽을 적당한 크기로 뭉쳐놓으면 흙을 옮기거나 벽 쌓을 때 편하다. 2. 흙벽을 쌓을 때는 수평자를 이용해 수시로 수평과 수직을 맞춰본다. 3. 흙벽은 주무르지 말고 손바닥 아래쪽으로 쳐서 다듬는다.

려가 있으므로 흙벽은 주무르지 말고 손바닥 아래쪽으로 때려서 다듬는다. 한번 쌓아놓은 흙은 잘못되었다 하여 떼어내고 다시 쌓기가 쉽지 않으므로 천천히 잘 쌓아야 한다.

요점 정리

1. 흙벽을 쌓을 때는 흙 반죽 덩어리를 흙벽 가운데에 내려치면서 쌓는다.
2. 흙벽은 항상 내려다보는 자세로 쌓는다.
3. 흙벽을 쌓는 순서
   ① 흙 반죽을 쌓는다.
   ② 목천목을 올린다.
   ③ 중망치로 내려쳐 안착시킨다.
   ④ 수평자로 수평과 수직을 확인한다.

3) 흙벽 쌓기 ② - 중간 지점 쌓기

흙벽을 쌓은 다음날 다시 쌓을 때 주의할 점은 이전에 쌓아놓은 흙벽에 반드시 물을 뿌려야 한다는 것이다. 그래야 새로 쌓는 흙과 이전에 쌓았던 흙이 잘 붙는다. 이렇게 흙이 붙게 하는 것을 '한살이시킨다'고 한다. 이전에 쌓아놓은 흙에 물기가 남아 있으면 물을 조금만 뿌려도 되지만, 많이 말랐을 경우에는 물을 충분히 뿌려 마른 흙벽 윗부분을 촉촉하게 적신다. 마른 흙 위에 그냥 새 흙을 쌓으면 절대로 한살이가 되지 않는다.

이쯤 일을 하다 보면 흙벽 쌓는 법에 대해 어느 정도 알게 된다. 흙을 쌓을 때는 방 가운데 쌓여 있는 흙 반죽의 가장자리부터 사용해야 일할 공간이 넓어지면서 일하기가 편해진다는 사실도 알게 되고, 흙 쌓는 방법도 나름대로 터득한다. 또 흙물이 튀기니까 보안경을 쓰면 편하다는 말의 뜻도 이해한다.

흙벽을 다음날 쌓을 때는 반드시 벽 윗부분에 물을 뿌린다.

이제부터 본격적으로 흙벽을 쌓아보자. 흙벽을 쌓을 때는 자기가 만든 흙벽을 감상하면서 천천히 작업한다. 여유를 가지고 천천히, 느긋하게 쌓는다. 될 일은 서두르지 않아도 되므로 자신이 쌓은 벽을 요리조리 감상해가면서 쌓는다.

기초 돌 위에 처음 쌓은 흙은 기초 돌 너비가 40cm로 되어 있으니 기초 돌을 덮는 기분으로 쌓으면 40cm가 된다. 하지만 위로 갈수록 흙벽이 두꺼워진다. 자신의 집을 짓다 보면 자기도 모르게 조금이라도 더 튼튼하게 짓고 싶은 마음이 생기기 때문이다. 처음 집을 짓는 사람들은 "내가 쌓은 흙벽이 다른 사람이 쌓은 것보다 훨씬 두꺼워 보인다"는 말을 많이 한다.

이 말이 맞을 수도 있고, 자신이 고생해서 짓는 집이라 그렇게 느껴지기도 한다. 이런 점을 감안하여 흙벽 두께를 조절할 때 주의할 점이 있다. 흙벽 두께가 40cm라고 하여 흙 반죽을 놓을 때 정확하게 40cm로 맞추려고 하면 안 된다. 흙 반죽은 35cm 정도로 놓고 중망치로 목천목을 때리면 흙이 밖으로 퍼져나가 40cm가 된다. 만약 40cm 두께로 흙 반죽을 놓은 뒤 목천목을 때리면 나무 아래의 흙이 밀려나가 벽은 더 두꺼워진다.

나무를 중망치로 때리면 나무 아래쪽 흙이 불룩하게 밀려나오는데, 밀려나온 흙은 손으로 떼어내 다시 사용한다. 이때 흙 속에 들어 있는 돌에 손을 다치지 않도록 장갑을 끼었어도 조심해야 한다. 일하는 방식은 흙벽 쌓는 일을 오전 11시 정도까지 하고 마무리 작업을 1시간 해주고, 오후에도 그런 식으로 작업한다.

기초 돌 위에 처음 흙벽을 쌓을 때는 높이 쌓아도 된다. 하지만 벽이 높아질수록 점점 하루에 쌓는 높이가 줄어들어야 한다. 즉 처음에는 1m를 쌓고 다음날은 70cm, 그 다음날은 60cm 식으로 쌓는다. 하루에 쌓는 가장 무난한 높이는 70cm다. 초보자가 한꺼번에 이보다 높이 쌓으면 수직을 맞추지 못해 무너질 염려가 있다. 흙벽 쌓는 일은 일꾼이 많다고 빨리 할 수 있는 작업이 아니다.

변형이 생겨 흙벽이 넘어갈 때는 정말 살포시 넘어간다. 아주 천천히 거의 눈에 보이지 않을 정도로 기울어져 다른 쪽 벽을 쌓다가 뒤돌아보면 흙벽이 무너져 있는 경우가 많다. 한꺼번에 흙벽을 너무 높이 쌓으면 흙에 수분이 많아 처음에 수직을 아무리 잘 맞췄다 해도 넘어갈 염려가 있다.

목천흙집은 원형 집이기 때문에 안쪽과 바깥쪽에 들어가는 흙의 양이 다르다. 바깥쪽의 원이 넓어 당연히 많이 들어간다. 그리고 벽이 무너질 때도 전부 바깥쪽으로 무너진다. 따라서 흙벽을 쌓으면서 바깥쪽에 지주대를 대야 한다. 지주대는 흙벽 높이의 3분의 2까지 대고, 상층을 쌓을 때도 흙벽이 기울어질 염려가 있는 곳에는 한두 개

1. 중망치로 목천목을 치자 아래쪽 흙이 불룩하게 튀어나왔다.　2. 밀려나온 흙을 손으로 긁듯이 떼어낸다.　3. 흙벽이 바깥쪽으로 기울어졌다.

1. 완전히 넘어간 흙벽 2. 무너진 부분만 헐어내고 흙벽을 다시 쌓는다. 3. 지주대를 댄 모습 4. 원형 흙벽의 각이 급한데 창틀이 길면 이처럼 창틀 중간이 방 안으로 들어와 걸린다.

대주면 좋다.

하루에 쌓을 수 있는 흙벽 높이는 일하는 사람이 많고 힘이 남아돌아도 70~100cm로 한다.

흙벽을 50cm 정도 쌓으면 창 부분에 창틀을 올린다. '창틀 만들기'에서 이야기하겠지만 꼭 50cm 높이에 창틀을 올리라는 것은 아니고 이 정도가 평균이라는 뜻이다. 창틀을 올리기 전에 흙벽을 쌓으면서 한 가지 주의할 일이 있다. 집은 작은데 창틀이 넓으면 창틀이 흙벽 바깥으로 나가는 경우가 생긴다. 즉, 목천흙집과 같이 원형인 경우 집이 작으면 흙벽이 급한 원형이 되는데, 창틀은 직선이기 때문에 직선인 창틀 끝이 원형 흙벽 속에 감춰지지 않고 바깥쪽으로 삐져나간다. 이런 상황을 방지하기 위해 집이 작으면 창을 가로로 너무 크지 않게 하는 것이 좋다. 또 큰 창틀을 올릴 생각이라면 흙벽을 쌓을 때도 이런 점을 감안하여 창틀이 놓일 부분은 기초 공사할 때부터 흙벽 각도를 조금 완만한 곡선이 되도록 해도 무방하다. 이 부분은 '창틀 만들기'에서 다시 설명할 것이다.

흙집을 짓다 보면 마음이 바뀌어 창문의 위치를 바꾸고 싶을 때가 있다. 그러면 설계도에 상관없이 창문의 위치를 옮기거나 창을 하나 더 내면 된다. 이렇듯 어떤 규정에도 얽매이지 않고 집 짓는 이의 마음에 따라 짓는 집이 목천흙집이다.

요점 정리

1. 하루가 지난 뒤 흙벽을 다시 쌓을 때는 종전 흙벽에 물을 뿌리고 쌓는다.
2. 흙벽의 두께를 35cm 정도로 만든 뒤 목천목을 올려놓고 중망치로 때리면 흙 반죽이 밖으로 밀려나가 40cm가 된다.
3. 흙벽은 주무르지 말고 두드려서 다듬는다.
4. 흙벽 바깥쪽에 지주대를 댄다.
5. 창틀은 흙벽이 50cm 정도 높이로 쌓였을 때 올린다.

문틀과 창틀이 맞닿는 곳의 흙벽 쌓기

문틀과 창틀이 맞닿는 곳의 흙벽은 다른 곳과 약간 다르게 쌓는다. 일단 이곳의 흙벽 쌓기는 수직 맞추기가 쉽다. 문틀이나 창틀을 정확하게 수직으로 세웠기 때문에 이 틀을 따라 쌓으면 저절로 수직이 되는 것이다. 또 다른 하나는, 문틀과 창틀이 올라가면 흙벽을 쌓으면서 못 박을 일이 많아져 큰못과 망치를 준비해야 한다는 점이다.

문틀이나 창틀 옆에는 조금 가는 목천목을 올린다. 문틀, 창틀뿐만 아니라 새로운 벽과 연결되는 부분에는 굵은 나무보다 가는 나무를 올리면 잘 맞는다.

문틀의 수직틀 옆에 흙 반죽을 쌓고 그 위에 목천목을 놓은 뒤 중망치로 내려쳐 안착시킨다. 그리고 안착시킨 목천목 쪽에서 문틀이나 창틀 수직틀에 큰못 두 개를 3분의 2 정도만 박고 그 못을 목천목 위에 누르듯이 고정시킨다. 못 위에 흙 반죽을 쌓으면 흙이 수직틀에 박힌 못을 목천목에 대고 누르는 상태가 되어 수직틀과 목천목이 단단하게 고정된다. 이때 주의할 점은 큰못을 흙벽 안쪽으로 놓이도록 박아야 한다는 것이다. 바깥쪽으로 삐져나오도록 박으면 나중에 흙이 마르면서 못 바깥쪽에 얇게 붙어 있는 흙이 떨어질 수 있기 때문이다.

이렇게 흙벽을 쌓은 뒤 문틀과 창틀의 위아래, 양옆의 흙벽은 모두 곡선으로 처리한다. 그래야 마른 뒤에 흙이 떨어지지 않는다.

요점 정리

1. 문틀이나 창틀 옆의 목천목은 조금 가는 나무를 올린다.
2. 문틀이나 창틀의 수직틀에는 큰못을 박아 목천목에 고정시킨다.
3. 문틀과 창틀의 위아래, 양옆의 흙벽은 모두 곡선으로 만든다.

1. 문틀과 창틀 옆에는 상대적으로 가는 목천목을 놓고 수직틀에 큰못을 안쪽으로 박아 눌러준다. 2. 창틀 밑틀과 맞닿는 벽을 곡선으로 처리해야 흙이 마른 뒤에 떨어지지 않는다.

4) 흙벽 쌓기 ③ - 상층 부분 쌓기

세상에 흙만큼 정직한 것이 없다. 흙은 작업자가 만지는 대로, 정성을 들이는 대로 자신의 모습을 바꾼다. 흙집을 많이 짓다 보니 이제는 완성된 흙집만 봐도 지은 사람의 성격까지 대충 알 수 있다. 흙집은 짓는 사람을 닮고, 정성을 들일수록 더 단단하고 아름다워진다.

흙벽 쌓기도 이제 중간 단계를 넘어서면서 작업자 손의 아픔도 어느 정도 가라앉는다. 초보자가 이 단계까지 흙벽을 쌓으면 손바닥, 특히 손가락이 아주 많이 아프다. 심하면 물집이 잡히기도 한다. 하지만 흙집을 직접 지으려면 누구나 한번씩 거치는 과정이다. 필자도 처음에는 지문이 모두 사라질 정도였지만 지금은 장갑을 끼지 않고도 흙벽을 쌓는다. 흙 속에 있는 작은 돌 따위는 굳은살이 박인 필자의 손에 작은 흠집도 내지 못한다. 사람의 적응력은 그만큼 강하다.

흙벽이 높아지면 발판을 놓고 올라가서 작업을 한다. 발판도 대충 놓지 말고 확실하게 자세를 잡을 수 있도록 놓는다. 스포츠와 건축 일은 자세가 좋아야 결과도 좋고 사고가 나지 않는다.

목천흙집에서는 발판으로 플라스틱 음료수 상자 등을 사용한다. 겹칠 수도 있어 편하고, 특히 혼자 일할 때 유용하다. 사다리나 우마를 사용할 수도 있지만, 집 평수가 작아 일할 공간이 좁은 경우에는 플라스틱 상자가 요긴하다. 이쯤 돼서 그동안 조용하던 독자가 손을 번쩍 든다.

"그러면 2층을 지을 때는 상자를 예닐곱 개 놓고 해야겠네요?"

2층을 올릴 때는 지붕 위에 2층 바닥을 만든 뒤에 벽을 쌓기 때문에 1층과 똑같이 하면 된다. 이때 흙 반죽은 미리 옮기기 편한 크기로 만든 뒤 받침대나 흙벽에 올려놓고 쌓는다.

흙벽이 높아질수록 더 중요해지는 것이 수직이다. 높아진 만큼 벽을 내려다볼 수 있도록 발판을 높이 올리고 쌓는다. 그래야 수직을

1. 플라스틱 발판을 이용해 흙벽을 쌓는 모습 2. 철제 받침 대를 이용할 때는 흙 반죽을 적당한 크기로 만들어 받침대 위에 올려놓고 쌓는다.

잘 잡을 수 있다. 작업할 곳이 항상 작업자의 어깨 밑에 놓이도록 해야 일하기가 편하다. 또 흙벽이 자기 어깨 아래 있지 않으면 흙벽에 흙 반죽을 내려칠 때 옆으로 비스듬하게 쳐 벽이 바깥쪽으로 밀려나간다.

다시 한번 말하지만 흙벽이 높아질수록 수직은 더 중요하다. 더구나 흙벽이 높아지면 지주대를 대기도 힘들다. 그러니 발판을 놓고 수평자를 더 자주 활용하며, 목천목의 수평과 흙벽의 수직을 잘 맞춰가면서 천천히 정성껏 쌓는다.

여기서 또 한 가지 주의할 점이 있다. 흙벽이 높아지면서 발판을 이리저리 옮기기 귀찮다고 슬쩍슬쩍 요령을 피운다. 주위를 쓱 둘러본 뒤 슬그머니 흙벽 위에 한쪽 발을 올려놓고 콩콩 다져본다. 튼튼한 흙벽의 감촉이 발바닥을 통해 전해진다. 그러자 이제 흙벽 위에 사뿐히 올라선다. 흙벽 위에 올라서도 아무런 문제가 없자 아주 신이 난다. 옳다, 이제 발판도 필요 없다. 아래로 내려가 흙덩이를 만든 뒤 흙벽에 올려놓고 다시 흙벽에 올라와 옆으로 앉아 신나게 흙 반죽을 때려댄다. 제발 이러지 말기를 바란다. 절대로 흙벽에 올라가 밟으면 서 벽을 쌓아선 안 된다.

앞에서 흙벽이 '살포시 넘어간다'고 했다. 정말 흙벽은 살포시 넘 어간다. 하루 종일 흙벽 위에서 신나게 흙을 쌓고 튼튼함을 확인한 뒤, 내일이면 다 쌓는다는 들뜬 마음으로 잠자리에 들었다. 다음날 나가보니 흙벽도 밤새 누워서 잠을 자고 있는 게 아닌가. 요령을 피 우다가 지금까지 쌓은 흙벽이 고스란히 무너질 수도 있음을 명심해 야 한다.

이쯤 흙을 쌓다 보면 이제 흙벽 쌓기의 끝이 보인다. 그런데 흙량 을 잘못 계산해 흙이 모자란 경우가 생긴다. 많이 부족하면 포클레인 을 불러 흙 반죽을 다시 해야 한다. 적당히 부족하면 그날 사용할 흙 을 직접 반죽해서 쓴다. 조금만 부족하고 운이 좋아 비까지 내려준다 면 비 그칠 때까지 푹 쉰다. 비가 그치면 근처에 있는 젖은 흙을 주물 러 사용한다. 반죽된 흙을 옮길 때 사람이 많으면 릴레이식으로 옮기 면 편하다. 이처럼 주위 어디서나 집 지을 재료를 구할 수 있다는 것, 바로 이게 목천흙집의 매력이다.

이렇게 하여 흙벽이 문틀 위에서 20cm 정도 올라가면 흙벽이 완 성된다. 하지만 흙벽의 최상층부, 즉 종도리가 놓일 부분의 벽을 쌓 을 때 아주 중요한 사항이 있다. 종도리란 흙벽 제일 위에 놓여 서까 래를 잡아주는 나무를 말하는데, 목천목과 종도리를 못으로 박아 고 정시켜야 한다. 그것을 감안하여 최상층부에는 종도리에 못 박을 목 천목을 1m 정도 간격으로 배치하고, 그 목천목 위에는 흙을 완전히 덮지 않는다. 목천목을 1m 간격으로 배치하는 것은 종도리 길이가

종도리에 못을 박기 위해 흙을 완전히 덮지 않은 목천목

약 1m이기 때문이다.

또 흙벽 가장 윗부분은 종도리가 수평으로 놓이기 좋도록 벽 전체가 일정한 높이가 되어야 하며, 평평하게 만들어야 한다. 그러기 위해서 창틀과 문틀 위에 긴 각목으로 수평대를 놓기도 하고, 흙벽 높이를 일정하게 맞추기 위해 미리 각목을 잘라 목천목에 못으로 박아 흙벽 쌓을 최종 높이를 표시하기도 한다.

여기까지 흙벽을 쌓고 나면 흙벽 쌓는 일이 그렇게 힘들지 않다는 것을 알 수 있다. 또 앞으로 서너 채 더 집을 지어 숙달되면, 지금처럼 복잡한 설명이나 지주대 없이도 망치 하나만 들고 때려가면서 흙벽을 쌓을 수 있다.

흙벽을 쌓으면서 대준 지주대는 흙벽을 다 쌓은 뒤 흙벽의 수분이 적당히 말랐을 때 제거한다. 지주대를 제거하는 시점이 어느 때라고

정해진 것은 아니다. 서까래를 올리고 제거해도 되고, 지붕까지 다 올리고 해도 된다.

흙벽을 다 쌓은 이 시점에서 필자가 하고 싶은 말은, 집 짓는 시간이 오래 걸리면 오래 걸리는 대로 서두르지 말고 차근차근 지으라는 것이다. 목천흙집은 서두른다고 빨리 되는 집이 아니다. 얼마나 정성을 들였느냐에 따라 집이 달라진다.

이제 흙벽도 거의 다 쌓았으니 참고 삼아 필자가 겪었던 이야기를 해야겠다. 목천흙집은 그 자체로도 일반인이 생각하는 것보다 훨씬 단단하다. 오래 전에 집을 다 지어놓고 사정상 벽을 뚫기 위해 5파운드 해머로 친 적이 있었다. 그런데 몇 번을 쳐도 흙벽이 무너지지 않았다. 계속 쳐대자 해머로 친 부분만 조금 뚫리고 다른 곳은 멀쩡했다. 필자도 흙벽의 강도를 직접 보고 놀랄 정도였다.

한번은 강원도에서 산사태가 나 굴러온 바위가 흙벽을 덮친 적이 있었다. 보통 집 같았으면 형체도 없이 무너졌을 텐데, 흙집은 바위가 굴러온 부분의 흙벽만 뻥 뚫렸지 다른 곳은 멀쩡했다. 그 정도로 목천흙집의 벽은 튼튼하다.

흙벽에 들어가는 목천목은 흙벽의 뼈대 역할을 한다. 즉, 처음에 나무를 넣지 않으면 틀을 잡기가 어렵다. 반죽된 상태에서는 흙이 나무의 힘에 의해 고정되고, 마른 다음에는 흙 자체의 힘으로 버틴다. 이때부터 나무는 공기 정화 필터 역할을 한다.

여기까지 말하면 어떤 독자는 손을 번쩍 들 것이다.

"그럼 흙만으로도 벽을 쌓을 수 있나요?"

할 수 있다. 단, 흙으로만 벽을 쌓을 때는 한꺼번에 높이 쌓지 말고 조금씩 쌓아야 한다. 흙으로만 쌓을 때는 하루에 50cm 이상은 쌓지 않는다. 흙으로만 쌓은 벽도 건조되면 강도는 목천목을 넣어 쌓은 벽과 동일하다. 하지만 힘도 많이 들고 작업 속도가 더디기 때문에 권

1. 흙벽 높이를 일정하게 맞추기 위해 목천목에 각목을 박아 수평대를 놓은 모습 2. 수평대에 맞춰 쌓은 흙벽

하고 싶지는 않다.

흙으로만 쌓든, 목천목을 넣어서 쌓든 흙벽을 다 쌓으면 마지막 단계인 종도리 놓기가 남아 있다. 종도리의 '종' 자가 '끝 종' 자니 종도리를 치고 나면 흙벽 쌓기는 '종을 치는' 것이다.

요점 정리

1. 흙벽이 높아지면 발판을 놓아 흙벽을 내려다보는 위치에서 작업한다.
2. 벽이 높아질수록 수직 맞추기에 신경을 쓴다.
3. 흙벽은 문틀 위 약 20cm 높이까지 쌓는다.
4. 흙벽의 최상층부에는 종도리에 못 박을 목천목을 1m 간격으로 배치하고 흙을 완전히 덮지 않는다.
5. 흙벽 가장 윗부분은 전체를 일정한 높이로 평평하게 만든다.

5) 흙벽 쌓으면서 다듬기

흙집을 다 지은 뒤 벽을 다듬는 작업을 '맥질'이라고 한다. 여기서 말하는 흙벽 다듬기는 맥질이 아니라 흙벽을 쌓아가면서, 혹은 흙벽을 쌓고 나서 흙이 완전히 마르지 않았을 때 하는 다듬질이다.

흙벽을 쌓아가면서 다듬질을 해주면 몇 가지 좋은 점이 있다.

첫째, 흙벽 안쪽에 한살이가 안 되어 있던 흙들이 서로 단단히 달라붙는다.

둘째, 흙의 색이 예쁘게 나온다.

셋째, 흙벽이 매끄러워져 나중에 맥질할 때 편하다.

넷째, 크랙이 적게 생긴다.

이외에도 좋은 점이 많으니 흙벽을 쌓아가면서, 혹은 쌓고 나서 수분이 다 마르기 전에 틈틈이 다듬질을 해주기 바란다. 흙벽을 쌓으면서 처음부터 벽을 너무 매끄럽게 할 필요는 없다. 시간이 많이 걸리

1. 나무망치로 흙벽
다듬기 2. 외벽도
손으로 다듬는다. 초
보자는 반드시 장갑
을 낀다.

고 예쁘게 다듬어지지도 않기 때문이다. 벽을 다듬는 작업은 흙벽을
쌓아놓고 수분이 조금 말랐을 때 하면 일도 편하고 작업도 잘 된다.

다듬질하는 방법에는 두 가지가 있다. 하나는 벽을 쌓아가면서 볼
록 튀어나온 부분이나 움푹 꺼진 부분을 손으로 누르고 북돋우는 방
법이다. 다른 하나는 나무망치를 이용해 벽의 수분이 마르기 전에 마
사지하듯이 톡톡 두드리는 방법이다.

손으로 다듬질할 때는 장갑을 끼어야 한다고 일러도 맨손으로 하
다가 반창고 신세를 지는 사람이 있다. 맨손으로 하면 감각이 예민해
서 다듬질이 훨씬 잘 되고, 흙이 말랑말랑해 촉감도 좋지만 손을 보
호하려면 장갑을 끼는 것이 좋다. 외벽은 상관없지만 내벽을 다듬은
뒤에는 손가락 자국이 남지 않도록 잘 문지른다. 손가락 자국이 있으
면 집을 다 지었을 때 보기 싫다.

또 한 가지 주의할 점은 흙 반죽을 너무 만지지 말라는 것이다. 흙에 아직 수분이 남아 있기 때문에 흙을 만질수록 수분이 밖으로 나오면서 그 부분이 물렁물렁해져 수직이 안 맞았으면 흙벽이 기울어지고, 심하면 넘어간다. 그러므로 예쁘게 만든다고 어느 한 부분만 너무 만지면 안 된다.

흙벽을 쌓은 뒤나 수분이 어느 정도 말랐을 때, 흙이 마르면서 크랙이 생기기 시작할 때는 나무망치로 톡톡 두드린다. 흙집을 지을 때는 나무망치로 다듬는 일이 아주 중요한데, 나무망치로 두드리면 흙 안에 있던 미세한 공기 방울이 빠져나와 단단해지기 때문이다.

수분이 마르기 전에 나무망치로 톡톡 두드려보면 아직 흙벽 안에 제대로 붙지 않은 흙이나 틈새가 단단하게 연결되는 것을 손끝으로 느낄 수 있을 것이다.

다듬질은 특히 이음새 부분을 신경 써서 해야 한다. 이음새에는 흙이 완전히 붙지 않은 경우가 많고, 나중에 크랙이 많이 생기는 부분이기 때문이다. 이 다듬질이 얼마나 중요한지는 해보면 안다. 다듬질을 하면서 흙이 많이 튀어나온 부분이 있으면 도구(헤라)를 이용해 깎기도 하여 매끄럽게 만든다.

흙벽을 쌓은 뒤 수분이 있을 때 손이나 나무망치로 다듬질을 많이 하면 나중에 크랙이 훨씬 적게 생기고 벽면이 매끄러워져 맥질하기가 쉽다. 또 벽도 단단해지고 흙색도 잘 나온다.

다듬질할 때 나무망치로 두드린 다음 망치 자국이 남지 않도록 손으로 잘 문지른다. 손자국이나 나무망치 자국이 났을 때는 붓에 물을 묻혀 바른 뒤 손으로 문지르면 된다.

혼자나 부부가 흙집을 짓는다면 흙벽 쌓는 속도가 느릴 것이다. 그러면 아래쪽 벽이 완전히 마른 뒤에 흙을 쌓는 일도 생긴다. 그때도 쌓아놓은 흙벽이 다 마르기 전에 다듬질을 해준다. 흙벽을 나무망치

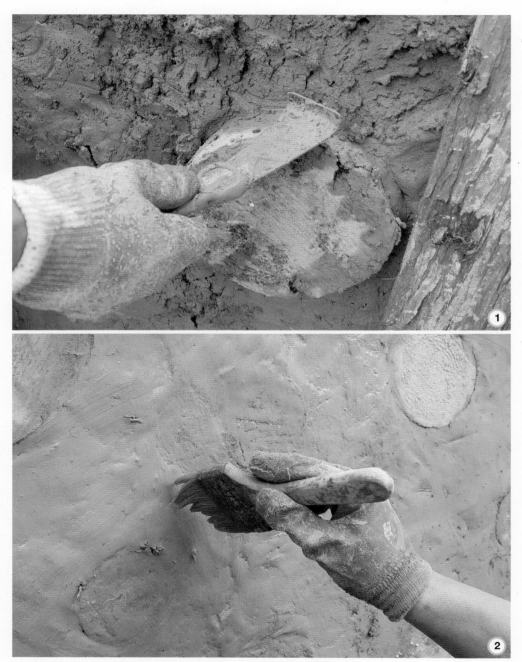

1. 흙벽을 깎는 데 사용하는 헤라 2. 손자국이 남지 않도록 붓에 물을 묻혀 문지른다.

로 때리는 시기는 손으로 눌러보아 성형이 가능할 정도로 흙벽에 물기가 남아 있을 때다. 그러니 흙벽 쌓는 속도와 무관하게 흙의 건조 속도에 맞춰 다듬질을 해준다.

6) 화장실 흙벽 쌓기

본채에 연결되는 부속 건물의 흙벽을 쌓을 때 두 건물의 흙벽이 서로 연결되는 부분에는 가는 목천목을 넣어야 조밀한 벽 쌓기가 가능하고 크랙도 덜 생긴다. 흙집을 지어보면 벽과 벽이 이어지는 부분이나 목천목이 들어간 부분에 크랙이 많이 생기는 것을 알 수 있다. 크랙이 많이 생긴다고 하여 벽 구조에 이상이 있는 건 아니지만, 크랙이 많으면 맥질할 때 힘이 든다. 미리 조금만 신경을 쓰면 뒤에 하는 작업이 훨씬 쉬워진다.

또 '흙벽 쌓기 ① – 아랫부분 쌓기'에서도 말했듯이, 본채의 흙벽을 쌓을 때 화장실이나 욕실 등 부속 건물 안쪽으로 들어가 내벽이 되는 곳에는 목천목을 흙벽 두께에 맞춰 정확히 40cm로 잘라 흙벽의 바깥쪽과 안쪽이 모두 판판해지도록 하면 좋다. 왜냐하면 본채를 지을 때 외벽이라고 흙벽을 쌓지만 그곳은 화장실 내벽이 되기 때문이다. 하지만 다른 부분과 똑같이 흙벽을 쌓아 목천목이 화장실 내벽 쪽으로 튀어나와도 크게 문제 될 것은 없다. 나중에 바깥으로 튀어나온 부분을 기계톱으로 잘라주면 된다. 기계톱만 다룰 줄 안다면 이런 일은 식은 죽 먹기다.

보통 화장실 안쪽 벽은 방수선이 1m 높이까지 올라오기 때문에 이 점을 염두에 두고 벽을 쌓아야 한다. 즉, 이 정도 높이까지는 타일을 붙이는 등 물기를 막아야 하므로 이 부분은 굳이 매끈하게 만들지 않아도 된다. 벽에 목천목이 많이 튀어나와 있으면 타일을 붙이기가

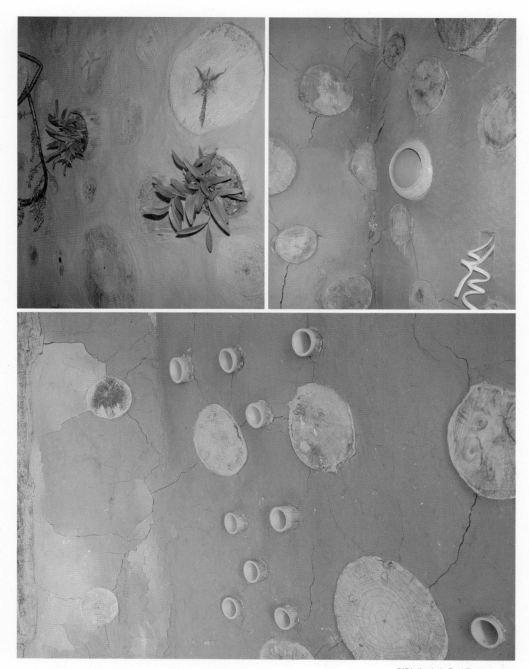

취향에 따라 흙벽을 꾸민 모습

어렵기 때문에 내벽은 판판하게 해준다.

화장실 전용으로 사용하는 경우에는 방수선을 1m 정도까지 올리면 되지만, 욕실 등으로 사용할 때는 더운물을 쓸 때 발생하는 수증기 등으로 인해 벽의 위쪽까지 습기에 노출된다. 그러므로 당연히 흙벽 전체에 타일을 붙이는 등 방수 작업을 해서 습기를 막아야 한다. 이를 위해 벽을 쌓을 때 벽면을 타일 붙이기 좋은 상태로 판판하게 다듬는 것이 필요하다. 하지만 매끄럽게 할 필요는 없다. 타일을 붙이기 위해서는 또 다른 작업을 해야 하기 때문이다.

요점 정리

1. 본채와 부속 건물이 연결되는 흙벽은 가는 목천목으로 쌓는다.
2. 화장실 건물 내벽 1m까지는 방수 타일을 붙일 것이므로 판판하게 다듬는다.

7) 흙벽에 목천목을 놓는 방법

목천목을 놓을 때도 미적 감각을 살려야 한다. 즉, 큰 것과 작은 것의 비율을 잘 맞춰 놓으면 근사한 벽면이 된다. 또 목천목을 놓기 전에 흙벽 위를 평평하게 만들면 나무를 수평으로 놓기 쉽다.

목천목은 지그재그로 쌓는다. 즉, 위의 나무는 아래에 놓은 목천목 두 개의 사이에 놓는다. 벽돌을 지그재그로 쌓는 이유는 벽돌 하나가 잘못되어 무너져도 다른 벽돌은 그대로 있기 때문이다. 또 벽돌들끼리 서로 붙잡고 있어 단단해진다. 목천목도 마찬가지다. 이렇게 쌓으면 일하기도 편하다. 굵은 나무와 가는 나무를 번갈아 놓으면 꼼꼼하게 나무를 끼워 넣을 수 있고 미관상으로도 좋다.

목천목 간격은 한 뼘 정도(15~20cm)가 좋다. 흙이 많이 들어가 일

1. 목천목을 올리기 좋도록 흙벽 위를 평평하게 만든다. 2. 목천목은 벽돌 쌓듯이 지그재그로 쌓는다. 3. 굵은 나무와 가는 나무를 번갈아 놓는다.

하기가 힘들어도 나무 사이 간격은 이 정도가 좋다. 나무 사이가 너무 좁으면 답답해 보이고, 어지러움을 느끼는 경우도 있으며, 크랙도 많이 생기고, 맥질 작업과 흙물 도배할 때 붓질하기도 어렵다.

보통 초보자는 벽을 쌓을 때 자신은 목천목 사이를 많이 떼었다고 생각하지만, 쌓고 보면 그 사이가 아주 좁다. 왜냐하면 안착시키기 위해 자꾸 중망치로 때려주기 때문이다. 게다가 초보자는 수평을 한 번에 맞추지 못하니까 자꾸 때리다 보면 생각보다 훨씬 좁아진다. 잔꾀가 많은 초보자는 하루 정도 흙벽을 쌓고 나서 머리를 굴린다.

"이거 흙벽 쌓기 엄청 힘드네. 옳지, 나무를 많이 넣으면 흙이 덜 들어가지."

아무도 모르는 아이디어라도 생각해낸 양 회심의 미소를 짓는다. 목천흙집은 짓는 사람이 수고할 절대량이 정해져 있다. 이번 공정에서 조금 요령을 피우면 그로 인해 다음 공정이 힘들어진다. 반대로 지금 고생하면 다음 일이 그만큼 쉬워진다. 흙집은 꼭 정해진 양만큼 노고가 들어가야 완성된다. 목천목을 많이 넣으면 흙벽은 쉽게 쌓지만 크랙이 많이 생겨 맥질할 때 그만큼 힘들다.

요점 정리

1. 목천목은 굵은 것과 가는 것을 번갈아 놓는다.
2. 목천목은 지그재그로 놓는다.
3. 목천목 간격은 15~20cm가 좋다.

8) 지주대

초보자가 흙벽을 쌓는 경우, 벽이 1m 정도 올라가면 지주대를 댄다. 지주대를 대는 목적은 흙벽이 무너지지 않도록 하기 위해서다.

수직이 맞지 않게 흙벽을 쌓으면 흙벽이 눈에 보이지 않을 정도로 서서히 넘어간다. 일단 넘어가기 시작하면 작업이 어려워지므로 넘어가기 전에 지주대를 대야 한다. 지주대는 많이 대는 게 좋다. 특히 초보자는 많이 댈수록 좋다.

지주대는 일부러 좋은 나무를 사용할 필요가 없다. 공사장 여기저기 굴러다니는 나무, 쓰다 남은 나무, 다른 나무에서 잘라낸 자투리 등 길이만 적당하면 어떤 나무도 사용할 수 있다. 굵기는 부러지지 않을 정도면 된다.

지주대는 나무를 땅 위에 대고 돌로 받치거나, 망치로 때려 땅 위에 잘 고정시킨 다음 목천목에 대고 못을 박는다. 목천목에 직각으로 못을 박으면 그 충격에 의해 벽의 수직이 흔들릴 염려가 있으므로 못이 아래로 향하도록 45도 각도로 박는다.

지주대는 나무를 대는 안쪽 흙벽을 다듬은 뒤에 댄다. 지주대를 대

흙벽을 매끄럽게 다듬은 뒤에 대놓은 지주대. 흙벽을 다듬지 않고 대면 지주대 안쪽은 다듬을 수 없으므로 주의한다.

1. 높은 흙벽에 대는 지주대   2. 휘어질 정도로 힘을 받아 흙벽이 기울어지는 것을 막는 지주대

고 나면 그 안쪽은 손이 닿지 않아 매끄럽게 다듬을 수 없기 때문이다. 지주대를 뗄 때쯤 되면 흙이 모두 말라 손으로 다듬기 힘들다.

초보자라 할지라도 흙벽을 쌓아놓고 보면 지주대를 대야 할 곳이 보일 것이다. 약간 떨어져 여러 각도에서 벽을 바라보면 외벽이 바깥쪽으로 흰 곳 등이 눈에 띈다. 이런 곳에 지주대를 댄다.

지주대를 대야 할 곳은 문틀이나 창틀에서 멀리 떨어진 벽 부분이다. 이 부분은 잡아주는 물체가 없기 때문에 흙벽이 넘어가기 쉽다. 그래서 이 부분은 벽이 똑바로 쌓인 것처럼 보여도 지주대를 많이 댄다. 눈치 빠른 독자라면 이 말을 역으로 생각할 것이다.

"그럼 문틀 가까운 곳은 지주대를 안 대도 된다는 말씀입니까?"

맞다. 문틀처럼 기둥이 있는 부분은 흙을 쌓으면서 목천목과 수직틀 부분을 못으로 고정시켰기 때문에 지주대를 댈 필요가 없다. 또 화장실과 방 등 벽이 서로 연결되는 부위도 댈 필요가 없다.

지주대는 최종 벽체 높이에서 3분의 2 정도까지만 댄다. 벽을 쌓은 뒤에 지주대를 대고, 다시 벽을 쌓은 뒤 지주대를 대는 방식으로 한다.

여기저기서 약한 나무를 주워 사용하니 하찮게 생각하기 쉬우나 지주대의 위력은 대단하다. 흙벽을 다 쌓은 뒤에 지주대를 제거하다 보면 이 작은 나무들이 얼마나 큰 힘으로 흙벽을 떠받쳤는지 알 수 있다.

초보자가 벽을 쌓을 때는 지주대를 많이 대는 것이 좋으나 숙달되어 수직으로 쌓을 수 있다면 거의 대지 않아도 된다. 지주대는 흙벽이 어느 정도 마르면 아무 때고 제거한다.

요점 정리

1. 흙벽을 1m 정도 쌓으면 지주대를 댄다.
2. 지주대는 목천목에 못을 박아 단단하게 고정시킨다.
3. 지주대는 최종 흙벽 높이의 3분의 2 정도까지만 댄다.

9) 흙벽을 수직으로 쌓는 요령

수직이 안 된 흙벽을 수정하는 방법은 그 부분을 헐어내고 다시 쌓는 것밖에 없다. 그러므로 흙벽은 천천히 잘 쌓아야 한다. 초보자들이 벽을 쌓을 때 가장 힘든 부분이 수직을 정확하게 맞추는 일이다. 하지만 처음이니까 힘들지 두어 번만 해보면 별로 어렵지 않다.

초보자들이 흙벽을 수직으로 쌓는 쉬운 방법은, 12자짜리 직선 각목을 흙벽 옆 군데군데에 7~8개(10평 기준) 수직을 맞춰 박은 뒤 이를 기준으로 쌓는 것이다. 혹은 기둥을 세운 뒤 실로 추를 매달아놓고 쌓는다. 추는 항상 지구의 중심부를 향하기 때문에 수직의 정확한 기준점이 될 수 있다.

하지만 이런 방법들은 별로 권하고 싶지 않다. 각목을 구입하느라 돈 들고, 흙을 쌓으면서 각목을 건드리지 않도록 주의해야 한다. 추를 매달아놓는 경우도 잔신경이 많이 쓰인다.

이런 방법을 쓰지 않아도 충분히 수직을 맞추며 쌓을 수 있다. 수평자를 이용해 수시로 확인하는 것만으로도 충분하기 때문이다. 또 수평자만으로 쌓아봐야 감각이 생겨 기술도 숙련된다.

수직을 맞추는 가장 좋은 방법은 자신의 눈을 믿는 것이다. 앞에서도 말했지만 사람 눈의 섬세함은 놀라울 정도다. 집 안에 있는 액자가 조금 비뚤어진 것 같아 자를 대고 확인해보면 정말 비뚤어진 경우가 많다. 흙벽을 쌓은 뒤 몇 걸음 떨어져서 벽을 살펴보면 수직인지 아닌지 금방 알 수 있다. 이때 앞, 뒤, 위, 아래 등 여러 각도에서 살펴야 한다. 이렇게 벽을 쌓다가 자신이 쌓은 벽을 느긋하게 살펴보며 여유를 갖는 것도 필요하다. 흙집을 지을 때는 어쩔 수 없이 하는 노

초보자도 수평자로 확인하면 쉽게 수직으로 쌓을 수 있다.

동이 아니라 자기 집을 짓는다는 즐거운 마음으로 해야 한다. 조금 서두른다고 집이 얼마나 빨리 완성되겠는가. 천천히, 여유를 가지고 짓는 것이 여러 가지로 좋다.

흙벽을 수직으로 쌓는 또 한 가지 방법은, 약간 안쪽으로 기울여 쌓는다는 생각으로 작업하는 것이다. 초보자가 정확하게 수직으로 쌓는다고 하다 보면 바깥으로 기우는 경향이 있다. 원형 구조와 기울기의 힘으로 천 년이 넘게 버티는 건축물 중에 경주의 첨성대가 있다. 첨성대를 잘 살펴보면 안쪽으로 약간 기울어졌는데, 바로 이런 기울기가 가장 안정된 기울기다. 그렇다고 흙벽을 눈에 띄게 안쪽으로 기울게 쌓으면 안 된다. 약간 안쪽으로 기울인다는 마음으로 쌓으라는 것이다. 초보자가 그런 생각을 가지고 쌓으면 수직이 된다.

자꾸 수직, 수직 하니까 겁을 내는 독자도 있을 것이다. 그러면 아예 이렇게 말하겠다. 흙벽을 쌓으면서 억지로 90도 수직을 만들려고 하지 마라. 목천흙집과 같은 원형 집에서는 흙벽을 꼭 수직으로 만들지 않아도 된다. 적당히 눈대중으로 해도 어느 정도 수직은 가능하다. 그 정도면 집 짓는 데 충분하다. 그러니 겁내지 말고 자신있게 벽을 쌓는다. 하다 보면 일부러 수직을 안 맞추려고 노력하지 않는 한 집이 버틸 정도의 수직은 나온다. 또 한두 번 벽이 무너지면 어떠랴. 다 그러면서 배우는 거지.

목천흙집은 벽이 무너져도 현대 건축물처럼 전체가 와르르 무너지지는 않는다. 집 자체가 원형이다 보니 무너질 부분만 조금 무너지고 다른 부분은 자기 일 아니라는 듯이 멀뚱멀뚱 서 있다. 나중에 무너진 부분만 다시 쌓으면 되니까 아무 걱정하지 말고 벽을 쌓는다.

흙벽이 수직으로 쌓이지 않은 상태에서 수정하는 방법은 한 가지밖에 없다. 약간 비스듬하다고 옆에서 아무리 밀어도 수직이 되지는 않는다. 그럴 때는 비스듬한 부분을 V자로 헐어내고 다시 쌓는다.

목천흙집의 벽은 한
쪽이 무너져도 다른
곳은 괜찮다.

요점 정리

1. 수평자를 이용해 흙벽이 수직인지 수시로 점검한다.
2. 흙벽에서 몇 걸음 떨어져 벽을 살펴본다.
3. 흙벽을 안쪽으로 약간 기울여 쌓는다는 기분으로 쌓는다.

10) 토치램프 작업

목천흙집을 지을 때 토치램프 작업은 두 군데에서 총 세 번에 걸쳐
한다. 한 군데는 흙벽이고, 한 군데는 지붕에 방수포를 녹여 붙일 때
다. 대문과 툇마루에서도 잠깐 토치램프 작업을 하지만, 이곳의 작업
은 꼭 필요한 것은 아니기 때문에 예외로 한다. 토치램프 작업 중 방
수포를 녹여 붙이는 것은 나중에 다루고, 여기서는 흙벽을 쌓으면서

곰팡이가 핀 목천목
은 토치램프로 그슬
리고 나중에 그라인
더 작업을 한다.

하는 작업만 설명하겠다.

　장마철에 흙벽을 쌓다 보면 목천목에 곰팡이가 생긴다. 또 벽 쌓는
기간이 길어지면 흙벽에 거미줄을 비롯해 벌레들이 먼저 집을 짓는
다. 이럴 때는 보기에 지저분하고 빗자루로 쓸어도 제거되지 않기 때
문에 토치램프 작업을 한다.

　토치램프로 곰팡이가 핀 목천목을 그슬리면 곰팡이가 아주 쉽게
제거된다. 물론 벌레집도 마찬가지다. 또 하나, 토치램프 작업을 하
면 좋은 점은 흙벽의 수분을 제거해 벽이 빨리 마른다는 것이다. 겨
울에 흙벽을 쌓을 때 성에가 끼고 벽 속의 수분이 어는데, 이때도 토
치램프 작업을 한다. 20kg짜리 가스통 2개면 넓은 집도 충분하다.

　토치램프 작업을 하다가 목천목이 그슬리면 그대로 놔둔다. 나중
에 그라인더 작업을 하기 때문이다.

4. 문틀과 창틀 만들기

1) 문틀을 만들기 전에 알아둘 점

문틀과 창틀 만드는 법은 동일하므로 한꺼번에 설명할 것이다.

문틀과 창틀은 지름 30cm 정도의 미송으로 만든다. 문틀과 창틀을 만드는 것과 같은 목수 일은 신중하게 해야 한다. 목수 일은 한 번 실수하면 하던 것을 버리고 다시 해야 하는 경우가 많기 때문이다. 문틀과 창틀은 흙벽을 쌓기 전에 틈틈이 준비한다. 자투리 시간을 이용해도 큰 어려움 없이 만들 수 있다.

목천흙집 문틀은 일정한 규격이 없다. 자연스러움을 추구하는 목천흙집에 맞게 자신이 원하는 크기로 만들면 된다. 흙벽 쌓는 일이 힘들다고 문틀과 창틀을 크게 하려는 사람들이 있다. 그래도 상관없다. 특히 창틀을 크게 하면 그만큼 전망이 좋아진다.

하지만 문틀과 창틀을 무작정 크게 해서는 안 된다. 그만큼 돈이 많이 들기 때문이다. 창틀을 크게 하면 그곳에 필요한 재료, 예를 들면 섀시나 유리 값이 더 든다. 문짝도 생각보다 비싸 하나에 100만원이 훨씬 넘는 경우도 허다하다.

경제적으로나 실용적으로나 제일 좋은 방법은 종전에 사용하던 문짝을 구해서 재활용하는 것이다. 목천흙집에 가장 잘 어울리는 문짝은 우리 전통 문짝이다. 그런데 전통 문짝은 새로 맞출 경우 비용이 만만치 않고, 실력 없는 목수가 만들면 건조 과정에서 많이 뒤틀린다. 전통 문짝을 달 경우 가장 경제적인 방법은, 시골 민속품 파는 곳에 가서 헌 문짝을 구하는 것이다. 요즘은 시골에 빈집이 늘어나면서 싼값에 나온 문짝도 많다. 이런 문짝은 오래도록 사용했기 때문에 뒤틀리는 일도 없다.

"아무리 그래도 어떻게 남이 쓰던 문짝을 달아요?"

이런 말을 하는 사람이 있다면 당장 흙집 짓는 일을 그만두라고 하고 싶다. 목천흙집은 자연 친화적인 건축물이다. 흙집에서 살다가 죽었을 경우 벽만 무너뜨리면 그대로 자신의 무덤이 될 만큼 건축 쓰레기가 생기지 않는다. 이런 목천흙집에서 살고자 하는 사람이, 인간이 만들어낸 자원을 재활용하는 것을 꺼린다면 흙집에서 살 자격이 없다.

시골 민속품 가게에 가면 전통 문짝을 3만원 정도에 구할 수 있다. 문짝 전문점에서 맞추려면 이보다 몇십 배는 더 줘야 한다. 문틀은 이렇게 미리 구해놓은 문짝 크기에 맞춰서 만든다. 또 문틀과 창틀은 필요한 개수만큼 한꺼번에 만들어놓는 것이 좋다. 문틀에 구해놓은 문짝을 맞춰 보관하면 나중에 짝을 찾으려고 시간을 낭비하는 일이 없다.

또 한 가지 중요한 것은 문틀의 높이다. 거실이 있고 방이 몇 개씩 있는 넓은 집은 상관없지만, 방 하나에 욕실이나 부엌이 하나 딸린 작은 집은 문틀 높이에 따라 집 높이가 정해진다. 그러므로 집 높이를 미리 계산하고 문틀을 만들어야 한다.

물론 여기에도 정해진 규칙은 없다. 지금까지 필자의 경험상 그게 가장 이상적인 형태여서 하는 말이다. 문은 낮지만 벽을 더 높이 쌓아 집을 높게 하고 싶다면 얼마든지 그렇게 할 수 있다. 목천흙집에서 오직 하나 정해진 규칙이 있다면 짓는 사람이 하고 싶은 대로 하는 것이다.

요점 정리

1. 나무를 다루는 목수 일은 신중하게 한다.
2. 문짝에 맞춰 문틀 크기를 정한 뒤 문틀과 창틀을 한꺼번에 만든다.
3. 작은 집은 문틀 높이에 따라 집 높이가 정해진다.

2) 문틀 만들기

먼저 기계톱을 이용해 밑틀 1개, 위틀 1개, 수직틀 2개를 정해진 문틀 치수대로 나무를 자른다. 뒤에 다시 말하겠지만 수직틀 양쪽 끝은 반드시 직각이 되도록 잘라야 문틀을 세울 때 비뚤어지지 않는다.

나무를 자른 뒤에는 나무껍질을 벗긴다. 목천목은 굳이 껍질을 벗기지 않아도 되지만, 문틀과 창틀 나무는 반드시 벗겨야 한다. 본문에서 몇 번 반복하겠지만 목천흙집에서는 밖으로 노출되는 나무 자재, 예를 들어 서까래, 판재, 문틀 등은 꼭 껍질을 벗긴다. 반면 흙 속에 감춰지는 경우에는 필요에 따라 껍질을 벗기기도 하고 벗기지 않기도 한다. 이렇게 하는 것은 미관을 고려한 이유도 있지만, 무엇보다 벌레를 예방하기 위해서다.

나무를 땅 위에 놓고 목재와 껍질 사이에 삽을 넣고 툭툭 치거나 낫으로 벗기면 잘 벗겨진다. 껍질을 모두 벗겼으면 기계톱을 이용해 나무를 길게 반원통형이 되도록 자른다. 그리고 반원통형으로 절단된 나무의 뒷부분도 2~3cm 잘라 어색한 마름모꼴로 만든다. 이렇게 만드는 이유는 나중에 문틀을 올릴 때 흙벽에 좀더 잘 고정시키기 위해서다.

기계톱을 사용하는 데 익숙지 않은 사람은 나무를 매끄럽게 일직선으로 자르기가 쉽지 않다. 톱날이 지날 곳에 미리 먹줄을 그어놓고 자르면 어느 정도 일직선으로 자를 수 있다. 또 매끄럽게 잘리지 않

1. 나무에 먹줄을 그려놓고 정확히 직각으로 자른다. 2. 낫으로 문틀 나무껍질 벗기기

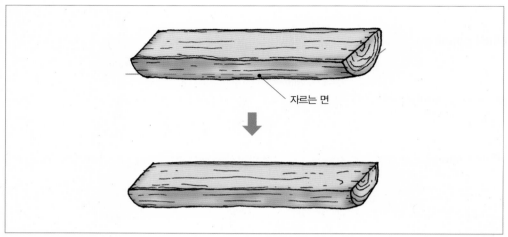

 자르는 면

문틀 나무의 밑면을
2~3cm 자른다.

앉아도 완전히 한쪽으로 치우치게 잘린 경우가 아니라면, 문짝이 들
어갈 부분만 대패로 평평하게 다듬어주면 되므로 크게 걱정할 필요
는 없다.

　문틀을 만들 때 가장 중요한 것은 수직틀의 위와 아랫면을 정확히
수직이 되도록 만드는 것이다. 자를 때도 직각이 되도록 신경을 써야
하고, 다듬을 때도 대패를 이용해 정확하게 직각으로 다듬어야 한다.
그렇지 않으면 밑틀 위에 놓고 세울 때 아무리 맞추려고 해도 정확히
수직으로 세워지지 않는다. 면을 직각으로 만들기 위해서는 직각자
를 이용하면서 대패로 다듬으면 편하다. 문틀이나 창틀은 직각이 필
요한 부분이 많으므로 이 부분을 작업할 때는 직각자를 사용한다.

　다음은 먹줄을 친다. 밑틀, 위틀, 수직틀 모든 나무를 땅 위에 반듯
하게 놓고 줄자 등을 이용해 한가운데를 표시한 뒤 중앙에 일직선으
로 먹줄을 친다. 이 줄은 나중에 문틀과 창틀을 올릴 때 그곳이 한가
운데임을 나타낸다.

　다음은 위틀과 밑틀의 폭과 같은 길이로 각목 네 개를 잘라, 이 각
목을 위틀과 밑틀의 수직틀이 놓이는 부분 안쪽에 대고 못을 박아 고

1. 줄자를 이용해 한가운데임을 표시한 다음 먹줄을 그린다.   2. 각목을 대기 전에 직각자를 이용해 정확하게 직각이 되도록 표시한다.

1. 못을 1개 박은 위틀 각목   2. 못을 2개 박은 밑틀 각목

정시킨다. 이때 밑틀에 박는 각목은 좌우 두 군데에 못을 박아 단단히 고정시키고, 위틀의 각목에는 못을 가운데 하나만 박는다. 밑틀에 못을 두 개 박는 것은 흙벽을 쌓는 동안 밑틀이 위틀에 비해 충격을 많이 받기 때문이다. 각목을 대는 이유는 집을 지을 때 밑틀에 수직틀을 세우면서 문의 너비를 다시 측정하지 않으려 함이고, 또 흙벽을 쌓는 동안 흙벽이 수직틀에 가하는 충격을 막아 문틀의 치수가 변형되는 것을 막기 위해서다. 문틀을 세워놓고 흙벽을 쌓다 보면 문틀에 자꾸 충격을 주는데, 반복되는 그 힘도 만만치 않다. 그러다 보면 문틀이 조금씩 안쪽으로 밀려들어가 나중에는 비틀어진다. 문틀 너비를 정확하게 맞춰 세웠는데 흙벽을 쌓는 동안 비틀어진다면 문틀에 끼워지는 문짝이 맞지 않아 고생을 한다. 그러므로 각목은 흙벽의 충격에 의해 수직틀이 각목 안쪽으로 들어가는 것을 막는 장치다. 이 각목은 흙벽을 다 쌓은 뒤에 제거한다.

수직틀을 세울 때 주의할 사항이 있다. 수직틀을 보면 나무 지름이 더 큰 쪽이 있다. 즉, 원래 뿌리 부분을 말한다. 전문 용어로 '원구'라고 한다. 원구는 나무의 뿌리 부분을 말하고, 말구는 가지 부분을 말한다. 그 원구가 아래쪽으로 내려가게 세운다. 굵기를 봐서 어느

옹이의 나이테가 넓은 쪽이 원구다.

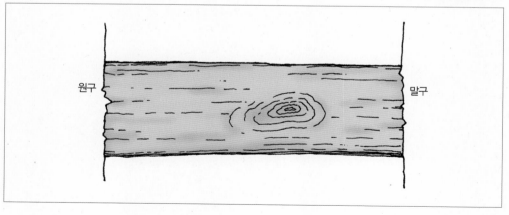

원구   말구

완성된 밑틀과 위틀

쪽이 원구인지 모르겠으면, 잘린 옹이의 나이테가 넓은 쪽이 원구다. 눈으로 보기에는 위쪽인지 아래쪽인지 쉽게 구분하지 못할 정도지만 그렇게 해야 집도 안정감이 있다.

창틀 만들기는 굳이 따로 설명하지 않겠다. 방법과 과정은 문틀과 같고, 크기만 조금 작아질 뿐이다.

요점 정리

문틀 만드는 순서

1. 밑틀 1개, 위틀 1개, 수직틀 2개를 길이대로 자른다.
2. 나무의 껍질을 벗긴다.
3. 나무를 길게 반원통형이 되도록 자른다.
4. 수직틀 위와 아랫면은 정확히 직각이 되도록 대패로 다듬는다.
5. 밑틀, 위틀, 수직틀 한가운데에 먹줄을 친다.
6. 문 너비에 맞춰 밑틀과 위틀에 각목을 대고 못으로 고정한다.
7. 수직틀의 원구가 아래쪽으로 내려가게 세운다.

3) 문틀 세우기

밑틀 놓기

문틀 세울 때는 작업 순서를 정확히 알고 있으면 한결 수월하다. 또 큰 집일 경우 현관 문틀 하나만 세우는 것이 아니라 설계도상 본채에 붙는 방이 있으면 그 방으로 통하는 문틀을 한꺼번에 세운다.

문틀과 창틀을 세울 때 가장 먼저 할 일은 문과 창의 위치를 정하는 것이다. 물론 설계도에 있겠지만 설계도에 얽매이지 말고 현장에서 자신이 원하는 문과 창의 위치를 결정한다.

다음은 문을 안쪽으로 열 것인지, 바깥쪽으로 열 것인지 정한다. 그에 따라 경첩을 달 면이 어느 쪽으로 갈지 정해진다.

이것을 미리 정해야 하는 이유가 있다. 예를 들어 설명하면, 작은 문이 아닌 현관 대문을 달기 위해서는 문틀을 만들 때 수직틀을 바깥 부분으로 3cm 정도 더 내놓는다. 대문 두께가 3cm이기 때문에 대문을 달기 위해 미리 경첩 달 자리를 만들어주는 것이다. 물론 작은 문

문틀을 한꺼번에 모두 세운 뒤 흙벽을 쌓는다.

1. 수직틀을 바깥으로 3cm 정도 더 내놓은 모습 2. 기초 돌 위에 5~10cm 높이로 흙을 쌓는다.

을 달 때는 굳이 신경 쓰지 않아도 된다.

현대 건축에서는 문틀에 문을 끼운 채로 단다. 문짝을 나중에 달면 문틀이 뒤틀려 서로 크기가 맞지 않을 염려가 있기 때문이다. 문틀이 뒤틀리면 문을 대패로 밀어서 문틀에 맞추기도 한다. 하지만 목천흙 집에서는 문짝 크기에 맞춰 문틀을 만들었으면 문짝을 달지 않은 채 문틀만 먼저 세우는 방식으로 작업을 한다.

문틀 중 가장 먼저 놓는 밑틀은 기초 돌 위에 흙을 5~10cm 쌓고 그 위에 놓는다. 문틀 두께가 15cm이기 때문에 이곳에 흙을 10cm 이상 깔면 문틀 높이가 25cm가 넘어 너무 높아진다. 흙을 쌓은 후 밑틀을 흙벽 위에 올려놓고 중망치로 때려 안착시킨다. 그러면 쌓은 흙이 2~3cm 낮아진다.

이때 밑틀 나무를 중망치로 직접 때리면 문틀에 망치 자국이 남아 보기에 안 좋다. 문틀을 안착시킬 때는 문틀 위에 각목이나 다른 나뭇조각을 대고 그곳을 때린다. 창틀은 물론 겉으로 보이는 나무를 중망치로 때려야 할 때는 모두 이 방법으로 한다. 집을 다 지어놓고 보면 아주 작은 부분이 눈에 거슬리는 경우가 많다. 그중에서도 목재에 망치 자국이 선명하게 나 있으면 보기에 좋지 않으므로 꼭 이 방법을 사용한다.

여기까지 설명을 하면 똑똑한 독자가 손을 번쩍 들 것이다.

"왜 그리 어렵게 문틀을 세웁니까? 정확하게 수평 수직을 잡아 문틀을 만든 뒤 한 번에 세우면 간단할 것을…."

문틀을 미리 만들어놓으면 무게 때문에 한두 사람의 힘으로는 세울 수가 없다.

"저희는 일할 사람이 많아서 괜찮아요. 기중기도 있는데요."

문틀은 무겁기 때문에 한쪽 수평을 맞추면 다른 쪽 흙이 꺼진다. 또 겨우겨우 수평을 맞췄다 해도 문틀을 놓으면 무게로 인해 틀어지

1. 망치로 때려 수평을 맞춘다. 2. 나무틀을 망치로 때릴 때는 자국이 남지 않도록 나뭇조각을 댄다.

기 때문에 밑틀 아래 흙이 마를 때까지 하루 종일 사람이 들고 서 있어야 한다.

"네, 제가 잘못 생각했습니다. 그러면 크기가 작은 창틀은 다 만들어서 올려도 괜찮겠죠?"

새로운 방식으로 해보려는 도전 정신은 높이 사주겠다. 하지만 그런 시도는 기본을 모두 배우고 난 뒤에 하기 바란다. 피카소 그림 전시회에 간 어떤 사람이 자기 애인에게 말했다.

"이렇게 지 맘대로 그리는 그림이면 나도 그릴 수 있겠다."

피카소의 데생 실력이 어느 누구보다 뛰어나다는 사실을 몰라서 한 말일 것이다. 피카소의 그림이 위대한 것은 미술의 기본을 모두 알고 난 뒤 그 바탕에서 자신의 세계를, 자신만의 미술 기법을 통해 표현했기 때문이다.

문틀과 창틀 올리는 것도 이제 처음 흙집을 배우는 사람으로서 일단 이렇게 해보고 난 뒤에 그에 대한 장단점을 알고 더 나은 방법을 찾기 바란다. 아무리 가벼운 창틀이라도 다 맞춰서 올리려면 적어도 몇 사람의 힘은 필요하다. 지금은 필자가 알려주는 대로 하나씩 올려보고 이 방법보다 나은 방법을 찾는 노력을 해야 목천흙집 공법이 더 발전할 수 있다.

밑틀을 놓고 수평을 맞췄으면 밑틀과 흙이 뜨는 공간에 흙 반죽을 넣어 꼼꼼히 붙인다. 밑틀을 망치로 때려 수평을 맞추고 난 뒤 흙 반죽이 굳으면 더는 손을 쓸 수가 없기 때문에 처음에 수평을 잘 맞춰야 한다.

수평을 맞췄으면 밑틀 양쪽의 흙벽 쪽에서 큰못 한두 개를 박는다. 이 큰못은 문틀의 밑틀과 흙벽을 좀더 단단하게 고정시키기 위한 장치다. 큰못은 창틀을 세울 때도 박는다. 문틀이나 창틀의 밑틀 가운데 부분에 큰못을 3분의 1 정도 깊이로 박아 그 못이 흙벽 속에 놓이

1. 수평자를 이용해
정확하게 수평을 맞
춰야 한다. 2. 흙벽
과 밑틀 사이 빈 공
간은 흙 반죽으로 잘
붙인다.

도록 한다. 흙벽을 쌓을 때 이 못을 흙으로 묻으면 밑틀과 흙벽이 좀
더 단단하게 고정된다. 이때 못을 흙벽 바깥쪽으로 나오게 박으면 흙
벽이 말라 수축할 때 못 바깥 부분의 흙이 떨어져 나갈 염려가 있으
니 주의한다.

　　문틀 만들기와 세우기에서 너무 '주의해라' '명심해라' '조심해
라' 하니까 초보자들은 실수하면 큰일날 것처럼 잔뜩 긴장할 수도

있을 것이다. 하지만 전혀 그럴 필요가 없다. 목천흙집은 방법만 알면 초보자도 충분히 지을 수 있다. 잠깐 실수했다고 해서 집이 망가지거나 하지는 않는다. 영 잘못하여 자재를 못 쓰게 되어도 다시 하면 된다. 목천흙집에서 사용하는 자재는 비싸 봤자 내 마음 상하는 값보다는 훨씬 싸다. 그러니 '잘못하면 다시 하면 되지 뭐…' 하는 마음으로 짓기 바란다.

밑틀을 올리고 수평을 잡은 뒤 밑틀 밑과 옆에 흙 반죽을 넣어 틀이 움직이지 않도록 하고, 흙 반죽이 마르면 수직틀을 세운다. 대체로 맑은 날은 다음날이면 흙 반죽이 적당히 마른다. 그동안 다른 쪽 흙벽을 쌓는다.

요점 정리
밑틀 놓는 순서

1. 문과 창의 위치를 정한다.
2. 미닫이나 여닫이 등 문 여는 방식을 정한다.
3. 문 만들 곳 기초 돌 위에 흙 반죽을 5~10cm 높이로 쌓는다.
4. 문틀 밑틀을 흙 반죽에 올리고 중망치로 때려 안착시킨다.
5. 수평을 맞춘 뒤 양쪽 면을 흙 반죽으로 단단하게 붙인다.

수직틀 세우기

밑틀을 놓았으면 다음에는 수직틀을 세운다. 수직틀을 들어 나무의 뿌리 쪽(원구)이 아래로 가게 한 뒤 밑틀에 박아놓은 각목에 댄다. 그리고 밑틀과 수직틀에 작은 못을 박아 임시로 고정시킨다. 이때 각별히 주의할 점이 있다. 못을 박아 고정시키기 전에 수평자를 좌우, 앞뒤로 모두 대보고 정확하게 수평과 수직을 잡아야 한다. 작은 못을 박은 뒤에도 수평과 수직이 맞았는지 몇 번이고 다시 확인한다. 건축에서 목수 일은 항상 정확해야 한다.

이런 방법으로 양쪽 수직틀을 세우고, 수평과 수직, 너비 등을 정확히 확인한 뒤 위틀을 올려보면 대부분 위틀에 박아놓은 각목 부분에 정확하게 수직틀이 놓인다. 만약 맞지 않으면 문짝의 크기와 수평수직이 정확한지 다시 확인한다. 그래도 너비 등이 맞지 않는다면 위틀에 박아놓은 각목 위치에 맞춰 수직틀을 벌리거나 좁힌다. 이때 위틀에 박아놓은 각목을 뽑아 수직틀 너비에 맞추면 나중에 문짝이 맞지 않으므로 주의한다.

치수가 정확하게 맞는지 확인했으면 위틀을 내려놓고 큰못을 박아 수직틀과 밑틀을 완전히 고정시킨다. 큰못은 네 개씩 튼튼하게 박아 움직이지 않도록 한다.

밑틀과 수직틀에 못을 박아 고정시켰으면 위틀을 올리고 임시로 작은 못을 박은 뒤 위틀의 수평과 수직이 정확한지 다시 한번 확인하고, 위틀과 수직틀에 큰못을 네 개씩 박아 튼튼하게 고정시킨다.

문틀을 다 세웠으면 이번에는 양쪽 수직틀에 지주대를 대고 움직이지 않도록 못을 박는다. 이 지주대는 문틀이 넘어가지 않도록 하며, 수평을 잡아놓은 문틀이 움직이지 않도록 한다. 그러므로 땅바닥에 완전히 고정시켜야 한다. 지주대가 길면 지나다니면서 자꾸 걸려 다른 작업에 방해가 되므로 짧게 세운다. 지주대는 짧게 해도 땅바닥에 잘 고정시키면 제 역할을 다한다.

다음에는 위틀과 수직틀을 잇는 지지대를 댄다. 이 지지대는 흙벽을 다 쌓는 동안 문틀의 수평과 수직이 흔들리지 않도록 한다. 지지대는 위틀과 수직틀, 수직틀과 밑틀을 잇도록 두 개를 댄다.

여기까지 하면 문틀 세우기가 끝난다.

문틀 세우는 순서를 정확히 알고 있으면 작업하기가 편하기 때문에 다시 한번 문틀 세우는 순서를 정리해본다. 이 순서는 창틀을 세울 때도 마찬가지로 적용된다.

1. 문틀 위틀과 밑틀
에 댄 각목의 역할
2. 위틀까지 치수가
확인되었으면 큰못
을 박아 수직틀과 밑
틀을 고정시킨다.

1. 문틀과 창틀을 올리기 전에 위치를 정한다.

2. 미닫이나 여닫이 등 문 여는 방식을 정한다. 이 방식에 따라 경
   첩이 박히는 곳이 안쪽이 될 수도 있고 바깥쪽이 될 수도 있다.

3. 밑틀을 놓고 중망치로 때려 수평을 잡으면서 안착시킨다.

4. 수직틀 한쪽을 세우고 수직과 수평을 본 뒤에 작은 못을 하나
   박아 임시로 고정시킨다.

5. 다른 쪽 수직틀도 이런 식으로 세운다.

6. 위틀을 대보고 수평과 수직, 문틀의 너비 등이 맞는지 확인한
   뒤 다시 내려 수직틀에 큰못을 박아 완전히 고정시킨다.

7. 위틀을 올리고 완전히 고정시킨다.

8. 양쪽 수직틀에 지주대를 대고 못을 박아 고정시킨다.

9. 위틀과 수직틀, 수직틀과 밑틀에 지지대를 박아 고정시킨다.

1. 지주대는 짧게 대야 작업하기 편하다.
2. 위틀과 밑틀, 수직틀에 댄 지지대

다시 한번 강조하지만 문틀을 세울 때 가장 주의할 점은 반드시 수평과 수직을 맞춰야 한다는 것이다. 밑틀을 놓고 수평자를 이용해 수평을 잡고, 수직틀을 세운 뒤 직각자와 수평자를 이용해 수직을 잡고, 문틀을 다 세운 뒤에도 수평이 맞았는지 다시 점검하는 자세가 필요하다. 문틀은 수직과 수평이 정확하게 맞아야 나중에 문이 뒤틀리지 않는다. 그렇지 않으면 문이 잘 닫히지 않거나 바람이 새는 경우가 생겨 집에 사는 내내 불편을 감수해야 한다.

4) 창틀 올리기

창틀은 문틀과 같은 방법으로 만든다.

창틀 올리는 시기는 흙벽이 50cm 정도 쌓였을 때다. 물론 이 수치는 정해진 것이 아니다. 집주인의 취향에 따라 높일 수도, 낮출 수도 있다. 경험상 50cm 정도 높이로 흙벽을 쌓고 그 위에 창문을 만들면 가장 보기 좋다는 뜻이다.

창문을 여닫이 형식으로 할 생각이라면 안쪽으로 열 것인지 바깥쪽으로 열 것인지 결정해서 창틀을 올린다. 즉, 창문의 장석 달 부분을 어느 쪽으로 할 것인지 정해서 평평한 부분을 그쪽으로 놓아야 한다. 여닫이 창문은 대부분 바깥쪽으로 열도록 달기 때문에 문틀의 평평한 부분을 바깥쪽으로 하면 무난하다.

여기까지 정했으면 밑틀을 흙벽 위에 올리고 중망치로 때려 안착시키며 수평을 맞춘다. 그리고 문틀 올릴 때와 마찬가지로 밑틀 양쪽 면에 큰못을 3분의 1 정도 박아 흙벽에 고정시킨다. 수평을 맞추고 밑틀 아래와 옆부분에 흙 반죽을 메워 고정시킨 뒤, 문틀과 마찬가지로 흙 반죽이 조금 마르기를 기다린다. 보통 다음날이면 수직틀과 위틀을 올릴 정도로 흙이 마른다.

수직틀 세우는 방법은 문틀 수직틀 세우는 방법과 동일하다. 밑틀에 미리 대놓은 각목에 맞춰 한쪽 수직틀을 세우고, 수평자와 직각자를 이용해 수평과 수직을 맞춘 뒤 작은 못으로 고정시킨다. 다시 수평을 확인한 뒤 큰못으로 완전히 고정시킨다. 수직틀 두 개를 세우고 위틀을 올린 뒤 다시 수평과 수직을 확인하고 못을 박아 고정시킨다.

창틀을 올린 뒤 흙벽을 쌓는 동안 맞춰놓은 수평과 수직이 흔들리지 않도록 수직틀과 위틀에 지지대를 대고 못을 박아 고정시킨다. 단, 창틀은 지주대를 문틀 지주대처럼 땅에다 대고 고정시키는 것이 아니라 문틀에 연결해 못을 박아 고정시킨다.

창틀 위에는 가는 목천목을 올리고 목천목과 위틀에 못을 박아 고정시킨다. 창틀뿐만 아니라 문틀 등 어떤 틀이 있으면 그 위에는 가는 나무를 올리는 것이 좋다.

1. 밑틀의 수평을 맞출 때도 나뭇조각을 대고 때린다. 2. 수평자를 이용해 수평을 확인한다. 3. 수직틀과 위틀에 지주대를 대 고정시킨 모습 4. 창틀이 흔들리지 않도록 지주대를 문틀과 연결시킨 모습

1. 문틀과 창틀 위에는 어디든지 가는 나무를 올리는 것이 좋다. 2. 삼각형 창도 가능하다. 3. 기성 규격에 맞춘 창틀 4. 큰 창문(760×1690mm)도 만들 수 있다.

기성 창문 크기

방	욕실	주방
1,200×900	700×500	1,200×400
1,500×900	900×600	
1,500×1,200	600×450	
1,500×1,500		

＊창틀을 만들 때는 기성 창문 크기보다 5mm 크게 할 것

집을 다 지은 뒤 창틀에 유리를 끼울 때는 유리 가게에 크기를 말하면 섀시와 유리 등을 모두 알아서 달아준다. 이때 창 크기를 규격품에 맞췄을 경우 가격이 2만~3만원으로 저렴하지만, 자신의 개성대로 한 경우에는 그만큼 비싸다. 또 창틀이 클 경우 그곳에 들어가는 유리도 특수 유리가 아니라면 바람이나 충격에 약하다는 점도 염두에 두어야 한다.

요점 정리

창틀 올리는 순서

1. 흙벽을 약 50cm 높이로 쌓았을 때 창틀을 올린다.
2. 직선 창틀이 너무 길면 창틀 끝부분이 원형 흙벽 바깥으로 나가는 문제가 생긴다.
3. 여닫이, 미닫이 등 창문 여는 방식을 정한다.
4. 밑틀을 올리고 중망치로 때려 안착시키며 수평을 맞춘다.
5. 양쪽 면을 흙 반죽으로 고정시킨다.
6. 수직틀을 세운 뒤 수평을 맞추고 작은 못으로 임시 고정한다.
7. 다시 한번 수평을 맞춘 뒤 큰못으로 고정한다.
8. 수직틀과 위틀에 지주대를 대고 못으로 고정한다.

5. 부속 건물 작업

    목천흙집을 작게 지을 때 대부분 본채 방 하나에 딸리는 부속 건물의 용도가 화장실이기는 하나 그냥 부속 건물이라고 하겠다.

    부속 건물 만드는 방법에 대해 굳이 따로 설명할 필요는 없지만 이 꼭지를 만들어 설명하는 것은, 생전 처음 집을 짓는 분들에게 목천흙집 짓는 기본 기술을 정확히 알려주기 위함이다.

    초보자가 경험자의 도움 없이 처음부터 거실과 방 몇 개, 욕실 등

본채에 원형으로 붙여 짓는 부속 건물

이 딸린 흙집을 짓는 것은 쉽지 않다. 그래서 처음에는 이렇게 방 하나에 욕실 등 부속 건물이 딸린 작은 집을 지어보는 것이 좋다. 목천흙집의 기본 기술이 이 작은 건물에 모두 들어 있다. 큰 건물을 짓는 방법은 이 작은 건물을 짓는 기술의 응용일 뿐이다. 또 작은 집은 시간과 비용이 적게 들기 때문에 한두 채 지어놓는 것이 좋다. 나중에 손님방이나 별채로 요긴하게 사용할 수 있다.

현대 건축에서 화장실은 집의 기본 구조를 미리 만든 뒤 벽으로 구분해 사용하지만, 목천흙집은 그렇게 하지 않기 때문에 따로 설명하는 것이다.

목천흙집은 원형 구조고 부속 건물이 딸리면 본채에 붙여나가는 형식으로 짓는다. 즉, 본채가 원형으로 세워지면 그 벽에 붙여 또 원형 건물을 짓고, 다른 부속 건물이 필요하면 다시 원형 건물을 붙여 짓는 방식이다.

1) 부속 건물 기초 놓기

부속 건물이라고 하여 기초 놓는 방법이 본채와 다르지 않다. 터 다지기와 선 그리기, 기초 돌 놓는 방법 등을 본채와 같은 방법으로 한다. 다만 부속 건물의 용도에 따라 조금 달라지는 부분이 배관이다. 부속 건물은 대부분 실내 화장실이나 욕실로 사용되기 때문에 기초 공사할 때 배관을 해야 한다. 배관하는 방법은 '배관' 편에서 다뤘다.

2) 부속 건물 흙벽 쌓기

본채에 붙는 화장실이나 다른 방은 기초만 해놓고 본채의 흙벽을 어느 정도 쌓은 뒤 나중에 쌓는다. 이것이 작업을 편하게 하는 방법

부속 건물 기초도 본
채와 똑같은 방식으
로 한다.

이다. 본채와 부속 건물의 흙벽을 같이 쌓으면 본채 일을 할 때 멀리
돌아가야 하는 불편이 있기 때문이다. 별것 아닌 듯해도 실제로 일을
해보면 상당히 불편하다.

　본채 벽을 쌓으면서 부속 건물과 통하는 문만 만들어놓았다가 본
채 벽을 3분의 2 정도 쌓고 난 뒤에 부속 건물의 벽을 쌓기 시작한다.
부속 건물 벽 쌓는 방법은 '화장실 벽 쌓기'에서 설명했다.

　화장실에 창틀 놓는 방법은 본채 창틀과 거의 같다. 다만 화장실
창은 작아서 훨씬 쉽게 놓을 수 있다. 창틀이 작으니 밑틀, 수직틀,
위틀을 따로 놓을 필요 없이 크기에 맞춰 만들어둔 창틀을 한꺼번에
올려놓을 수도 있다. 수평을 잘 잡아주는 것이나, 큰못을 이용해 창
틀 옆에 놓이는 목천목과 고정시키는 방법 등은 본채 창틀 놓는 방법
과 같다.

3) 부속 건물 지붕 올리기

부속 건물의 지붕 올리기는 형태에 따라 몇 가지 방법이 있다. 앞에서도 말했듯이 목천흙집은 원형이고, 본채에 또 다른 원형 건물을 계속 붙여가면서 짓는 형식이기 때문에 방이 세 개면 지붕도 세 개가 정상이다. 하지만 부속 건물의 크기에 따라 본채 지붕과 부속 건물이 한 지붕 아래 있을 수도 있고 그렇지 않을 수도 있다.

먼저 부속 건물이 본채보다 높거나 낮을 경우, 부속 건물의 지붕은 당연히 본채와 따로 해야 한다. 요철통을 설치하고 서까래를 놓는 등 본채 지붕 만드는 방법대로 한다.

부속 건물 높이가 본채와 같은 경우에는 본채 지붕의 서까래로 부속 건물을 덮어야 한다. 따로 요철통을 만들 필요 없이 부속 건물이 놓이는 부분의 본채 서까래를 길게 빼서 덮으면 되므로, 가장 쉽게

1. 부속 건물이 본채보다 높은 형태　2. 부속 건물이 본채보다 낮은 형태　3. 부속 건물과 본채의 높이가 같은 형태

지붕을 올리는 방법이다.

부속 건물의 지붕을 본채와 같게 만들려면 본채 지붕 작업을 하기 전에 부속 건물 흙벽 쌓기 작업이 모두 끝나야 한다. 또 하나, 이런 방식으로 지붕을 올릴 때는 부속 건물 흙벽을 다 쌓은 뒤 종도리를 올리면 안 된다. 흙벽만 쌓아놓고 윗부분을 평평하게 해놓는다.

서까래를 올릴 때는 부속 건물 흙벽 위에는 종도리를 놓지 않았기 때문에 종도리 대신 서까래 밑에 판재 조각을 몇 개 겹쳐놓는다. 이 판재 조각이 종도리 역할을 대신한다.

판재를 대는 이유는 옆에 있는 다른 서까래와 위아래로 차이가 나는 것을 예방하기 위해서다. 또 서까래 밑에 판재 조각을 대면 힘이 넓은 면으로 분산되어 서까래가 흙벽 속으로 파고드는 것을 막아주기 때문에 서까래의 위아래 수평을 그대로 유지한다.

또 서까래가 짧아 부속 건물 외벽에 겨우 닿을 정도인 경우가 있다. 목천흙집에서 사용하는 서까래 길이가 12자(360cm)이기 때문에 짧은 경우는 별로 없다. 이 길이면 12평 정도 집의 지붕은 덮을 수 있다. 그래도 짧은 경우에는 서까래를 부속 건물 처마까지 빼주어야 하기 때문에 서까래를 연결해야 한다.

서까래를 연결하는 방법에는 두 가지가 있다. 간단한 부속 건물이라면 필요한 길이만큼 자른 서까래를 본채에서 뻗어나온 서까래 옆에 대고 못을 박아 고정시킨다. 서까래를 연결할 때는 될 수 있으면 연결 부위가 40cm 흙벽 두께 안에 놓이도록 하는 것이 좋다.

집이 클 경우 위의 방법대로 하면 서까래 힘이 약하기 때문에 서까래 연결하는 법이 조금 다르다. 종전 서까래 두 개 사이에 나무를 대고 양쪽에 못을 박아 고정시킨다. 그리고 그 나무 중간 부위에 새로운 서까래를 대고 밖으로 빼낸다.

서까래를 모두 놓았으면 본채 지붕에 판재를 올릴 때 부속 건물 지

1. 서까래 밑에 종도리 대신 판재를 댄 모습 2. 서까래 연결 부위는 흙벽 안에 놓이도록 한다. 3. 큰 건물의 서까래 연결 방법

붕에도 함께 올린다. 이때 본채와 부속 건물 사이의 벽 위에는 판재를 올리지 않는다. 왜냐하면 그곳은 흙으로 채워야 지붕과 벽이 단단하게 연결되고, 서까래도 꽉 잡아주기 때문이다. 또 그곳을 통해 쇠지레로 지붕의 수평을 잡아야 한다. 그곳에는 판재를 안 놓아도 미관상 문제가 되지 않는다. 나머지 지붕 올리는 방법은 본채와 같다.

화장실 등 부속 건물 높이는 집주인 마음대로 한다. 다만 전체적인

흙벽 위에 판재를 올
리지 않은 모습

집의 조화를 생각해 본채가 너무 높으면 부속 건물을 낮추고, 본채가
낮으면 부속 건물을 높인다.

요점 정리

1. 부속 건물 지붕 높이가 본채와 같은 경우, 부속 건물 흙벽 상단에는 종도
   리 대신 판재 조각을 놓는다.
2. 본채와 부속 건물 사이 흙벽 위에는 판재를 올리지 않는다.

6. 종도리 놓기

1) 종도리에 대해

벽을 다 쌓고 난 뒤 어느 정도 마르면 종도리를 올린다. 종도리는 흙벽의 최상층부에 올라가는 나무로, 지붕과 몸체를 단단하게 잡아주고 천장의 하중을 분산시키는 역할을 한다.

목천흙집에서 종도리로 사용하는 나무는 어떤 종류라도 괜찮지만, 한 집에 올리는 종도리는 같은 종류로 한다. 나무는 종류별로 건조

목천흙집에서 종도리로 사용하는 나무

속도와 강도가 다르기 때문이다. 다만 활엽수는 단단해서 못 박기가 쉽지 않으므로 초보자는 피하는 것이 좋다.

종도리의 굵기는 10cm 정도가 알맞고, 굵기가 모두 일정한 것이 좋다. 그래야 따로 수평을 맞추지 않아도 서까래 높이가 같아진다. 서까래 굵기도 약 10cm이기 때문에 서까래로 사용하려던 나무 중에서 길이가 짧다든지 하여 못 쓰는 것이 있으면 종도리로 사용한다.

종도리는 1m 정도로 짧게 잘라서 사용한다. 이렇게 자르는 이유는 종도리 전체가 두께 40cm 흙벽 중앙에 놓여야 하는데, 흙벽은 원형이고 종도리는 직선이라서 길게 자르면 흙벽 바깥으로 나가기 때문이다. 1m 정도를 기준으로 하지만 원형의 크기에 따라 종도리 길이도 달라진다. 물론 종도리가 원형 벽에 맞춰 휜 상태라면 그보다 좋을 수는 없지만, 그 정도로 입에 딱 맞는 떡은 없는 법이다. 종도리

1. 종도리는 반드시 흙벽 안에 놓여야 한다. 2. 흙벽 원형 각이 급하면 종도리도 그만큼 짧아진다.

① ②

186

를 자르기 전에 원형 벽 안에 직선으로 들어갈 수 있는 길이를 잰다. 길이를 잴 때는 줄자가 편하다.

종도리의 껍질은 벗겨도 되고 안 벗겨도 된다. 앞에서 목천목을 설명할 때도 말했지만 감춰지는 나무는 껍질째 사용해도 상관없다. 종도리 역시 흙 속에 감춰지기 때문에 작업하기 편한 대로 한다.

요점 정리

1. 한 집에 들어가는 종도리는 같은 종류의 나무를 사용한다.
2. 종도리 굵기는 10cm 정도로 일정해야 한다.
3. 종도리는 흙벽 속에 놓일 정도의 길이로 잘라서 사용한다.

2) 종도리 놓기

흙벽을 다 쌓으면 흙벽 위에 종도리를 놓는다. 종도리를 놓기 위해서는 흙벽 상단이 수평을 이뤄야 한다. 그래야 종도리가 수평으로 가지런하게 놓여 지붕도 수평을 유지할 수 있다.

흙벽 상단 전체를 일정한 높이로 맞추기 위해서 수평대를 사용한다. 수평대란 흙벽을 거의 다 쌓은 뒤 최종적으로 쌓일 흙벽 높이를 표시하기 위해 흙벽 위에 수평으로 대놓은 각목이다. 즉, 그곳까지 흙벽을 쌓을 것임을 알려주는 것이다. 수평대를 문틀과 창틀의 위틀에 올려놓으면 흙벽의 수평을 맞추기가 쉽다.

흙벽을 다 쌓았으면 수평대를 떼어내고, 흙벽 위를 평평하게 만든 뒤 종도리를 흙벽 상단 한가운데 놓는다. 수평자로 수평을 잡은 뒤 미리 1m 간격으로 놓아둔 목천목에 못을 박아 고정시킨다. 여기서 어떤 독자는 눈이 둥그레질 것이다.

"예? 무슨 뜬금없는 소리래요? 미리 1m 간격으로 놓아둔 목천목이라니오?"

　'흙벽 쌓기 ③ – 상층 부분 쌓기'에서 이야기했지만 잊었다면 다시 설명하겠다. 최상층부의 흙벽을 쌓을 때 신경 써야 할 부분이 있다. 목천목과 종도리를 못으로 고정시켜야 종도리가 흙벽에 착 달라붙는데, 그러기 위해서는 최상층부 흙벽을 쌓을 때 종도리에 못 박아 고정시킬 목천목을 1m 간격으로 배치하고 그 목천목 위에는 흙을 완

1. 흙벽과 종도리의 수평을 잘 잡는다.
2. 종도리 놓을 때 흙벽 위에서 밟는 위치. 목천목을 밟아야 흙 다듬기를 다시 하지 않는다.

전히 덮지 않는다.

종도리 위에 직접 서까래가 올려지기 때문에 종도리를 놓을 때는 수평을 잘 잡아야 한다. 종도리를 놓을 때는 흙벽 위에 올라가서 하면 편하다. 이 대목에서 기억력 좋은 독자의 눈이 다시 둥그레질 것이다.

"'흙벽 쌓기'에서는 벽 위에 올라가서 밟으면 안 된다고 하더니, 이제는 아예 올라가서 하라고요?"

필자가 종도리 놓을 때 벽을 밟고 하라고 해서 아직 흙이 마르지 않았는데 벽 위를 밟고 설 멍청한 사람이 있겠는가. 보통은 종도리 놓을 때쯤 되면 흙벽이 어느 정도 말라 밟아도 괜찮다. 하지만 이때도 각별히 주의하기 바란다. 흙이 말랐다고 해도 몸무게가 많이 나가는 사람이 올라가거나, 전체 몸무게가 발끝의 뾰족한 부분에 쏠리면 흙이 옆으로 삐져나가 흙 다듬기를 다시 해야 한다. 그러니 종도리를 못으로 고정시키기 위해 1m 간격으로 빼놓은 목천목을 밟는 것이 방법이다.

목천목과 종도리에 못을 박아 고정시키는데, 이때 바깥쪽에서 안쪽으로 사선이 되게 양쪽으로 두 개를 박아야 단단하게 고정된다. 또 종도리와 종도리도 못을 박아 서로 고정시킨다. 종도리는 서까래와 직접 닿아 지붕을 떠받치는 곳이기 때문에 튼튼하게 고정시켜야 한다.

종도리를 모두 올린 뒤 종도리 옆면, 즉 종도리와 흙벽 사이의 공간에 돌을 채워야 종도리와 흙벽 사이의 틈이 없어져 종도리가 흔들리지 않는다. 여기에 채우는 돌은 크기만 적당하면 아무 돌이나 상관없다.

돌을 모두 채웠으면 종도리를 윗부분이 살짝 보이게 곡선으로 감싸듯이 흙 반죽으로 덮는다. 윗부분을 살짝 남겨두는 것은 서까래와

1. 목천목에 사선으로 못을 박아 고정시킨다.   2. 종도리가 가늘거나 흙벽의 낮은 부분에는 이렇게 받침대를 대어 수평을 맞춘다.   3. 종도리 옆부분을 돌로 채운다.

1. 종도리를 흙으로 덮은 뒤 위에서 본 모습 2. 옆면을 곡선으로 처리한 모습 3. 종도리 놓기가 완성된 모습

종도리에 못을 박기 위해서다.

여기까지 하면 종도리 놓기가 완성된다. 종도리를 놓고 나서 보면 집을 거의 다 지은 느낌이 든다. 그리고 새로운 사실도 알 수 있을 것이다. 목천흙집을 처음 짓는 사람들은 흙벽을 다 쌓아놓고 집이 너무 낮다고 생각하는 경우가 많다. 하지만 종도리를 올리고 보면 그렇지 않다는 것을 알 수 있다. 여기에다 서까래까지 올리면 집이 생각보다 많이 높아진다. 왜냐하면 종도리와 서까래 지름이 각각 10cm로 모두 20cm가 높아지기 때문이다. 여기에 지붕의 각도를 내기 위해 요철통이 흙벽보다 40cm 정도 높은 곳에 놓이므로 전체적인 집 높이는 훨씬 높아진다. 그러므로 흙벽을 쌓을 때는 종도리 굵기를 감안해야 한다. 별거 아닌 듯해도 집 높이에서 20cm 차이는 아주 크기 때문이다.

종도리를 다 놓고 난 뒤 밤에 비가 오더라도 별로 걱정할 필요는 없다. 아주 강한 비가 내려도 흙이 조금 파이는 정도고, 그 정도는 다음날 다듬어주면 된다. 하지만 비 온다는 예보를 듣고 걱정이 된다면 종도리 위에 비닐을 씌워준다.

이런 이야기를 하는 이유는 종도리 놓고 흙벽이 조금 마른 뒤에 서까래를 올려야 하기 때문이다. 흙벽이 마르기도 전에 서까래를 올리면 무너지지는 않지만 흙벽 모양이 변할 수 있다. 그래서 비가 오지 않는다면 비닐을 씌우지 말고 밤새 종도리를 감싼 흙을 말린 다음 서까래를 올린다. '서까래 올리기'에서도 말하겠지만 서까래는 흙벽을 모두 쌓고 3일, 종도리를 올리고 하루 정도 지났을 때 올리는 것이 좋다.

앞에서 말했듯이 부속 건물 지붕을 본채 서까래에 직접 연결할 경우에는 흙벽에 종도리를 넣지 않는다. 이때는 종도리 대신 판재 조각을 서까래 밑에 댄다.

요점 정리

종도리 놓는 순서

1. 흙벽 상단을 평평하게 만든다.
2. 종도리를 흙벽 중앙 부분에 놓고 수평을 잡는다.
3. 목천목과 종도리를 못으로 고정시킨다.
4. 종도리 옆면, 즉 종도리와 흙벽 사이의 공간에 돌을 채운다.
5. 흙 반죽으로 종도리를 감싸듯이 종도리 윗부분만 살짝 보이도록 덮는다.

4.

지붕 올리기

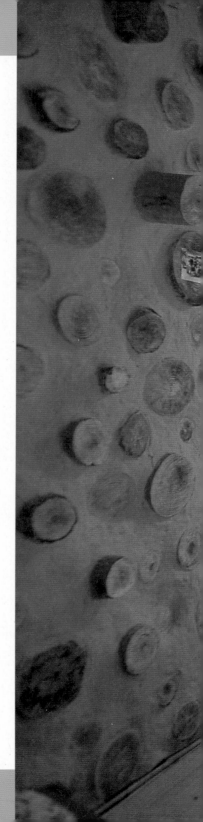

1. 요철통

1) 요철통의 중요성

요철통을 이용한 지붕 공법도 목천목처럼 필자의 발명품이다. 옆에서 본 모양에 요철이 있어 붙인 이름이다. 요즘 흙집을 지을 때 대부분 요철통 지붕 공법을 사용하는 것을 보면 시공이 어렵지 않고, 그 기능 또한 인정받은 것 같아 자부심을 느낀다.

목천흙집의 요철통

요철통은 서까래의 구심점이자 힘의 역학 관계에서 가장 중심에 있는 부분이다. 그러므로 요철통의 위치와 각도가 정확해야 지붕이 균형을 유지할 수 있다. 집이 원형이다 보니 힘의 균형만 맞으면 생각 이상으로 튼튼하다. 하지만 힘의 균형이 조금만 깨지면 매우 약해지는 면도 있다. 만약 요철통의 위치가 한가운데가 아니라면 아주 서서히 눈에 보이지 않을 정도로 힘의 균형이 깨져 나중에는 지붕이 주저앉을 수도 있다. 그러니 요철통을 올릴 때는 조심해야 한다. 그렇다고 겁낼 필요는 없다. 요철통은 중심만 잘 잡으면 되고, 중심 잡기 또한 배운 대로만 하면 아주 쉽다.

2) 요철통 만들기

요철통은 직접 깎아 사용하지만 일부러 시간을 내서 만들 필요는 없다. 흙벽을 다 쌓기 전에 틈틈이 만들면 된다. 그만큼 만들기 쉽다는 이야기다. 요철통으로 사용하는 나무는 어떤 나무든 상관없다. 다만 굵기가 20cm 이상이 되어야 한다. 굵기가 가늘면 홈을 깊게 파기 어렵고, 요철통 자체가 약할 염려가 있다.

한 가지 더, 요철통 나무는 옹이가 없는 것으로 고른다. 일을 해보면 알겠지만 옹이가 있으면 그 부분이 단단해서 홈을 팔 때와 못을 박을 때 아주 고생을 한다. 그렇다고 요철통 나무를 따로 돈 들여 마련할 필요는 없다. 목천목 중에서 옹이가 없고 굵기가 적당한 나무를 사용하면 된다.

요철통을 만들 때 가장 먼저 홈을 팔 위치, 홈의 길이와 깊이를 결

1. 홈 팔 위치에 톱집을 낸다. 2. 자귀를 이용해 톱집 낸 자리를 파낸다.

정해야 한다. 홈을 파는 위치는 요철통의 위쪽, 즉 하늘 쪽으로 놓일
부분의 길이가 20cm 이상만 되면 어디든 상관없다. 왜냐하면 지붕에
20cm 두께로 흙을 깔기 때문이다.

아랫부분, 즉 방으로 들어오는 부분의 길이는 홈에서 10cm 정도
로 하는 것이 좋다. 여기서 참고할 사항은 지붕이 낮으면 짧게 하고,
지붕이 높으면 길게 빼라는 것이다. 그렇게 하면 집 안에서 보았을
때 집의 높낮이를 느낌으로나마 조절할 수 있다.

요철통 홈 팔 위치를 정했으면 홈의 길이를 정하고 연필로 표시한
다. 그리고 기계톱을 이용해 홈 팔 자리에 홈의 깊이만큼 톱집을 낸
다. 홈의 깊이는 홈 안에 들어갈 서까래가 걸쳐질 정도로, 5~7cm가
적당하다. 홈의 길이는 서까래 지름에 따라 달라지므로 서까래의 지

름을 재보고 결정한다. 보통 서까래의 지름이 10cm 정도니까 요철통 홈의 길이를 이보다 약간 넓게 파준다. 왜냐하면 지붕의 기울기로 인해 서까래가 비스듬한 각도로 들어가기 때문이다. 서까래 중에 더 굵은 것이 있어 홈에 들어가지 않을 때는 깎아서 넣으면 된다.

홈의 길이와 깊이가 정해지면 톱으로 톱집을 낸 뒤 끌이나 자귀를 이용해 파낸다. 홈을 파낸 뒤 요철통의 아랫부분, 즉 방 안으로 들어올 부분의 모서리는 끌을 이용해 다듬는다. 부속 건물에도 지붕을 따로 올릴 경우 부속 건물 수만큼 요철통을 더 만든다.

요점 정리

요철통 만드는 순서

1. 요철통은 굵기가 20cm 이상인 나무로 만든다.
2. 홈 팔 위치, 홈의 길이와 깊이를 결정한 뒤 연필로 표시한다.
3. 톱으로 홈 팔 자리에 홈의 깊이만큼 톱집을 낸다.
4. 끌이나 자귀로 홈을 판다.
5. 요철통 아랫부분 모서리를 끌로 다듬는다.

3) 요철통 조각하기

지붕의 중심을 잡아주는 기능을 하는 요철통은 의외로 집 안의 분위기를 좌우하는 면이 있다. 개인적으로 목천흙집은 요철통에 조각을 해야 비로소 완성된다고 보기 때문에 요철통 조각은 꼭 권하고 싶은 일이다.

이 부분에서 겸연쩍게 웃으며 손을 내젓는 독자가 있을 것이다.

"에이, 조각이라고는 해본 적이 없어요. 저는 그런 거 못해요."

여기서 말하는 조각은 조각가의 솜씨를 요구하는 것이 아니다. 자기가 살 집이니 자기 보기에 좋으면 되고, 자기에게 의미 있는 조각

조각한 요철통과 조각 안 한 요철통

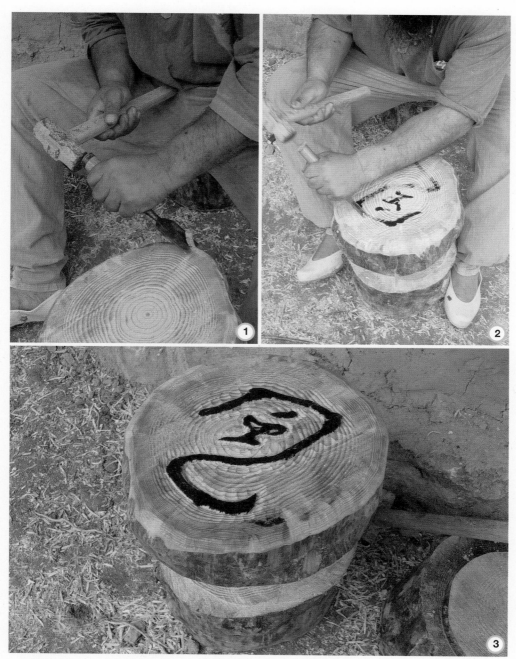

1. 요철통은 끌을 이용해 밑면만 다듬는다. 2. 요철통에 밑그림을 그리고 끌을 이용해 조각한다. 3. 요철통 조각 완성

이면 된다. 복을 준다는 형상도 좋고, 자기 소원을 적은 글도 좋다. 따라서 조각가에게 맡기려는 생각은 아예 하지 말기 바란다.

한 가지 더 개인적인 욕심을 말한다면 요철통에 조각을 한 뒤에는 그라인더로 다듬지 말았으면 좋겠다. 그라인더로 다듬으면 자연미가 떨어진다. 조각한 뒤에 사포로 살짝 문질러 마무리하면 시간이 지날수록 끌 자국과 나이테가 선명하게 살아나 특유의 멋이 풍긴다.

조각은 저녁밥 먹고 쉬는 시간에 틈틈이 한다. 모깃불 피워놓고 도란도란 이야기 나누며 조각을 하면 그보다 좋은 풍경이 어디 있겠는가. 요철통에 조각을 했든 안 했든 요철통은 밑면만 다듬는다. 위쪽은 지붕 쪽으로 감춰지는 부분이기 때문에 다듬지 않아도 된다.

4) 요철통 세우기

요철통을 세우기 전에 요철통 받침대를 만들어야 한다. 요철통 받침대는 긴 각목 위에 요철통을 올려놓을 만한 널빤지를 대고 못을 박아 고정시키면 된다. 여기서 각목의 길이는 요철통이 올라갈 정도면 된다.

요철통이 놓이는 위치와 높이는 잘 잡아야 한다. 요철통의 위치에 따라 지붕의 각도가 결정되기 때문이다. 보통 요철통의 홈 부분이 흙벽 높이보다 40cm 높은 곳에 놓이는 것이 가장 이상적이다. 요철통 홈이 이 정도 높이까지 올라가면 지붕 각도가 약 30도가 된다. 물론 이 정도 높이라고 해도 지붕의 각도는 집 크기에 따라 조금씩 달라진다. 또 지방에 따라 혹은 개인 성향에 따라 다르게 하기 때문에 정확하게 기울기를 정할 수는 없다. 눈이 많이 오는 지방에서는 쌓인 눈이 빨리 흘러내리도록 기울기를 급하게 할 것이고, 바람이 많은 지역에서는 기울기를 완만하게 할 것이다.

　요철통 놓을 위치를 정했으면, 받침대 위에 요철통을 놓고 널빤지 아래쪽에서 못을 박아 고정시킨다. 못은 나중에 뺄 수 있도록 고정될 정도로만 박는다. 받침대를 세울 때는 원형 집의 한가운데를 찾아야 한다. 이를 위해 처음에 원형 선을 그릴 때 가운데 부분에 나무 말뚝을 박아놓았던 것이다. 나무 말뚝을 뽑아내고 그 자리에 요철통 받침대를 세운다.

　요철통 받침대는 한가운데 수직으로 세워야 한다. 정확히 수직으로 세워야 서까래를 요철통 홈 안에 확실하게 끼워 고정시킬 수 있다. 위치와 수직 잡는 일을 소홀히 하면 지붕이 서서히 무너질 수 있다. 받침대를 세우고 흔들리지 않도록 지지대를 댄다. 지지대는 적당한 나무로 창틀과 문틀에 못을 박아 고정시킨다. 지지대는 서너 개를 대주어 받침대가 움직이지 않도록 단단히 고정시킨다.

지붕 각도에 따른 요철통 높이 환산표(종도리에서)

지름 (m)	지붕 각도 (도)	높이 (m)	지붕 각도 (도)	높이 (m)	지붕 각도 (도)	높이 (m)
1	15	0.13	12.5	0.11	10	0.09
2	15	0.27	12.5	0.22	10	0.18
3	15	0.40	12.5	0.33	10	0.26
4	15	0.54	12.5	0.44	10	0.35
5	15	0.67	12.5	0.55	10	0.44
6	15	0.80	12.5	0.66	10	0.53
7	15	0.94	12.5	0.78	10	0.62
8	15	1.07	12.5	0.89	10	0.70
9	15	1.21	12.5	1.00	10	0.79
10	15	1.34	12.5	1.11	10	0.88
11	15	1.47	12.5	1.22	10	0.97
12	15	1.61	12.5	1.33	10	1.06
13	15	1.74	12.5	1.44	10	1.15
14	15	1.87	12.5	1.55	10	1.23

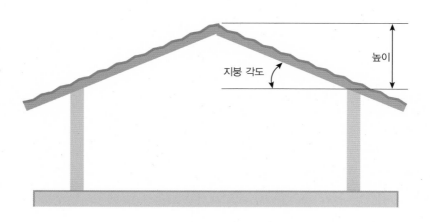

요철통 받침대에 요철통을 올리고 못을 박아 고정시킨다.

요철통을 올린 뒤 곧바로 서까래 올리는 작업을 하지 말고 다시 한 번 확인하는 절차를 거친다. 즉, 서까래 길이와 비슷한 각목 하나를 요철통 홈에 끼운 뒤 흙벽 위의 종도리에 걸쳐놓고 기울기를 확인해 본다. 바로 이 기울기가 지붕 기울기가 되기 때문에 마지막으로 확인 하는 것이 좋다. 이때 자신이 생각한 기울기와 다르면 요철통을 받치 고 있는 받침대의 높낮이를 조절한다.

요철통 만들어 세우기 → 서까래 만들어 올리기 → 판재 다듬어 올리기 → 서까래 수평 맞추기 → 동판 돌리기 → 지붕 흙 덮기 → 방수포 깔기 → 피죽 덮기

지붕
올리는
순서

1. 원형 선을 그릴 때 한가운데 박아놓았던 나무 말뚝을 뽑고 요철통 받침대를 세운다. 2. 받침대를 세운 다음 지지대를 문틀과 창틀에 연결시켜 움직이지 않도록 한다.

요점 정리

요철통 세우는 순서

1. 요철통 받침대를 만든다.
2. 요철통 놓이는 위치를 지붕 각도에 맞춰 정한다.
3. 기초 공사할 때 박았던 나무 말뚝을 뽑고 그 자리에 받침대 위에 요철통을 올려 세운다.
4. 흔들리지 않도록 받침대에 지주대를 댄다.
5. 서까래와 같은 길이의 각목을 요철통 홈에 끼워 종도리에 걸쳐놓고 지붕 기울기를 확인한다.

상량이란 서까래가 얹히는 도리를 말하는 것으로, 요철통 공법을 이용해 지붕을 올릴 경우 상량은 당연히 요철통이 된다. 따라서 목천흙집에서는 요철통 받침대를 세울 때 상량식을 하며, 보 공법을 이용할 때는 보에 요철통을 올리고 나서 한다.

전통 의식에서 상량식은 집주인의 사주를 보고 상량할 시간을 정한다. 목천흙집에서는 보에 집주인의 상량문을 적는 것으로 대신한다. 상량문에는 보를 올리는 연월일, 집주인의 생년월일을 적고 다음과 같이 쓴다.

'龍 年 月 日 應天上之三光, 備人間之五福 龜'

이 말은 '하늘의 일월성신이 보살펴주시고 오복(壽, 富, 健康, 德, 命)을 누리게 해주십시오' 라는 뜻이다.

목천흙집 보에 적은 상량문

2. 서까래 작업

　요철통이 지붕의 시작이며 중심이라면, 요철통과 흙벽의 종도리를 이어줌으로써 온전한 지붕의 뼈대를 이루는 것이 서까래다. 서까래는 흙벽을 다 쌓고 3일 정도, 종도리를 올린 뒤로는 하루 정도 쉬었다가 올린다. 그래야 흙벽과 종도리를 감싼 흙이 적당히 마른다. 물론 요철통도 세워져 있어야 한다.

1) 서까래용 나무

　목천흙집을 지을 때는 어떤 나무라도 사용할 수 있다. 서까래도 마찬가지다. 다만 하나의 요철통에 걸리는 서까래는 같은 나무로 사용하기 바란다. 다시 말해 천장 하나를 이루는 나무는 같은 나무로 사용해야 뒤틀림이나 건조 속도 등이 맞아 나중에 낭패를 보지 않는다.

　나무는 종류에 따라 장단점이 있다. 편백나무는 벌레가 생기는 것을 예방하는 반면 비싸고, 소나무는 은은한 향이 좋지만 휜 것이 많으며, 활엽수는 단단하지만 다듬고 자르는 과정이 힘들다. 그러니 서까래용 나무는 각자 구하기 편한 대로 사용한다. 다만 서까래용 나무는 곧은 것이 좋으며, 필자는 편백나무를 사용한다.

　서까래는 주로 12자짜리를 쓴다. 이 길이는 원목이 생산되는 길이다. 1자가 30cm니까 12자는 360cm, 즉 서까래 하나가 맡는 원형의 반지름이 360cm이므로 이 정도 길이의 서까래면 약 12평짜리 흙집을 지을 수 있다. 이보다 큰 건물을 지을 때는 서까래 사이에 보조대를 대고 이어서 사용한다. 더 긴 서까래도 있지만 규격품이 아니어서 비싸다. 서까래 굵기는 세 치에서 네 치짜리를 쓴다. 여기서 굵기는 윗부분(말구)을 말한다. 한 치는 3cm니까 굵기가 9~12cm다.

서까래를 올릴 때 나무 윗부분은 요철통 쪽으로, 뿌리 부분(원구)은 처마 쪽으로 가게 한다. 즉, 서까래의 가는 쪽이 요철통 쪽으로 가게 해야 일하기가 편하다.

서까래는 4의 배수로 들어가 총 24개가 필요하다. '서까래 올리기'에서 자세히 설명하겠지만 이 숫자는 방이 커지면 더 많아진다. 처마 쪽에 놓이는 서까래 간격이 한옥은 30cm 정도인 데 반해, 목천흙집에서는 약 1m로 한다. 이렇게 놓이기 때문에 집이 커지면 서까래도 많이 들어간다.

서까래는 다른 건축 자재처럼 창고에 넣거나 덮개를 씌울 필요 없이 '그냥 세워서' 보관한다. 나무 세 개를 삼각형으로 묶어 세운 뒤 그곳에 다른 서까래를 기대어 세운다. 겉모양은 꼭 인디언 천막 '티피'처럼 보인다. 비를 맞든 바람을 맞든 상관하지 말고 자연의 시련을 온몸으로 겪도록 내버려둔다.

2) 서까래 다듬기

서까래 껍질 벗기기

서까래는 반드시 껍질을 벗겨 사용한다. 노출되는 나무는 껍질을 벗기지 않으면 벌레가 생기고 미관상 좋지 않기 때문이다.

서까래 껍질은 직접 벗기는 것이 좋다. 직접 벗기면 한 본(나무를

낫으로 서까래 껍질
벗기는 올바른 자세

세는 단위)에 3천원 정도면 되지만, 제재소에서 가공된 나무를 구입하
면 대여섯 배나 비싸다. 또 가공된 것은 기계로 깎았기 때문에 자연
미가 없다. 처음에는 깨끗해 보여도 시간이 지날수록 보기 싫다.

서까래로 활엽수를 택했다면 껍질 벗기기가 쉽지 않다. 바짝 마른
상태에서는 거의 불가능하고, 나무가 젖었을 때 껍질을 벗기는 것이
상대적으로 쉽다. 초보자는 하루에 20개 정도 벗길 수 있다. 30평 기
준으로 했을 때 서까래가 100개 정도 들어가니까 넉넉히 잡아도 일
주일이면 다 벗긴다.

껍질을 벗길 때는 나무를 삼각형으로 꼬아 묶은 삼발이를 만들어
그 위에 서까래를 올려놓고 낫으로 벗긴다. 서까래에 걸터앉아 벗기
는데, 이때 활엽수는 잘 벗겨지지 않을뿐더러 잔가지도 많으니 특히

주의한다. 서까래 껍질을 몇 개 벗기다 보면 스스로 편한 방법을 터득해 가장 편한 자세와 방법으로 작업할 수 있다.

서까래 다듬기

서까래는 반드시 잘 다듬어서 사용해야 한다. 특히 판재가 놓일 부분의 옹이를 평평하게 다듬지 않으면 판재 올릴 때 다시 작업해야 하는 일이 생긴다. 서까래 껍질 벗기기와 다듬기는 거의 동시에 이뤄진다. 껍질을 벗길 때 옹이도 다듬기 때문이다.

서까래의 껍질은 낫으로 벗기고 가지나 옹이는 끌로 제거한다. 큰 옹이는 톱으로 자른다. 이때 판재가 놓이는 쪽이 아니면 굳이 옹이를 없애지 말고 잘 다듬으면 자연미를 살릴 수 있다. 필자의 경험상 옹

자귀를 이용해 다듬는 방법도 있다. 이 때는 망치로 자귀를 때려서 다듬는다.

1. 그라인더로 서까래를 다듬는 모습 2. 끌로 서까래를 다듬는 모습. 날이 아래로 가게 뒤집어 사용한다. 3. 자연미를 살려서 다듬은 옹이

이를 다듬어서 사용하면 집이 나이를 먹을수록 훨씬 아름다워졌다.

서까래 다듬기는 어려운 일이 아니다. 그냥 매끄럽게 다듬으면 된다. 다듬는 과정을 다시 정리하면, 낫으로 껍질을 벗긴 뒤 톱으로 큰 옹이를 제거하고, 끌을 이용해 매끈하게 다듬는다.

끌을 못 박는 망치로 잘못 때리면 손을 다칠 수 있으므로, 끌을 때릴 때는 중망치를 사용한다. 끌은 항상 날의 방향을 뒤집어서 쓴다. 똑바로 쓰면 나무 속으로 파고 들어가 작업하기가 어렵기 때문이다.

끌로 다듬은 뒤에는 그라인더 작업을 한다. 그라인더 작업은 미관상 하는 일이기 때문에 건물 내부에서 서까래가 보이는 아래쪽만 한다. 이때도 너무 많이 다듬지 말고 자연미를 살릴 수 있을 정도로만 한다.

요점 정리

1. 옹이가 커도 잘라내지 말고 자연미를 살려서 다듬는다.
2. 판재가 놓일 위쪽은 평평하게 다듬는다.
3. 서까래 전체를 그라인더로 매끈하게 만든다.

서까래 끝부분 만들기

서까래 다듬기가 끝나면 요철통 홈에 들어가는 서까래 끝부분을 깎아주는 작업을 한다. 여기서 서까래 끝부분이란 서까래의 위쪽, 즉 말구를 말한다.

먼저 서까래의 단면을 지붕의 각도에 맞게 깎고, 서까래가 요철통 홈에 모두 들어갈 수 있도록 두께를 맞춰 양쪽 옆을 깎는다. 이때 어느 쪽이 위로 갈지 정하고 나서 작업한다. 깎는 각도는 지붕의 각도와 같게 하면 요철통 홈에 딱 맞는다. 단면을 깎고 나면 서까래가 요철통 홈에 들어갈 수 있도록 양쪽 면을 두께가 1cm 정도 되도록 납

요철통 홈에 들어갈
서까래 끝은 두께가
1cm 정도 되게 비스
듬하게 각을 주어 깎
는다.

작하게 깎는다. 이때 네 개의 끝부분은 조금 두껍게 깎는다. 요철통
홈에 서까래를 끼울 자리가 남거나 모자라면 이 네 개로 조절하기 위
해서다. 요철통 홈에 빙 둘러 서까래를 끼웠을 때 공간이 남으면 두
껍게 깎은 서까래를 그대로 끼우고, 홈이 좁으면 더 깎아서 맞춘다.
이 네 개는 따로 두었다가 제일 나중에 끼운다.

서까래 단면의 각도나 양쪽 면을 깎을 때는 서까래가 위아래로 휘
지 않은 쪽으로 깎는다. 서까래가 옆으로 조금 휜 경우는 괜찮지만
위아래로 휘면 보기에도 안 좋고, 지붕 수평도 맞지 않기 때문이다.

요점 정리

1. 서까래의 끝부분을 지붕 각도에 맞춰 비스듬히 깎는다.
2. 요철통 홈에 들어가도록 서까래 양쪽 면을 1cm 정도 두께로 납작하게 깎
   는다.

3. 서까래 중 네 개의 끝부분은 1cm보다 두껍게 깎아놓은 뒤 이 네 개의 서
   까래로 홈의 공간을 조절한다.
4. 서까래가 휜 경우 휘는 부분이 옆으로 놓이도록 한다.

3) 서까래 올리기

　서까래는 흙벽을 쌓고 3일 정도 지나서 올리는 것이 좋다. 그래야 흙벽이 적당히 말라 서까래를 올려도 변형이 생기지 않는다.

　요철통을 세운 뒤 요철통 위에 연필로 십(十)자를 그리고 그 선에 맞춰 서까래 네 개를 나무의 뿌리 부분이 처마 쪽으로 가도록 올린다. 아래서 보면 십자 형태가 된다. 서까래 네 개를 올릴 때는 처음 올리는 서까래 하나를 요철통 홈 파인 부분에 넣고 못을 박아 고정시킨 다음 종도리 쪽에도 못을 박아 고정시킨다. 서까래를 요철통 홈에 넣고 15도 정도의 기울기로 요철통 아래 안쪽을 향해, 즉 안쪽 대각으로 못을 박는다. 종도리에 박는 못도 옆에서 박는다. 판재를 올릴 때 서까래 한가운데를 기준으로 판재를 톱으로 잘라내야 하는데, 가운데 못이 박혀 있으면 톱날이 다 망가지기 때문이다.

　이런 식으로 서까래 네 개를 모두 고정시켰으면, 이번에는 종전에 올려놓은 서까래 사이 한가운데에 서까래를 하나씩 올려 쌍십자 형식으로 만든다. 처음에 하던 방식대로 요철통 홈과 종도리에 못을 박는다. 그리고 현재 놓여 있는 서까래 사이에 서까래를 두 개씩 끼워 넣는다. 그러면 모두 24개가 올라간다.

　서까래 간격을 맞추기 위해서 처음에 십자 형태로 올린 서까래와 두번째 올린 서까래까지 여덟 개를 못 박아 고정시키지만, 사이사이에 두 개씩 들어가는 서까래들은 위치와 간격을 정확히 잡은 뒤에 못을 박아야 한다.

1. 요철통 홈에 못 박는 각도는 수직에서 15도 정도다. 2. 종도리에 박는 서까래 못은 비스듬히 박는다.

1. 서까래 올리는 순서 2. 서까래 올리기 완성 3. 요철통에 서까래가 모두 연결된 모습

　서까래를 요철통 홈에 넣다가 홈이 좁아 24개가 다 들어가지 않으면 두껍게 깎아놓은 서까래 네 개를 더 깎아서 사용한다. 땅 위에 요철통을 놓고 서까래를 미리 끼워보아 잘못된 점을 수정한 뒤에 올리는 것도 나름대로 편리한 방법이다.

　여기까지 하면 서까래 올리기는 끝났지만 아직 요철통 받침대를 치워선 안 된다.

요점 정리

서까래 올리는 순서

1. 흙벽이 적당히 말랐을 때 서까래를 올린다.
2. 서까래 네 개를 요철통에 십자 형태로 올린 뒤 못을 박아 고정시킨다.
3. 올려진 서까래 사이에 다시 십자 형태로 서까래 네 개를 올린다.
4. 각 서까래 사이에 두 개씩 서까래를 끼워 넣는다.

3. 판재 작업

1) 판재 다듬기

목천흙집에서는 판재로 편백나무를 쓴다. 편백나무는 노송나무라고도 하며 일본에서 많이 생산된다. 특히 이 나무는 세균을 억제하고 폐 기능에 좋다 하여 자연휴양림 등에서 삼림욕 나무로 많이 심는다. 편백나무는 2005년 현재 2묶음에 1만5천원 정도(1평 기준)다. 10개가 들어 있는 판재 하나의 길이는 195cm, 두께는 1.5cm다. 가격은 판재

목천흙집에서 사용하는 판재

1. 전기대패로 한 번씩만 지나가면 판재 다듬기는 끝난다.
2·3. 판재를 겹쳐서 올린 모습과 평평하게 올린 모습

넓이에 따라 다르다.

판재에 곰팡이가 피지 않을까 걱정하는 분들이 있다. 단열이 잘못되어 결로 현상이 일어나면 곰팡이가 필 수도 있지만, 목천흙집에서는 판재 위에 흙을 덮기 때문에 결로 현상은 생기지 않는다.

판재는 1.5cm 정도 두께가 좋다. 두께가 1cm 미만인 판재를 쓸 경

우 약하기 때문에 끝부분을 겹쳐 올린다.

판재는 대패로 다듬어 사용한다. 판재를 몇 개씩 겹쳐놓고 전기 대
패로 한 번씩 지나가면 된다. 한 번씩만 깎아도 충분하다. 또 판재 양
면을 모두 다듬지 말고 눈으로 보기에 반반한 면만 대패질한다. 판재
를 올릴 때 다듬은 부분을 아래쪽, 즉 집 안으로 들어가게 놓는다.

2) 판재 올리기

서까래 위에 판재를 덮어가는 작업을 '판재 올리기'라고 한다. 판
재는 흙벽을 기준으로 안쪽 판재와 바깥쪽 판재로 나누어 올린다. 흙
벽 안쪽 판재는 벽 안쪽부터 시작하여 요철통을 향해 올라가고, 처마
쪽 판재는 처마 쪽부터 시작하여 흙벽을 향해 올라간다.

판재는 벽 안쪽을 먼저 올리고 처마 부분을 나중에 올린다. 판재를
올리는 기본 방식은 비슷하지만 벽 안쪽과 바깥쪽 올리는 법이 조금
달라 여기서는 나누어 설명하겠다.

1. 안쪽 판재를 올린
뒤 바깥쪽 판재를 올
린다.　2. 종도리가
지나가는 흙벽 위에
는 판재를 올리지 않
는다.

판재를 올릴 때 꼭 알아둘 것은 종도리가 지나가는 흙벽 위쪽에는 올리지 않는다는 점이다. 그곳에는 흙을 채워 지붕과 흙벽을 하나로 잡아줘야 한다.

흙벽 안쪽 판재 올리기

안쪽 판재를 올릴 때 첫 판재를 놓는 위치는 벽 안쪽 바로 위다. 판재를 놓고 위에서 수직으로 내려다보았을 때 흙벽 안쪽이 보여서는 안 된다. 판재로 벽을 2cm 정도 덮으면 된다.

판재는 서까래 가운데 부분에 놓고 못을 박는다. 그런 뒤 나중에 각이 져서 튀어나온 판재 끝부분을 서까래 중심에 맞춰 톱으로 잘라낸다.

판재를 서까래 위에 놓고 판재 한쪽 면에 못을 두 개씩 박는데, 이때 서까래 한가운데 못을 박아선 안 된다. 서까래 가운데 놓인 판재는 원형으로 돌아갈 각도를 맞추기 위해 나중에 톱으로 잘라야 하기 때문이다. 한가운데 못을 박아두면 톱으로 판재를 자를 수 없기 때문에 못은 최대한 옆에서 사선으로 박되, 방에서 볼 때 못이 보이지 않는 위치를 찾아야 한다.

판재에 못을 박을 때 반드시 망치로 직접 박는다. 못 박는 기계를 사용하면 일을 편하게 할 수는 있지만, 약해서 흙집 판재를 박는 데 부적합하다.

이쯤 판재를 올리다 보면 '서까래 다듬기'에서 '판재와 닿는 서까래 윗부분은 평평하게 잘 손질하라'고 한 말이 생각날 것이다. 판재를 올릴 때 서까래 윗부분에 옹이가 있으면 다듬어야 하므로 일이 그만큼 늦어지고 힘도 든다. 다시 말하지만 이처럼 목천흙집을 지을 때는 지금 편하자고 꾀를 부리면 나중에 반드시 그만큼 수고를 더 해야 한다.

1. 흙벽 안쪽 첫 판재를 잘못 올리면 위에서 흙벽 안쪽이 보인다. 2. 흙벽 안쪽 첫 판재를 잘 올리면 위에서 흙벽 안쪽이 안 보인다. 3. 서까래 위에 판재를 놓는 위치 4. 판재에 박는 못은 서까래 중앙선에서 약간 옆으로 박는다. 5. 못은 바깥에서 안쪽으로 비스듬하게 박는다. 6. 너무 서까래 가장자리 쪽으로 박으면 아래에서 못이 보여 좋지 않다. 7. 판재 하나에 못을 2개씩 박은 모습

1. 판재와 맞닿는 윗부분을 미리 잘 다듬지 않으면 이처럼 판재를 올리다가 다시 다듬어야 한다. 2. 지붕 위에서 일할 때는 반드시 서까래를 밟는다. 3. 지붕의 각도가 변하는 경우에는 그에 맞춰 판재 각도를 다르게 자른다. 4. 자를 선을 그린 뒤 톱으로 자른다.

지붕 위에서 작업할 때는 서까래 위를 밟아야 한다. 판재는 약하기 때문에 사람이 올라가 밟으면 부러지는 경우가 있다. 판재 부러지는 것이야 괜찮지만 판재가 부러지면서 작업자가 다칠 위험이 있으므로 조심한다.

목천흙집에서 판재를 놓는 방법은 거미가 거미줄을 치는 방식과 비슷하다. 목천흙집 자체가 원형이기 때문에 판재를 올릴 때도 판재 하나하나를 서까래 간격만큼 잘라 원형으로 연결해야 한다. 거미줄은 모두 직선이지만 원형으로 보이듯이 목천흙집 판재도 직선이지만 올려놓으면 원형으로 보인다. 판재를 원형 각도에 맞춰 자를 때는 판재를 올린 뒤 서까래 정중앙선을 따라 연필로 선을 그리고 톱으로 자른다.

여기서 생각 많은 독자가 질문을 할 것이다.

"뭘 그렇게 어렵게 하십니까? 큰 합판을 한 번에 올리면 훨씬 쉬울 텐데…."

그렇게 해도 된다. 큰 합판 몇 개를 사서 지붕을 덮으면 그보다 쉬운 일이 없다. 하지만 필자가 해본 결과, 일은 쉽지만 천장이 정말 멋없어진다. 방 안에서 천장이 보기 싫으니까 도배를 해야 하고, 합판 가격도 판재보다 결코 싸지 않다.

판재를 하나하나 올려 못으로 고정시키는 데는 또 다른 목적이 있다. 즉, 판재 하나하나가 서까래를 붙잡고 있어 지붕이 무너지지 않도록 해준다는 점이다. 아무리 강한 태풍에도 목천흙집 지붕이 끄떡없는 이유는 수많은 판재들이 단단하게 붙들고 있기 때문이다. 그동안 수많은 방법을 사용해봤지만 현재 목천흙집에서 사용하는 판재 올리기보다 좋은 방법은 없었다.

판재를 올릴 때는 한쪽 면부터 다 덮어가는 것이 아니라 여기저기 띄엄띄엄 덮는다. 이렇게 적당한 거리를 두고 올려야 자투리 판재가

요철통 근처의 모습

많이 생기지 않는다. 또 서로 균형도 맞춰가면서 판재를 올릴 수 있고, 판재를 올리면서 생긴 자투리 판재도 이용할 수 있다. 지붕 전체의 3분의 2 정도 판재를 덮어주면 판재 덮는 면이 좁아지면서 자투리로 생긴 판재 조각이 필요하다.

판재를 쭉 올려가다 보면 요철통에 맞닿는데, 요철통 가까운 쪽에는 서까래들이 서로 붙어 있기 때문에 판재를 올리지 않아도 된다.

요점 정리

1. 첫 판재는 안쪽 흙벽을 2cm 정도 가린 부분부터 덮는다.
2. 판재에 못을 박을 때는 최대한 옆에서 사선으로 박는다.
3. 판재 작업할 때는 서까래 위를 밟는다.
4. 판재는 지붕 여기저기 띄엄띄엄 덮는다.

처마 쪽 판재 올리기

기본 방법은 벽 안쪽 판재 올리기와 똑같다. 다만 장소에 따라 조금씩 다른 부분도 있다.

처마 쪽 판재는 반드시 바깥에서 안쪽으로, 즉 처마 쪽에서 벽을 향해 올려야 한다. 반대로 올리면 처마 끝선을 나란히 맞출 수 없다.

여기서 주의할 점은 서까래 끝부터 판재를 대는데, 제일 바깥쪽 판재 하나는 처마 쪽 판재를 모두 올리고 서까래를 자르고 난 뒤에 올려야 한다는 점이다. 그래서 처마 쪽 판재를 올릴 때 가장 먼저 할 일은 서까래 길이를 결정하는 것이다. 각자 생각하는 길이가 있기 때문에 일률적으로 어느 정도라고 말하기는 어렵다. 다만 너무 짧게 자르면 비가 올 때 빗물이 봉당에 떨어져 좋지 않다. 참고로 필자는 처마 길이를 1~1.3m로 한다.

서까래 길이를 정했으면 요철통 위 한가운데에 큰못을 박고 줄을 연결해 처마 쪽으로 빙 둘러가며 서까래 자를 선을 연필로 표시한다.

흙벽 바깥쪽 판재는 바깥에서 안쪽으로 올린다.

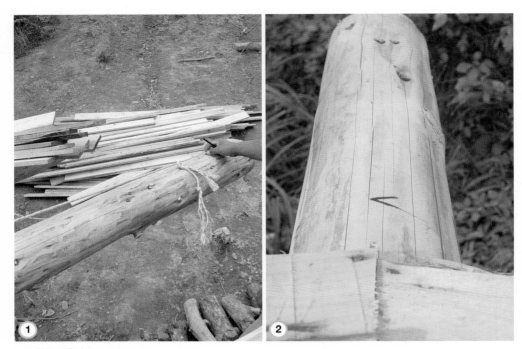

1. 요철통 가운데 못을 박아 줄로 묶은 다음 빙 돌려가며 서까래 자를 선을 표시한다. 2. 서까래 자를 선을 표시한 부분에 첫 판재를 놓고 두번째 판재부터 올린다. 그래야 판재를 다 올린 뒤 서까래 자르기가 쉽다.

그런 다음 판재 하나를 서까래 자를 선보다 1cm 정도 서까래가 덮이도록 놓아본다. 그리고 그 다음 판재부터 올리기 시작한다. 그래야 판재를 다 올리고 나서 처마를 자를 수 있다. 이 부분은 '서까래 자르기'에서 다시 설명할 것이다.

건축 일을 할 때는 자세가 중요하다. 처마 쪽 판재를 올릴 때도 앉을 자리를 미리 만들어놓고 작업을 해야 한다. 한쪽 판재를 올려놓고 그곳에 앉아 옆의 판재를 올리는 식으로 하면 일하기도 편하고 능률적이며 사고도 막을 수 있다.

판재를 올릴 때는 판재를 양쪽 서까래에 걸쳐놓은 뒤 한쪽 서까래 중심부에 판재 면을 나란히 대고 못을 두 개씩 박는다. 그런 식으로 쭉 올라간다. 못을 박지 않은 쪽에도 못을 박아 서까래에 완전히 고정시킨 뒤 자를 대고 연필로 서까래 중앙 부분에 선을 그려 표시한다. 그리고 전기 원형톱을 이용해 선을 따라 자른다.

앞에서 '판재 다듬기' 설명을 할 때 판재 두께가 얇은 경우 겹쳐서 쌓으라고 했는데, 이때 요철통 쪽 판재의 처마 쪽 부분이 위로 가게 한다. 또 못은 판재가 겹치는 부분에 박아야 처마 아래에서 판재에 박은 못이 보이지 않는다. 이렇게 겹쳐 쌓으면 판재 위에 비닐이나 광목을 깔지 않아도 흙이 새는 일이 없다.

처마 쪽 판재를 올리다 보면 신경 쓰이는 부분이 있다. 바로 굴뚝이다. 하지만 판재를 올릴 때는 굴뚝 생각은 하지 말고 판재 올리는 데만 신경 쓴다. 초보자가 판재 올릴 때 다른 일에 신경을 쓰면 실수가 생긴다. 굴뚝 구멍은 판재 올릴 때 그곳이 굴뚝 위치라는 표시만 해놓고 판재를 다 올린 뒤에 뚫으면 된다. 처마 쪽 판재를 올리다 보면 서까래가 작업자의 몸무게에 휘청거려 놀라는 사람도 있지만, 그 정도로 서까래가 부러지지는 않으니 걱정할 필요 없다.

처마 쪽에서 올라가던 판재를 위에서 수직으로 내려다보았을 때 벽 바깥쪽이 보이지 않으면 처마 쪽 판재도 다 올라간 것이다. 즉, 안쪽과 마찬가지로 판재가 벽 위를 2cm 정도 덮으면 된다.

요점 정리

흙벽 바깥쪽 판재 올리는 방법

1. 처마 길이를 결정한다.
2. 요철통 가운데 못을 박고 줄을 연결해 처마 끝으로 돌려가며 서까래 자를 곳을 표시한다.
3. 처마 쪽 판재는 바깥에서 흙벽 쪽으로 덮어간다.
4. 제일 바깥쪽 판재 하나는 마지막에 올린다.
5. 판재를 겹칠 경우 요철통 쪽에 있는 판재의 처마 쪽 부분이 위로 가게 한다.
6. 판재를 겹쳐 올릴 경우 못은 겹치는 부분에 박는다.

1. 판재를 양쪽 서까래에 걸치고 한쪽 서까래 중심부에 판재 면을 나란히 맞춘 뒤 못을 2개씩 박는다. 다른 쪽 서까래에도 못을 박아 판재를 고정시킨다. 2. 서까래 중앙 부분에 연필로 선을 그린다.

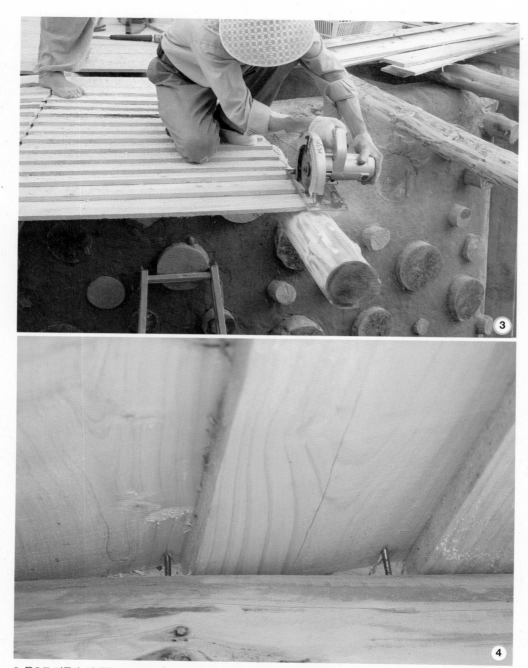

3. 톱으로 자른다. 반대쪽도 각도에 맞춰 자른다. 4. 판재가 겹치지 않는 부분에 못을 박으면 아래에서 못이 보여 좋지 않다.

4. 서까래 자르기

처마 쪽 판재를 올리기 전에 연필로 서까래 자를 선을 표시해두었다. 하지만 다시 한번 확인하는 의미에서 처마 쪽 제일 바깥에 댈 판재를 올려본 뒤 그 판재보다 1cm 안쪽으로 서까래를 자른다. 예를 들어 판재 너비가 10cm라면 서까래는 9cm 되는 지점을 자르라는 말이다. 이렇게 판재보다 서까래 길이가 1cm 정도 안쪽으로 들어가 있어야 비가 와도 서까래에 빗물이 닿지 않는다. 또 미리 표시한 선을

기계톱을 이용해 서까래를 자른다.

따라 기계톱으로 서까래 끝면을 자를 때 아래쪽이 안쪽으로 들어가
도록 약간 비스듬하게 잘라야 한다. 그래야 동판에서 떨어지는 빗물
에 서까래가 젖지 않는다.

서까래를 잘라낸 뒤에 마지막 판재를 올린다. 즉, 판재 제일 바깥
쪽 하나는 올리지 않은 상태에서 서까래를 잘랐으니 이제 판재를 올
리면 된다. 바깥쪽 판재를 먼저 올리면 서까래가 판재보다 1cm 안쪽
으로 들어가기 때문에 서까래 자르기가 쉽지 않아 이런 순서로 작업
을 하는 것이다.

판재를 다 올리고 맨 마지막으로 서까래를 덮는 판재를 올릴 때 이
판재는 겹치지 말고 그냥 올린다. 서까래를 1cm 정도 덮게 맞춰놓아
겹쳐서 올리려면 요리조리 다시 계산을 해야 하기 때문이다.

서까래를 자르다가 어느 부위, 예를 들어 창문 아래 꽃밭을 만들기
위해 처마를 길게 하고 싶으면 그 부분만 서까래를 길게 자른 뒤 판재
를 더 올린다. 이때 처마가 넓게 시작되는 부분의 첫 판재는 지금까지

서까래 끝면의 아래
쪽이 안으로 들어가
도록 비스듬하게 잘
랐다.

1. 서까래가 갑자기 길어진 부분의 판재는 서까래가 완전히 덮이도록 자른다. 그래야 서까래가 비에 젖지 않는다. 2. 길어진 서까래 부분 최종 처리된 모습

서까래 한가운데 맞춰 판재를 자르던 것과 달리 서까래를 다 덮을 정도로 넉넉하게 자른다. 그래야 비가 와도 서까래가 젖지 않는다.

5. 서까래 수평 맞추기

판재를 올린 뒤에는 서까래 수평을 맞춘다. 서까래 수평 맞추기란 서까래가 동일선상에 놓이도록 하여 전체적으로 반듯한 원형으로 만드는 작업이다. 서까래 수평을 맞출 때는 큰 쇠지레가 필요하다. 수평이 너무 안 맞아 서까래를 많이 들어올려야 할 경우, 작은 지레로는 높이 들 수가 없기 때문이다.

여러 번 강조하지만 목천흙집은 귀찮다고 한 단계를 어설프게 넘어가면 다른 단계에서 그만큼 고생을 더 하게 마련이다. 여기서도 마찬가지다. 흙벽을 다 쌓고 종도리를 올릴 때 수평을 잘 맞췄으면 서까래 수평 맞추기는 거의 할 필요도 없고, 한다고 해도 훨씬 쉽다. 하지만 그때 수평 잡기를 대충 했다면 서까래 수평 맞추기를 할 때 그만큼 고생을 해야 한다.

서까래 수평을 맞출 때는 두 사람이 필요하다. 부부가 집을 짓는 경우, 아내는 처마 밑에서 처마 선을 쳐다보고 남편은 쇠지레를 들고 지붕 위에 선다. 남편은 종도리가 지나가는 곳, 즉 판재를 올리지 않은 부분의 서까래 아래쪽 종도리 위에 쇠지레를 넣고 서까래를 들어올린다. 이때 아래쪽에 있는 아내는 처마의 높낮이를 보고 얼마나 들어올릴지 지시해준다. 쇠지레로 서까래를 들어올린 뒤 어느 정도 수평이 되면 서까래와 종도리 사이에 판재 조각을 넣어 받치고 쇠지레

쇠지레를 종도리 위에 놓고 서까래를 들어올린 뒤 판재 조각을 서까래 아래 넣어 수평을 맞춘다.

를 뺀다. 서까래를 들어올리면 종도리 사이에 박아놓은 못이 빠지는 소리가 들리는데, 못이 빠져도 별 문제 없으니 걱정하지 말고 수평 맞추기만 한다.

서까래 수평을 맞출 때는 벽 안쪽 지붕은 신경 쓰지 말고 처마 쪽 수평만 맞춘다. 벽 안쪽 지붕은 폭삭 꺼진 경우가 아니면 흙을 덮으면서 흙 두께로 수평 조절이 가능하다.

6. 처마 끝 처리

처마 끝 쪽을 처리하는 방법에는 두 가지가 있다.

하나는 판재를 올리고 동판을 둘러 마무리하는 방법이다. 이 경우에는 앞에서 설명한 대로 판재 올리기를 하면 된다. 이렇듯 처마 끝을 판재와 동판만으로 처리하는 것은 지붕에 덮는 흙을 벽 안쪽까지만 깔겠다는 뜻이다. 즉, 처마 쪽에는 단열할 필요가 없기 때문에 흙을 깔지 않고 시트만 덮겠다는 얘기다. 당연히 흙 밑에 광목이나 비닐도

판재만으로 마무리한 모습

각목을 대고 마무리
한 처마

깔지 않는다.

처마 끝 쪽을 처리하는 또 다른 방법은 서까래 끝 쪽에 각목을 두
르고 그 안쪽으로 판재를 올리는 것이다. 이는 처마 끝까지 흙을 덮
을 때 하는 방법으로, 각목이 흙이 흘러내리는 것을 막아준다. 각목
의 굵기는 4cm 정도면 된다. 보통 판재의 두께가 1~2cm이기 때문에
각목을 대면 2cm 정도 더 솟아오른다. 처마 길이를 정하고 서까래
끝부분 사이에 판재 올리듯이 각목을 대고 한쪽 서까래에 못을 박아
고정시킨 뒤 다른 쪽을 자르고 역시 못을 박아 고정시킨다. 각목은
서까래 중앙선에 맞춰 약간 비스듬하게 잘라야 원형 각에 딱 들어맞
는다.

이런 식으로 전체 지붕을 빙 둘러 각목을 댄다. 이때 각목이 서까
래 끝보다 1cm 정도 바깥으로 나와야 비가 와도 서까래가 젖는 것을

막을 수 있다. 각목을 댄 뒤 작업 순서는 판재 올리는 방법과 똑같다. 각목 뒷부분부터 판재를 올리고 각목 위에 동판을 올리면 작업이 끝난다.

요점 정리

1. 지붕 전체에 지붕 흙을 깔 경우, 서까래 끝부분을 각목으로 둘러주고 그 안쪽으로 판재를 올린다.
2. 각목을 대는 것은 지붕 흙이 흘러내리지 않도록 하기 위함이다.
3. 각목은 서까래 끝보다 1cm 정도 바깥으로 나와야 서까래가 비에 젖지 않는다.

7. 천창 내기

　천창이란 지붕에 있는 창을 말한다. 이 창을 통해 자연 조명도 할 수 있고, 밤에는 별빛도 감상할 수 있다.

　천창은 판재 올릴 때 자리를 잡아야 하고, 방수포를 깔 때 유리를 끼우고 토치램프로 방수포를 녹여 유리와 붙여야 비가 새지 않는다. 이렇듯 과정이 나누어지기 때문에 '천창 내기'는 여기서 한꺼번에 설명한다.

　천창 낼 위치를 정했으면 그 자리에는 판재를 올리지 않는다. 천창이 들어갈 부분 사방에 각목을 대고 자리를 만든다. 천창을 크게 내고 싶으면 그 부분의 서까래를 잘라내기도 한다. 서까래를 자를 경우에는 잘린 서까래를 양쪽 서까래에 고정시켜야 한다. 서까래 굵기와 비슷한 통나무를 서까래 사이 길이만큼 잘라 못으로 박아주면 된다. 하지만 굳이 서까래를 자르지 않아도 천창의 효과는 볼 수 있다.

　천창 둘레에 대는 각목은 지붕에 깔릴 흙(지붕 흙) 두께로 한다. 예를 들어 천창 주위에 흙이 10cm로 깔린다면 각목의 굵기 역시 10cm로 한다.

　"그렇게 굵은 각목이 어디 있어요?"

　이렇게 묻는 사람은 멍청이다. 각목 굵기가 5cm면 두 개를 겹쳐놓으면 되지 않는가.

1. 천창을 내고 지붕에 흙을 덮는 모습 2. 각목 2개를 겹쳐 댄 천창

빙 둘러 각목을 댄 뒤 서까래와 판재를 못으로 고정시킨다.

여기까지 하면 판재 올리는 과정에서 천창 만들기는 끝난다. 그 뒤 각목 굵기에 맞춰 지붕 흙을 평평하게 깔고, 방수포 덮을 때 유리를 씌운다. 천창 유리를 올릴 때는 굳이 기술자를 부를 필요 없다. 천창 모양에 맞춰 길이를 재고 유리 두께와 투명도 등을 정한 다음 유리 가게에 가서 그 크기로 잘라달라고 하면 된다.

유리를 준비한 후 방수포를 깔 때 천창 부분을 잘라낸다. 그리고 유리를 천창 각목 위에 놓고 토치램프로 방수포를 녹여 유리에 붙인다. 방수포는 열을 가하면 녹기 때문에 쉽게 붙일 수 있다.

이때 주의할 점이 두 가지 있다. 첫째, 녹은 방수포는 잘 지워지지 않으므로 유리창 가운데 떨어지지 않도록 조심한다. 둘째, 방수포를 녹일 때 유리에 토치램프 불을 직접 대면 유리가 깨지므로 주의한다.

방수포를 들고 열을 가해 방수포가 녹아내리기 직전에 유리에 대고 눌러준다. 그런 뒤 방수포를 유리에 붙이고 토치램프로 살짝살짝 대면 잘 붙는다. 방수포를 유리에 붙일 때는 꼼꼼하게 잘 붙여야 물이 새지 않는다. 이렇게 해놓은 뒤 피죽을 덮을 때 천창을 피해 올리면 '천창 내기'는 끝난다.

8. 지붕 위 전기 배선 작업

　서까래 수평을 맞추었으면 지붕 흙을 올리기 전에 지붕 위 전기 배선을 해야 한다. 이때 지붕 위 전기 배선 작업은 처마 밑에 달리는 전등처럼 집 바깥에 달리는 외등과 목천흙집만의 공법인 '굴뚝 배출기'를 가동시키기 위한 배선이라는 점을 알아야 한다. 즉, 외등 달 곳을 미리 생각해두었다가 전선을 그쪽으로 빼놓는 작업이 지붕 위 전기 배선 작업이다. 외등을 많이 달 거면 그 숫자만큼 전선을 빼고,

외등을 단 모습

1. 서까래 아래쪽으로 전선을 빼놓았다. 2. 지붕 위의 전선은 흙벽 판재 구멍을 통해 방 안으로 넣어둔다.

하나만 달 거면 한 가닥만 뺀다.

먼저 외등 달 위치의 서까래 중앙에 드릴로 구멍을 뚫고 그 구멍을 통해 전선을 아래쪽으로 내려놓는다. 굴뚝 배출기에 연결시킬 전선은 굴뚝이 놓일 위치로 뺀다. 그런 뒤에 전선을 모아 종도리 위쪽 판재를 올리지 않은 흙벽 구멍을 통해 방 안으로 넣어둔다.

지붕 위 전기 배선은 지붕 흙을 덮고 나면 전선의 위치나 방향을 다시 바꿀 수 없기 때문에 처음에 전등의 위치를 확실하게 정하는 것이 중요하다.

요점 정리

1. 지붕 위 전기 배선은 지붕 흙을 올리기 전에 한다.
2. 외등 달 곳 서까래 중앙에 드릴로 구멍을 뚫고 전선을 끼워 내려놓는다.
3. 굴뚝 배출기에 연결시킬 전선은 굴뚝이 놓일 위치로 빼놓는다.

9. 판재 구멍 메우기

1) 메우는 방법

전기 배선을 하고 난 뒤에 흙벽 위에 뚫려 있는 판재 구멍을 흙 반죽으로 메운다.

먼저 이 구멍에 적당한 크기의 통나무를 넣는다. 통나무는 길이에 상관없이 서까래보다 가는 것을 넣어야 지붕이 평평해진다. 통나무를 넣은 뒤 한쪽 서까래에 못을 박아 움직이지 않도록 고정시킨다. 이 통나무는 흙벽의 뼈대 역할을 하는데, 만약 통나무를 넣지 않고 흙 반죽만으로 메우면 나중에 흙이 마르면서 수축되기 때문에 작업을 다시 해야 한다.

통나무를 넣었으면 그 주위에 잔돌을 많이 넣고, 물을 뿌려 촉촉하게 적신 뒤 흙 반죽을 덮어 다진다. 흙벽 쌓을 때도 말했지만 흙벽을 덧대서 쌓을 때는 반드시 물을 뿌려 적신 다음에 쌓아야 한살이가 된다. 돌을 넣는 이유는 돌이 흙과 흙 사이를 잡아주고 크랙이 생기는 것을 방지하며, 흙일을 쉽게 해주기 때문이다. 흙 반죽을 다져 넣을 때는 판재보다 5cm 정도 높게 쌓아야 나중에 판재 위에 올린 흙이 흘러내리지 않는다. 아주 작은 일 같지만 지붕 흙을 올리는 데 중요한 사전 작업이니 명심하기 바란다.

흙 반죽을 다져 넣고 그 부분을 방 안에서 보면 모습은 엉망이지만

1. 판재 구멍에 통나무를 넣고 서까래에 못을 박아 통나무 한쪽을 고정시킨다. 통나무를 고정시키지 않았거나 잘못 넣고 흙 반죽을 채우면 삐져나오므로 주의한다. 2. 판재 구멍 안에 적당한 크기의 통나무를 넣은 모습 3. 통나무를 넣은 뒤 흙 반죽으로 메운다. 이때 발로 꾹꾹 밟아가며 단단하게 채운다.

1. 판재와 판재 구멍에 채운 흙의 높이가 같다. 여기서 흙을 더 쌓아 판재보다 흙이 5cm 정도 볼록 솟아야 한다. 2. 판재 구멍을 메운 뒤 서까래 아래에서 본 모습

신경 쓰지 말고 24개 구멍을 모두 메운다. 흙이 삐죽삐죽 튀어나와 지저분해진 흙벽은 일이 끝나고 시간 있을 때 다듬는다. 단, 흙이 완전히 건조되기 전에 다듬어야 매끈하게 마무리할 수 있다.

여기까지 공정이 끝난 뒤에 알아둘 사항이 있다.

지붕 전체에 판재를 올리고 판재 구멍에 흙을 채운 뒤 다른 작업을 위해 판재 위에 올라가 밟으면 서까래와 판재가 출렁거려 흙이 자꾸 삐져나간다. 그러니까 이때는 일단 판재 구멍에 흙만 채워놓고 지붕 위에서 할 작업이 모두 끝난 뒤에 흙벽에서 삐져나온 흙을 다듬고 맥질도 하면 공정 하나가 줄어든다. 지붕 흙, 피죽 등을 올리는 시간이 2~3일 걸리기 때문에 지붕에서 할 일을 끝내고 나면 판재 구멍에 채운 흙도 적당히 마른다.

여기까지 하면 판재 올리는 작업은 마무리되었다. 판재를 올린 뒤에 비를 맞히면 곰팡이가 핀다. 그러므로 판재를 올린 뒤에는 힘들어도 곧바로 방수포 씌우는 작업까지 한다.

요점 정리

1. 판재 구멍에 통나무를 넣고 못을 박아 고정시킨다.
2. 통나무 주위를 잔돌로 채운다.
3. 물을 뿌려 적신 뒤 흙 반죽을 판재보다 5cm 높게 덮는다.
4. 판재를 올린 뒤에는 곧바로 방수포 씌우는 작업까지 한다.

2) 흙벽 마무리

다음에 말할 기회가 없을 것 같아 판재를 올리고 판재 구멍을 메운 뒤 삐져나온 흙벽을 마무리하는 방법에 대해 설명하고 넘어가겠다.

이곳의 흙은 완전히 굳기 전에 다듬어야 한다. 방법은 흙벽 쌓을

1. 판재 구멍을 메우고 아래에서 보았을 때 구멍에 넣은 통나무가 보이면 흙 반죽으로 덮어야 한다. 흙은 건조되면서 부피가 줄어들므로 젖은 흙을 채울 때는 이처럼 약간 두껍게 한다.　2. 나뭇조각을 이용해 흙 반죽이 판재 구멍 구석까지 모두 채워지도록 꾹꾹 밀어 넣는다.

때와 같다. 그리고 이곳을 다듬을 때는 반드시 종전의 흙벽과 같은 두께, 같은 모양으로 만들어야 한다. 흙 반죽을 더 붙이기 귀찮다고 얇게 만든 뒤 그대로 굳어버리면 그 부분 흙벽이 쏙 들어가 영 보기 싫고 흙벽이 이중으로 된 것처럼 보인다. 이런 모양은 흙이 굳기 전에 흙을 더 채워 고치지 않으면 두 번 다시 한살이시킬 수 없다. 또 이 부분이 너무 두꺼우면 왠지 집이 멍청해 보인다.

많은 사람들이 처마 밑 벽의 판재 구멍에 흙 반죽을 채울 때쯤 되면 마음이 들떠 대충 하려고 한다. 그래서 본채 벽면보다 얇게 만드는 경향이 있는데, 잘 살펴서 본채 벽면과 똑같이 해야 두고두고 후회하지 않는다.

10. 동판 돌리기

처마 수평을 잡고 판재 구멍에 흙을 메웠으면 이번에는 동판을 돌린다. 동판 작업은 지붕 위에 흙을 올리기 전에 해야 편하다. 동판을 돌리라고 하니까 어떤 사람은 이렇게 되묻기도 한다.

"그거 꼭 해야 하는 겁니까? 귀찮게….”

맞다. 동판은 굳이 돌리지 않아도 된다. 동판이 집을 보호하는 것

목천흙집에서 사용하는 동판

도 아니고, 약한 동판 하나 덧댄다고 집이 더 튼튼해지는 것도 아니다. 하지만 이 동판 하나로 집의 품위가 달라진다. 필자도 처음에는 동판을 안 돌렸다. 그런데 꼭 화장실에서 일 보고 뒤처리 안 한 것처럼 찜찜했다. 왜 그럴까, 왜 그럴까 하다가 한번 동판을 돌려보았다. 그랬더니 찜찜하던 기분이 확 사라졌다. 미완성 같던 집이 이 동판 하나로 완성되어 보이고, 시간이 지날수록 동판에 푸른 녹이 생기며 집의 품위도 더해지는 듯했다. 그러니 동판이 조금 비싸도 돌려주기 바란다.

동판이 남모르게 하는 일도 있다. 판재를 보호하며, 시트를 깐 뒤 토치램프 작업할 때 시트를 고정시켜 바람이 들어가지 못하도록 한다.

동판은 가장 얇고 싼 것으로 구입한다. 또 동판은 사용하고 남으면 더 쓸 곳이 없으므로 필요한 양을 정확히 계산해서 산다. 동판량 계산하는 법은 간단하다. 서까래 사이의 간격 하나를 재보고 그 길이에

동판은 빗물이 판재에 직접 닿지 않도록 판재를 보호하는 역할도 한다.

서까래 수를 곱하면 된다.

현재 목천흙집에 사용하도록 시중에 나와 있는 규격 동판은 없다. 그러니 비철금속 가게에 가서 필요한 길이로 자른 다음 기역자 모양으로 만들어달라고 한다. 하지만 너무 양이 적어 안 해준다면 자기가 직접 구부리고 자를 수밖에 없다.

동판은 가위로도 잘라진다. 기역자 모양으로 만드는 방법은 각목 모서리에 대고 꺾일 부분을 각목으로 때리면 된다. 길이는 아래쪽은 5cm, 위쪽은 3cm다. 위쪽이 처마 위로 올라갈 부분이다.

동판은 하나의 길이가 3m 정도고 매우 얇기 때문에 꺾이지 않도록 조심해서 다뤄야 한다. 꺾이면 작업하기가 불편하므로 잡을 때도 두 손으로 양쪽을 같이 잡아 꺾이지 않도록 주의한다.

동판 돌리기는 아주 쉽다.

동판 윗부분 3cm 되는 곳을 판재 위쪽에 대고 작은 못을 박아 고

1. 꺾어서 겹치는 부분에 못을 박아 고정시켰다. 동판에 박은 못이 판재 밑으로 나오면 보기 싫으니 판재 두께보다 짧은 못을 사용한다. 2. 꺾이는 부분에 동판을 가위로 잘라 붙인 모습 3. 가운데를 먼저 고정시키면 동판이 꺾이는 것을 막을 수 있다.

1. 한쪽 길이를 잰 다음 가운데 부분부터 못을 박아 고정시킨다. 2. 동판 돌리기가 완성된 모습

정시킨다. 다음 판재 쪽으로 돌리기 위해 꺾이는 부분의 위쪽을 가위로 잘라 구부리면 위쪽 자른 부위가 서로 겹쳐진다. 옆 판재에 댄 동판 위쪽에 못을 박아 고정시킨다. 동판에 못을 박을 때는 못이 판재 밑으로 나오지 않도록 판재 두께보다 짧은 못을 사용한다. 또 서까래와 판재가 출렁거리기 때문에 못 박기가 쉽지 않으니 조심해서 잘 박아야 한다.

동판 돌리기를 초보자에게 시키면 꼭 동판이 꺾인다. 그만큼 동판이 약하기 때문에 동판을 돌릴 때는 가운데 부분을 먼저 고정하고 양쪽을 대주는 방식으로 한다.

요점 정리

1. 동판은 꺾이지 않도록 조심한다.
2. 동판 윗부분을 판재 위쪽에 대고 못을 박아 고정시킨다.
3. 원형으로 휘는 부분의 위쪽을 가위로 잘라 구부려 겹친 뒤 못을 박아 고정시킨다.
4. 동판에는 판재 두께보다 짧은 못을 박는다.

11. 판재에 굴뚝 구멍 뚫기

판재 올릴 때 굴뚝이 놓일 자리에 표시를 해두라고 했다. 이제 판재가 다 올라갔으므로 표시된 부분에 굴뚝이 들어갈 구멍을 뚫어야한다. 굴뚝 구멍을 뚫는 시기는 판재를 다 올린 뒤 비닐이나 광목을 덮기 전이다.

굴뚝 구멍은 굴뚝 관의 굵기대로 뚫는다. 굴뚝의 재료는 항아리, 흙 등으로 할 수 있지만 지붕 위로 올라가는 부분은 PVC 파이프로 해야 배출기를 달 수 있다. 보통 지름 200mm PVC 파이프를 사용한다.

이때 판재에 뚫는 굴뚝 구멍이 집 아랫부분, 즉 기초 부분에 뚫어놓은 굴뚝 구멍과 정확하게 수직이 되었는지 다시 확인해야 한다. 굴뚝의 재료에 따라 조금 휘어도 별 상관은 없지만 만약 굴뚝을 항아리로 쌓아 만든다면 정확하게 수직이 되어야 한다. 또 항아리 둘레도 계산해야 한다. 벽에서 튀어나온 목천목이 길면 볼록하게 튀어나온 항아리의 배 부분이 바깥쪽으로 밀리는 경우가 있다. 이에 비해 파이프로 세운 뒤 흙과 돌로 쌓아 올릴 거라면 정확한 수직이 아니어도 된다.

구멍을 뚫을 때는 끌과 망치를 이용해 톱날이 들어갈 구멍을 낸 뒤 자른다. 그리고 톱으로 판재를 굴뚝 크기에 맞춰 잘라낸다. 구멍이

1. 굴뚝 구멍 크기와 위치를 정해 톱으로 자른다. 2. 굴뚝 구멍에 PVC 파이프를 끼운다. 3. 흙 반죽으로 고정시킨다. 이때 전선은 흙 속으로 들어가 있다. 4. 아래에서 본 굴뚝 모습

뚫렸으면 파이프를 끼운다. 파이프가 구멍에 딱 맞아 움직이지 않도록 판재와 굴뚝 사이에 판재 조각을 끼워 잡아준다. 다음에는 굴뚝 파이프가 끼워진 부분을 흙 반죽으로 잘 막는다. 이때 지붕 위 전기 배선 때 배출기에 연결시키기 위해 굴뚝 위치까지 빼놓은 전선을 흙으로 묻고, 나머지 전선은 굴뚝 속에 넣어둔다. 여기까지가 이 공정에서 할 부분이다. 다음 공정은 '굴뚝 만들기'에서 계속한다.

요점 정리

1. 굴뚝 구멍은 판재를 다 올리고 비닐이나 광목을 덮기 전에 뚫는다.
2. 굴뚝은 정확하게 수직으로 세우는 것이 좋다.
3. 굴뚝 구멍 뚫는 순서
  ① 굴뚝 구멍 크기와 위치를 정한다.
  ② 굴뚝 크기에 맞춰 판재를 톱으로 잘라낸다.
  ③ 뚫린 구멍에 PVC 파이프를 끼운다.
  ④ PVC 파이프와 판재가 맞닿는 부분을 흙 반죽으로 잘 막는다.

12. 지붕 위 흙 덮기

지붕 위에 흙을 올리는 이유는 첫째, 지붕의 무게를 늘리기 위해서다. 이 대목에서 똑똑한 독자가 번쩍 손을 들 것이다.

"뭐라고요? 지붕이 가벼워야 하는 거 아닙니까?"

이런 질문을 하는 사람은 하나는 알고 둘은 모르는 사람이다. 지붕은 어느 정도 무게가 있어야 태풍에도 날아가지 않는다. 한옥이 어지간한 태풍에도 끄떡없는 것은 지붕이 무겁기 때문이다.

둘째, 지붕을 평평하게 만들기 위해서다. 앞에서 판재를 올린 뒤에 지붕의 수평을 맞출 때 벽 바깥쪽 처마 수평만 맞추면 된다고 했던 말을 기억할 것이다. 벽 안쪽 지붕은 흙을 덮어 평탄 작업을 할 수 있기 때문에 굳이 수평을 맞출 필요가 없다. 지붕이 낮은 곳에 흙을 더 깔아 지붕 전체를 평평하게 만들 수 있다.

셋째, 단열을 위해서다. 흙을 5~20cm 두께로 올리고 피죽을 덮으면 단열 걱정은 하지 않아도 된다.

1) 지붕 위에 덮는 지붕 흙

매번 말하지만 목천흙집은 누구나 지을 수 있는 가장 쉬운 방법으로, 주위에서 가장 쉽게 구할 수 있는 재료로 짓는다. 지붕을 덮는 흙도 주위에서 구할 수 있는 흙을 사용하면 된다. 하지만 조금 욕심을 부려 황토를 구할 수 있으면 좋다. 마른 황토는 물기를 머금지 않기 때문이다.

지붕 흙은 마른 흙을 사용한다. 그렇다고 바람에 폴폴 날리는 흙이 아니라 맑은 날 표층 30cm를 걷어내고 파낸 정도의 수분을 함유한 흙이면 된다. 지붕에 젖은 흙을 올리면 여러 가지 문제가 발생한다. 목천흙집에서는 흙을 올린 뒤 그 위에 습기가 전혀 통하지 않는 방수포를 씌운다. 젖은 흙을 그렇게 덮어놓으면 수분이 증발하지 못하고 판재로 스며들어 곰팡이가 생기기도 한다. 또 지붕 흙을 올릴 때 뾰족한 돌은 골라내야 한다. 돌 때문에 방수포가 찢길 염려가 있기 때문이다. 뾰족한 돌은 평탄 작업을 하면서 또 한 번 골라낸다.

어떤 분은 흙 대신 톱밥을 덮기도 한다. 톱밥을 덮는 이유는 작업하기가 편하고 단열 효과도 흙보다 좋기 때문일 것이다. 하지만 필자가 톱밥을 깔아본 결과 벌레가 생겼다. 강원도 등 중부 지방에서는 별 문제가 없었는데, 남쪽 지방에서는 지네가 생기는 경우가 있었다. 또 톱밥은 가볍기 때문에 지붕을 무겁게 해주지도 못한다. 지붕은 가능하면 흙으로 덮는 것이 좋으며, 부득이하게 톱밥을 사용할 때는 톱밥과 흙의 비율을 3 : 7로 섞는다.

2) 광목이나 비닐 깔기

지붕 흙을 올리기 전에 광목이나 비닐을 까는 이유는 판재 사이로 흙이 방 안에 떨어지는 것을 막기 위해서다. 광목이나 비닐 어느 것을 깔아도 효과는 비슷하지만, 좀 여유가 있다면 광목을 권하고 싶다. 광목 5만원어치면 30평 정도 넓이를 깔 수 있다. 비닐은 아무래도 합성 소재라 왠지 찜찜하다.

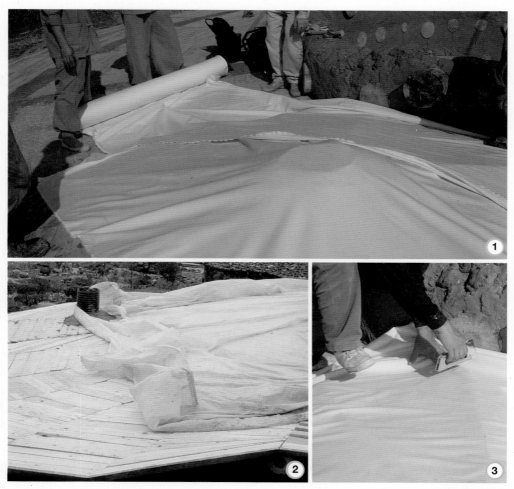

1. 광목을 깔 때는 요
철통에 신경 쓰지 말
고 지붕 전체를 덮는
다. 2. 비닐을 깐 모
습 3. 광목을 깔고
스테이플러로 고정
시킨다.

　광목이나 비닐을 깔기 전에 빗자루로 판재 위를 깨끗하게 쓸어준
다. 지붕에 톱밥이나 먼지 등이 있으면 판재 사이로 방에 떨어지기
때문이다. 그래서 판재 사이사이를 잘 쓸어야 한다.

　광목이나 비닐을 깔 때는 요철통까지 모두 덮는다. 이곳은 나중에
방수포를 덮으면서 처리할 것이다. 요철통이 높아 비닐이나 광목이
붕 떠 있으면 윗부분을 칼로 잘라 요철통만 쏙 내놓는다. 이때도 요

철통 아랫부분은 광목이나 비닐로 모두 덮어야 한다. 요철통 홈에 끼운 서까래가 겉으로 드러나서는 안 된다.

비닐을 깔 때는 바람에 날리지 않도록 돌이나 나무막대로 군데군데 눌러놓는다. 광목을 사용할 경우에는 스테이플러를 이용해 고정시키면 된다. 이때 광목이나 비닐에 구멍이 생기면 마른 흙가루가 방 안으로 떨어질 염려가 있으므로 주의한다.

처마 위쪽에는 깔 필요가 없는데, 이곳까지 지붕 흙을 올리려고 처마 끝에 각목을 대었다면 이곳에도 비닐과 광목을 깔아준다.

요점 정리

1. 광목이나 비닐을 까는 이유는 판재 사이로 흙이 방 안에 떨어지는 것을 막기 위해서다.
2. 광목이나 비닐을 깔기 전에 판재 위를 깨끗하게 쓸어준다.
3. 광목이나 비닐을 깔 때는 요철통도 모두 덮고 그 부분만 잘라낸다.

3) 지붕 흙 펴기

광목이나 비닐을 다 깔았으면 준비한 흙을 지붕 위로 올린다. 지붕 흙은 각자 편한 방식으로 천천히 여유를 가지고 올린다. 집이 완성돼가는 모습을 즐기면서 일하기 바란다.

지붕 흙을 펼 때는 삽이나 곡괭이를 사용하지 않는다. 뾰족한 도구를 잘못 사용하면 비닐이나 광목에 구멍을 낼 수 있기 때문이다. 고무래를 이용해 처마에서 요철통 쪽으로 흙을 당기면서 평탄 작업을 한다. 그렇게 해야 요철통 부분에 흙이 많이 쌓인다.

지붕 흙의 두께는 아래쪽(처마)이 5cm고 위쪽(요철통)이 20cm다. 이렇게 하는 이유가 있다.

1. 고무래로 평탄 작업을 할 때는 흙을 요철통 쪽으로 당기면서 한다. 2. 판재를 이용해 평탄 작업을 해도 된다.

지붕에 깐 **흙**을 잘 밟아준다.

첫째, 지붕을 안정시키기 위해서다. 목천흙집의 요철통 공법상 요철통 쪽이 무거워야지 처마 쪽이 무거우면 지붕이 뒤집어질 수 있다. 물론 이런 경우는 거의 없지만 만일을 대비해 모든 공정을 튼튼히 하는 것이 좋다.

둘째, 지붕의 기울기를 지붕 흙으로도 조절하기 위해서다. 지붕의 기울기는 서까래로 잡아주지만, 지붕 흙을 이용해 더 세밀하게 조절할 수 있다. 또 서까래로 지붕의 기울기를 잡아줄 때 경사를 너무 급하게 하면 서까래 올리는 작업과 지붕에서 하는 일들이 힘들어진다. 그래서 서까래 올릴 때는 일하기 편한 기울기로 만들고 지붕 흙을 이용해 완전히 잡아준다.

셋째, 복사열 때문이다. 목천흙집은 원형이기 때문에 열이 위로 올라가 요철통 쪽에 모인다. 그래서 이곳에 지붕 흙을 두껍게 올려 열이 달아나지 못하게 하고, 여기에 모였던 열이 안쪽으로 다시 회전하게 해준다.

지붕 흙을 평평하게 깔 때는 고무래를 이용해도 되지만, 판재를 이용하면 일부러 도구를 구입할 필요 없이 손쉽게 할 수 있다. 판재를 양손으로 잡고 흙 위에 놓고 당기면 흙이 골고루 펴진다.

방수포를 보호하기 위해 평탄 작업을 하면서 다시 한번 뾰족한 돌을 골라낸다. 그리고 지붕 흙이 시작되는 벽 안쪽 부분의 흙을 확실하게 끊어 마무리해야 한다. 이곳에서 지붕 흙이 흘러내려 지저분해 보이지 않도록 칼로 무 자르듯이 딱 끊어주라는 말이다. 흙이 흘러내린 상태에서 방수포를 깔면 작업하기 어렵기 때문이다.

지붕 흙을 깐 뒤 평탄 작업까지 끝냈으면 흙을 잘 밟아준다. 지붕 위에서 보면 주위 경치가 아주 좋다. 먼 산도 보고 하늘도 보면서 느긋하게 지붕 흙을 밟는다. 지붕 흙은 잘 밟을수록 판재들끼리 조여지면서 지붕이 단단해진다. 그러니 이른 봄에 보리 밟듯이 밟아주기 바란다.

그러고 나면 지금까지 지붕이 출렁거리던 현상이 사라졌음을 알 수 있을 것이다. 지붕 흙 속에 남아 있는 습기를 햇빛에 잘 말린 뒤 방수포를 덮는다.

요점 정리

1. 지붕 흙을 올린 뒤 흙을 넓게 펼친다.
2. 지붕 흙의 두께는 아래쪽(처마)이 5cm, 위쪽(요철통)이 20cm다.
3. 평탄 작업을 할 때 뾰족한 돌은 골라낸다.
4. 평탄 작업을 한 뒤에 꼭꼭 잘 밟는다.
5. 흙에 있는 습기를 햇빛에 잘 말린 뒤 방수포를 덮는다.

13. 방수포 깔기

1) 방수포란

처음에 이 방수포를 사용하면서 많이 고민했다. 화학 재료로 만들어진 제품이기 때문이다. 자연에 가장 가깝고, 사람 건강에 가장 좋다고 자부하는 목천흙집에 이 제품을 사용해도 되는지, 환경적인 문제는 없는지 등등을 따져보았다. 한편으로는 다른 천연 재료를 찾아보았지만 마땅한 것이 없었다. 부득이하게 이 제품을 사용하고 있지만 방수포와 성능이 같고 천연 재료로 만든 제품이 있다면 당장 그 제품으로 바꿀 것이다. 한 가지 다행스런 것은 이 제품이 인체에 해롭지 않다는 점이다.

목천흙집에서 천장의 방수는 오직 이 방수포가 담당한다. 방수포를 이용하면 경사가 완만해도 물을 완벽하게 막아준다.

목천흙집에서 사용하는 방수포는 보통 3평짜리로 폭 1m, 길이 10m, 무게 35kg, 가격은 4만원이다. 여기서 3평짜리라는 말은 방수포 1롤로 3평을 덮을 수 있다는 의미다. 하지만 제품에 적혀 있는 대로 계산하면 안 된다. 방수포를 10cm씩 겹쳐서 붙이기 때문에 3평이 모두 나오지 않는다.

또 방수포의 양을 계산할 때 집 내부 평수로 계산하면 안 된다. 집 내부가 30평이면 지붕은 50평 정도 된다. 당연히 방수포도 50평 분

목천흙집에서 사용
하는 방수포 1롤

량을 준비해야 한다. 이런 점에서는 판재 분량도 마찬가지다. 집 내부가 30평이라면 판재는 50평 분량 정도 들어간다. 초보자의 경우 방수포든 판재든 지붕에 올릴 재료는 간단하게 건평의 2배 정도를 준비하면 거의 맞아떨어진다.

　방수포를 올릴 때는 방수와 직결되기 때문에 철저하게 배운 대로 해야 한다. 또 주의사항을 잘 따라야 사고도 나지 않는다.

2) 방수포 깔기

　방수포 1롤의 무게는 35kg이라 경사진 지붕 위에 올려놓고 깔기가 쉽지 않다. 한 사람이 처음 방수포 놓을 부분에서 끝을 잡고, 롤 가운데 막대기를 끼운 다음 두 사람이 막대기 양쪽을 잡고 가면 자동으로 풀리면서 깔린다.

　방수포를 깔 때 주의할 점이 있다. 사용설명서를 보면 방수포에는 앞뒷면이 있음을 알려준다. 비닐을 떼어내면 끈적거리는 면이 뒷면이다. 일반적으로 방수포를 사용할 때는 말 그대로 뒷면이 밑으로 가게 하여 착 달라붙도록 깐다. 누가 생각해도 그렇게 해야 할 것 같다. 하지만 목천흙집에서는 끈끈한 뒷면이 위로 가게 한다.

이 방법을 알아내는 데 6년이 걸렸다. 필자도 처음에는 끈끈한 면을 아래쪽으로 깔았다. 당연히 그렇게 해야 한다고 생각했다. 그렇게 해놓고 피죽을 덮은 뒤 바라보니 내 손으로 지은 집이지만 아주 멋있었다. 필자는 계속 그 방법으로 집을 지었다. 그러던 어느 날, 태풍이 지나갔다. 밤새 몹시 세찬 바람이 불었지만 평소와 다름없이 기지개를 켜고 방을 나섰다.

'까짓 태풍 따위에 무너질 집이 아니니까.'

이런 생각으로 느긋하게 방을 나서던 필자는 눈을 동그랗게 뜨고, 입을 턱 벌린 채 그 자리에 딱 멈춰서 움직일 수가 없었다. 앞 건물 지붕 위에 있던 피죽이 훌러덩 벗겨졌기 때문이다. 그때부터 어떻게 하면 피죽을 붙잡아둘 수 있을까 고민하기 시작했다. 초가집처럼 줄로 묶어두자니 꼴불견이고, 전통 피죽집처럼 통나무나 돌로 눌러놓는 것도 영 보기 싫고, 본드로 피죽을 하나하나 붙여놓을 수도 없었다.

고민을 하면서도 계속 같은 방법으로 집을 지었는데, 어느 날 실수로 방수포 하나를 뒤집어 깔았던 모양이다. 마침 일이 되려고 그랬는지 며칠 후에 바람이 몹시 불었다. 저번에 겪은 일도 있고 해서 아침에 조심스럽게 방문을 열고 빼끔히 내다보았더니, 아 글쎄, 다른 곳의 피죽은 군데군데 날아간 곳이 있는데 방수포를 뒤집어놓은 부분의 피죽은 모두 그대로 있었다. 필자는 방문을 열고 앉아 한참 동안 껄껄껄 웃었다. 이렇게 하여 목천흙집만의 '방수포 뒤집어 덮기'가 탄생했다.

방수포를 잘라 요철통을 밖으로 내놓는다. 요철통이 방수포 전체를 붙잡고 있어 벗겨지지 않는다.

방수포를 덮을 때는 끈적거리는 부분, 즉 비닐로 붙여놓은 부분이 위쪽으로 가게 깔기 바란다. 이렇게 설명하면 손을 드는 독자가 있을 것이다.

"그러면 방수포가 지붕 아무 곳에도 붙어 있지 않아 주르륵 흘러 내리지 않을까요?"

걱정할 필요 없다. 가장 먼저 까는 방수포는 요철통 위를 지나가도록 한다. 그러면 요철통 부분을 방수포가 덮고 있으므로 그 부분이 볼록 튀어나온다. 여기를 쌍십(✱)자로 잘라 요철통이 머리를 내밀게 한다. 이 방수포가 다른 방수포를 붙잡아준다.

그런 다음 방수포 위에 앉아 미끄럼 타듯이 왕복하면 방수포가 잘 펴진다. 여기서 똑똑한 독자가 또 손을 들 것이다.

"아니, 끈적거리는 부분이 위로 오도록 깔아놓고 그 위에 앉아 어떻게 미끄럼을 타요?"

걱정하지 않아도 된다. 왜냐하면 끈적거리는 면에는 비닐이 덮여 있기 때문이다. 아직 비닐을 벗기면 안 된다.

첫번째 방수포를 깔았으면 두번째 방수포를 깐다. 그런데 두번째 방수포부터는 까는 방법이 일반적인 생각과 조금 다르다. 방수포는 지붕 한쪽을 모두 깐 뒤 다른 쪽도 까는 게 아니라 대칭으로 깔아나간다. 즉, 요철통을 중심으로 첫번째 깐 방수포의 오른쪽에 한 개를 깔았으면 다음에는 왼쪽에 한 개를 깐다. 또 오른쪽에 두번째를 깔았으면 왼쪽에도 두번째를 깔아주는 방식이다.

두번째 방수포를 깔 때부터 주의할 점이 또 있다. 나중에 깐 방수포는 먼저 깐 방수포 위로 10cm가 겹치도록 깔아준다. 이렇게 해야 단단하게 붙고 틈이 생기지 않는다.

방수포를 10cm씩 겹치도록 깐 뒤 겹치는 부분의 비닐만 벗기고 방수포를 서로 붙여준다. 이 때도 비닐을 모두 벗기지 않는다. 비닐을 미리 벗겨놓으면 끈끈한 부분을 자꾸 밟아 나중에는 피죽이 잘 붙지 않고, 방수포가 신발에 달라붙어 일하기도 불편하다.

이때 나중에 깐 방수포가 먼저 깐 방수포 밑으로 들어가도록 해서 붙인다. 즉, 처마 쪽 방수포가 요철통 쪽에 있는 방수포 밑으로 들어가야 한다. 상식적으로 생각해도 그렇게 해야 위에서 흘러내리는 물이 스며들 여지가 없다. 비닐을 떼어내고 방수포를 서로 겹쳐서 붙일 때는 가운데 부분부터 가장자리 쪽으로 붙여나가야 방수포가 울지 않는다.

지붕이 원형이다 보니 이렇게 방수포를 계속 깔면 불가피하게 지붕 곳곳에서 방수포가 울게 마련이다. 이때는 절대 칼로 자르지 말고 접어주기만 한다. 칼을 대는 경우는 방수포를 깔고 난 뒤 지붕 길이에 맞추기 위해 처마 쪽을 잘라줄 때뿐이다. 방수포를 지붕에 고정시킨다고 못을 박아서도 안 된다. 칼이나 못을 조금 사용한다고 무슨 문제가 있겠냐고 생각하겠지만 집이 오래되면 아무리 작은 구멍이라도 물이 샐 수 있다. 목천흙집에서는 물이 새면 여러 가지 문제가 생길 수 있으니 방수포에 구멍 날 일은 아예 하지 말아야 한다.

대칭으로 방수포를 깔아나가면 지붕이 어느 정도 덮이고 처마 양쪽이 남는다. 이 부분은 방수포를 잘라서 깐다. 이때도 다른 방수포와 맞닿는 부분을 10cm씩 겹쳐준다. 처마 쪽 방수포가 요철통 쪽에 있는 방수포 아래로 들어가게 하는 방식도 같다.

처마 길이에 맞춰 방수포를 자를 때는 동판 꺾인 부분과 같은 길이로 자른다. 즉, 동판 윗부분을 완전히 덮도록 딱 맞춰 자르는 것이다. 그래야 토치램프 작업할 때 동판과 방수포를 완전히 붙일 수 있다.

방수포를 깔 때는 안전사고에 주의한다. 방수포는 비닐로 덮여 있

1. 겹치는 부분의 비닐만 벗기고 방수포를 겹쳐준다. 2. 방수포가 울 때는 접어준다.

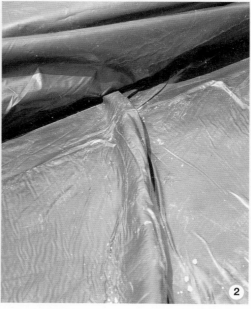

1. 군데군데 방수포가 깔리지 않은 부분은 자투리를 이용해 덮는다.　2. 동판 꺾인 부분과 같은 길이로 잘라놓은 방수포

어 여간 미끄럽지 않다. 또 지붕에는 경사가 있어 자칫하면 쭉 미끄러져 떨어질 염려가 있다. 따라서 방수포를 깔 때는 맨발로 작업하거나 운동화 혹은 장화를 신어 미끄러지지 않도록 한다. 앞에서 방수포를 연결시킬 때 외에는 아직 비닐을 떼지 말라고 했는데, 안전을 위해 중간 정도에 군데군데 비닐을 벗겨놓으면 실수로 미끄러지다가도 끈적거리는 곳에서 멈출 수 있다. 그리고 지붕의 경사가 급하면 반드시 요철통에 줄을 연결한 안전띠를 매고 작업을 해야 한다.

목천흙집을 짓는 이유는 자연 속에서 더 건강하고 행복하게 살려는 것이다. 집을 짓다가 지붕에서 떨어져 다치면 집이 다 무슨 소용이겠는가. 집을 못 지어도 좋으니 안전사고 예방만은 철저히 하기 바란다.

요점 정리

1. 가장 먼저 까는 방수포는 요철통 위를 덮고 튀어나온 부분을 잘라 요철통이 나오게 한다.
2. 방수포의 끈끈한 면이 위로 가게 한다.
3. 방수포는 대칭으로 깐다.
4. 처마 쪽 방수포가 요철통 쪽에 있는 방수포 밑으로 10cm 겹치도록 놓여야 한다.
5. 방수포가 우는 부분은 칼로 자르지 말고 그냥 접어준다.
6. 방수포 중간에는 절대 못을 박지 않는다.
7. 방수포가 안 깔린 부분은 크기에 맞게 잘라서 깐다.
8. 처마 쪽에서 방수포를 자를 때는 동판이 꺾인 부분에 맞춘다.

3) 굴뚝 부분 방수포 작업

굴뚝도 요철통과 같은 방법으로 방수포를 덮는다. 그리고 토치램프 작업을 할 때 특히 주의를 기울인다.

튀어나온 부분의 이음새는 모두 토치램프로 녹여 붙여야 한다. 그야말로 물 샐 틈 없이 꼼꼼하게 붙인다. 틈이 벌어진 곳이 있는데 불로 녹여도 안 붙을 때는 방수포 조각을 대고 녹여 붙인다.

4) 방수포 토치램프 작업

지붕 전체를 방수포로 덮었으면 토치램프를 이용해 방수포와 방수포, 방수포와 동판을 녹여 붙인다. 그래야 바람이 불어도 방수포가 들썩거리지 않는다. 방수포의 이음새를 불로 녹이고 붙여줄 때는 토치램프의 끝 쪽 쇠를 시트에 대고 누른 다음 발로 꼭꼭 밟는다. 토치램프의 쇠가 인두 역할을 하는 것이다. 이때 방수포에 붙어 있는 비닐을 이음새 좌우로 약간씩 벌려놓고 한다. 비닐까지 불로 붙이면 떼어내기 어렵기 때문이다. 하지만 아직 비닐을 방수포에서 완전히 벗기면 안 된다.

방수포끼리는 완전히 붙인다. 온도 차 때문에 겨울에는 방수포가 딱딱해지고 여름에는 느슨해진다. 그럴 경우 완전히 붙이지 않으면 다시 떨어질 수 있고, 떨어진 사이로 물이 샐 염려가 있다. 방수포를

1. 방수포 이음새를 붙일 때는 비닐을 좌우로 약간만 벌려놓고 토치램프 끝 쇠를 인두처럼 사용한다.
2. 방수포와 방수포 사이의 이음새는 토치램프로 완벽하게 붙인다.

1. 굴뚝 부분도 완벽하게 붙인다. 2. 방수포의 아랫부분을 녹여 동판과 잘 붙인다. 3. 동판 부분 토치램프 작업하는 자세
4. 방수포 작업이 모두 끝난 지붕. 아직 방수포에 붙은 비닐을 벗겨내지 않았다.

꼼꼼히 살펴 작업을 하다가 실수로 구멍 난 곳이 있으면 세심하게 녹여 붙인다.

토치램프 작업을 하다 보면 방수포에 불이 붙는 경우가 있는데, 당황하지 말고 발로 밟으면 금방 꺼진다. 그렇다고 맨발로 작업하다가 무심결에 밟으면 화상을 입을 수 있으므로 주의한다. 방수포가 우는 부분을 접어놓으라고 했는데, 이런 부분은 칼로 자르지 말고 토치램프로 열을 가하면 녹아내린다. 그때 발로 밟아서 붙이면 된다.

요철통과 굴뚝 부분은 특히 신경을 써서 물 샐 틈 없이 붙여야 한다. 요철통과 굴뚝에 방수포가 완전히 달라붙도록 하고, 사이가 뜨는 부분이 있으면 방수포 조각을 녹여서 붙인다.

방수포를 동판과 붙일 때도 토치램프의 쇠 부분을 인두처럼 눌러가며 꼼꼼하게 붙인다. 그래야 바람이나 벌레가 들어가는 것을 막을 수 있다.

방수포를 덮고 토치램프 작업까지 끝냈으면 비가 와도 비닐을 덮을 필요가 없다. 이제 방수포의 비닐을 벗기고 피죽을 덮으면 피죽이 방수포에 착 달라붙어 바람에 날아가지 않는다.

요점 정리

1. 방수포와 방수포는 완전히 붙인다.
2. 방수포와 동판이 맞붙는 부분은 토치램프 끝 쪽 쇠를 인두처럼 눌러가며 붙인다.
3. 요철통과 굴뚝에 방수포가 완전히 달라붙도록 하고, 사이가 뜨는 부분이 있으면 방수포 조각을 녹여서 붙인다.

14. 피죽 덮기

1) 목천흙집에서 사용하는 지붕 재료

목천흙집의 지붕 재료는 일반적인 주택에 쓰이는 것이라면 모두 사용할 수 있다. 즉, 지붕 재료는 집주인의 취향에 따라 어떤 것을 써도 무방하다. 여기서 피죽을 기준으로 설명하는 것은 필자 취향에는 피죽이 맞기 때문이다. 혹시 다른 재료로 지붕을 올리려는 분도 있을 것 같아 필자의 경험담을 잠깐 소개하겠다.

기와의 경우, 집은 원형인데 기와는 사각형이라 올릴 때 힘이 든다. 흙집을 많이 짓겠다면 원형 집에 맞는 틀을 기와 공장에 주문하면 되지만, 한두 채 분량은 만들어주지 않는다.

항아리 조각의 경우, 도로에서 500m 안쪽으로 들어간 곳에서만 가능하다. 지붕이 햇빛을 반사하여 운전자에게 방해가 되기 때문에 도로변에서는 준공 허가가 나오지 않는다. 침목도 환경오염 때문에 허가가 나오지 않는다.

짚의 경우, 친환경적이고 지붕 재료로 나쁘지 않지만 썩기 때문에 2년에 한 번씩 갈아야 한다. 짚에 방수액을 뿌리면 5년 정도는 사용할 수 있다. 하지만 짚이 썩지 않을 정도로 독한 화학 약품을 뿌리면 사람 몸에 좋을 리 없고, 환경에도 나쁜 영향을 미친다. 또 방수액을 뿌려놓으면 굼벵이 등 다른 생물이 살지 못한다. 초가 지붕을 올릴

목천흙집에 초가 지
붕을 올리면 전원의
멋이 물씬 풍긴다.

정도로 멋을 아는 사람이라면, 굼벵이 몇 마리와 같이 사는 것이 훨
씬 좋은 일일 것이다.

　지붕에 잔디를 심어도 괜찮은데, 잔디 지붕은 손이 많이 가고 관리
비가 만만찮다. 잔디를 심으려면 판재 위에 빙 둘러 중간중간에 각목
을 대서 지붕에 올린 흙이 흘러내리는 것을 막아야 한다. 지붕 전체
흙의 두께를 15cm로 하고 흙 위에 떳장을 올린다. 또 물을 줘야 하므
로 X-L 파이프 중간중간에 구멍을 뚫어 잔디 사이로 깔거나 요철통
위에 스프링클러를 설치한다. 필자가 잔디를 심어보니 풀씨란 풀씨
는 다 날아와 자리를 잡는 바람에 풀을 뽑아 주지 않으면 지붕에 고
슴도치가 올라앉은 것 같았다. 지붕에 잔디를 심으려면 집주인이 그
만큼 부지런해야 한다. 잔디 사이에 꽃씨를 뿌려놓으면 꽃이 예쁘게
피어난다.

　지붕에 돌을 올릴 경우, 구할 때와 올릴 때 힘이 든다. 강원도 지방

돌을 올린 목천흙집

에서 나오는 능애를 잘라 만든 돌기와로 지붕을 올리면 수명도 길고
아주 튼튼하다. 하지만 구들에 돌을 사용하듯이 여름에는 태양열을
품어 방 안이 더울 염려가 있다.

　여기까지는 자연 재료고 좀더 현대적으로 지붕을 올리는 경우도
있다. 그중에 가장 많이 사용하는 재료가 아스팔트 싱글이다. 사람마
다 취향이 다르고, 또 새로운 시도를 즐기는 분도 있으니 간단하게
설명하고 넘어간다. 아스팔트 싱글 중에 흙과 비슷한 색을 올리면 그
런 대로 자연스럽고 깔끔하다. 단, 시공할 때는 한 장 한 장 정성 들
여 붙여야 하고, 잘못 붙이면 싱글이 일어나기도 한다.

　이외에 지붕 재료로는 억새(11월 베어서 말려놓는다), 너와(참나무나
소나무를 도끼로 잘라낸 판자), 굴피(굴피나무, 참나무, 떡갈나무 등의 껍질),
시누대(산죽), 겨릅(대마초 속줄기) 등이 있다.

2) 피죽을 사용하는 이유

목천흙집에서는 지붕 재료로 피죽을 사용한다. 피죽이란 목재소에서 원목을 켤 때 나오는 것으로, 껍질이 붙어 있는 판재를 말한다. 이 피죽은 나무껍질에 판재가 붙어 있다는 점에서는 너와와 닮았고, 나무껍질을 사용한다는 점에서는 굴피와 닮았다. 한마디로 너와와 굴피를 혼합해놓은 형태다. 이것을 길이 60cm, 폭은 자유롭게 하여 사용한다. 하지만 길이가 길든 짧든 모두 사용할 곳이 있으니 잘 모아둔다.

그렇다면 왜 이런 피죽을 사용하는가. 가격이 싸고 지붕을 올리는데 전혀 하자가 없으며, 수명 또한 10~15년으로 긴데다 멋도 있다. '내가 그의 이름을 부르자 그는 내게 다가와 꽃이 되었다'는 시구처럼 필자가 피죽을 부르자 피죽은 내게 다가와 지붕 재료가 되었다. 필자가 사용하기 전에 목재소에서 나오는 피죽은 모두 땔감으로 쓰였다.

어느 날, 나무를 구하려고 목재소에 들렀다가 산더미처럼 쌓아놓은 피죽을 보았다. 내 눈에 그게 예사로 보이지 않아 주인에게 넌지시 물어보았다.

"여보, 저거 어디다 쓸 거요?"

"피죽을 어디다 쓰겠소? 모아다가 불이나 때야지."

뭔가 있을 것 같아 한참 동안 피죽 더미를 바라보고 있었다. 그때 필자 머리에 스치는 게 있었다.

"여보 주인장, 저거 나한테 파시오."

목재소 주인은 별난 사람 다 본다는 눈빛을 하더니 헐값에 가져가라고 했다. 피죽을 가져와 지붕에 올려보았더니, 보기에 좋을 뿐만 아니라 단열 효과도 뛰어났다. 또 처음에는 강한 태풍에 피죽이 날아가기도 했지만, 방수포를 뒤집어 까는 방법을 알아낸 뒤로는 어떤 태풍에도 한 장 날아간 적이 없었다.

여러 가지 피죽을 써본 결과 현재 필자가 사용하는 편백나무 피죽이 가장 좋았다. 편백나무 잎사귀는 살충제를 만드는 원료로 쓰여 이 피죽을 사용하면 벌레가 덜 꼬인다는 사실을 알았기 때문이다. 하지만 어떤 나무의 피죽이든 사용할 수 있다.

3) 피죽 자르기와 다듬기

목재소에서 가져온 피죽은 길이가 6자(180cm) 정도 되는데, 이것을 3등분해 사용한다. 지붕에 올리면 30cm는 서로 겹쳐서 눌러주고, 30cm는 밖으로 나와 지붕을 덮는다.

피죽은 밑동끼리 가지런히 놓고 60cm 길이로 자른다. 기계톱으로 자를 때 튀어오르는 피죽이 있으니 조심해야 한다. 또 피죽을 자르다가 네모반듯한 것이 있으면 따로 두었다가 대문이나 창틀, 문틀을 만

받침대 위에 피죽을 놓고 60cm 길이로 자른다. 피죽은 목재소에 배달을 시키면 보통 한 묶음에 5만원 정도 하는데, 직접 가져오면 2만원 선에 해결된다.

1. 자를 면을 가지런히 맞춘다. 2. 피죽을 60cm 길이로 자른다. 3. 작은 피죽 조각들도 다 쓸 데가 있으니 모아둔다.

들 때 사용해도 된다.

피죽이 크든 작든, 길든 짧든 모두 사용할 곳이 있으니 버리지 말고 모아둔다. 흙집을 짓다 보면 세상에 의미 없이 존재하는 것은 하나도 없다는 사실을 깨달을 것이다.

4) 피죽 덮기

피죽을 지붕 위로 올릴 때는 던져도 된다. 이때 되도록 판자 면이 바닥에 닿도록 던진다. 그 정도로는 방수포가 찢어지지 않으며, 만약 찢어졌더라도 표시해두었다가 토치램프 작업할 때 붙이면 된다.

피죽은 너무 잘 덮으려고 하지 않는 게 좋다. 대충 보기에 괜찮을 정도만 놓고 빠진 부분은 나중에 다른 피죽으로 덮으면 된다. 특히 초보자가 잘 덮으려고 하면 보기 싫게 깔리든지 중간중간에 빈 곳이 생기게 마련이다.

피죽을 덮는 작업은 잘못 되었다 하여 다시 하기 어려우니 지금부터 알려주는 방법을 잘 지켜 한 번에 끝낸다. 피죽을 떼었다 다시 붙이면 방수포와 접착이 잘 되지 않기 때문이다. 설령 잘못 붙였다 해도 그냥 놔두는 게 낫다.

지붕 위로 올려놓은
피죽

　'방수포 깔기'에서도 설명했듯이 피죽을 덮을 때 비로소 비닐을
벗겨 끈적이는 방수포에 피죽을 붙인다. 하지만 이때도 피죽을 덮으
면서 필요한 부분까지만 비닐을 떼고 작업해야 방수포의 접착력을
그대로 유지할 수 있다.

　피죽은 처마 끝부분부터 덮기 시작하여 요철통을 향해 올라간다.
피죽의 위쪽을 요철통 쪽으로 향하게 놓으라는 말이다. 그래야 다 덮
은 모양이 보기 좋다.

　처마 위에 처음 놓는 피죽은 처마 끝(동판 위)에서 1~1.5cm 바깥으
로 나가게 놓는다. 그러면 보기에도 좋고, 빗물이 직접 동판이나 서
까래에 닿는 것도 예방할 수 있다. 또 피죽의 넓은 쪽을 처음 놓는 처
마 부분에 놓는다. 그러면 자연스럽게 지붕의 형태에 맞아 피죽 올리

1. 피죽을 놓는 주위에는 방수포의 비닐을 벗긴다. 2. 피죽의 끝은 항상 요철통을 향해 사다리꼴로 덮는다. 동판 위에 처음 놓는 피죽은 동판에서 1∼1.5cm 더 나가도록 놓는다.

기가 편하다. 피죽을 잘 살펴보면 두꺼운 쪽과 얇은 쪽이 있는데, 두꺼운 쪽이 처마 쪽으로 가도록 놓는다. 그래야 무거운 쪽이 아래쪽 피죽을 눌러주어 안정감 있다.

피죽을 덮을 때 지붕 한쪽을 전부 채우며 올라가지 말고 군데군데 덮어간다. 그리고 피라미드 쌓을 때처럼 밑에는 세 개, 그 위쪽에는 두 개, 또 위쪽에는 한 개를 놓는 식으로 덮어준다.

이렇게 작업하다 보면 지붕 중간중간에 피죽이 깔리지 않은 공간이 생기는데, 이런 곳은 나중에 채워나간다. 지붕이 원형이다 보니 한꺼번에 한쪽부터 전부 깔고 올라가면 피죽 덮기가 쉽지 않다. 다 경험에서 비롯된 방법이니 명심하기 바란다.

피죽이 직사각형이라 원형 지붕에 맞춰 덮기가 쉽지 않다. 지붕은 요철통 쪽으로 갈수록 좁아지기 때문이다. 그러니까 피죽을 놓을 때는 처마 쪽은 넓게, 요철통 쪽은 바짝 붙여서 놓아야 지붕에 맞춰 원형으로 돌아간다. 따라서 피죽의 아래위 폭이 서로 다른 것이 좋다. 면이 넓은 부분을 처마 쪽으로 놓으면 자연스럽게 원형으로 돌아가기 때문이다.

"피죽을 아예 사다리꼴로 자르면 안 될까요?"

시간과 힘이 남아돌아 영 쓸 곳이 없으면 그렇게 해도 좋다. 하지만 굳이 그렇게 하지 않아도 피죽을 원형으로 놓을 수 있으니 공연히 시간과 힘을 낭비하지 말자.

두번째 줄의 피죽은 첫번째 줄에 놓인 피죽 둘 사이에 놓는다. 즉, 피죽과 피죽 사이에 피죽을 포개는 방식이다. 세번째 줄의 피죽은 또 앞에 놓인 피죽과 피죽 사이에 포개놓는다. 뒷줄에서 앞줄을 누르면서 놓는 피죽은 다닥다닥 붙이지 말고 피죽 하나 놓을 자리를 띄고 놓는다. 띄어둔 자리에는 맞는 피죽을 골라 놓는다. 즉, 피죽을 놓을 때는 항상 양쪽의 피죽을 먼저 놓고 가운데 피죽을 채워가는 방식으

1. 처마 쪽은 넓게, 요철통 쪽은 좁게 놓아야 원형으로 돌릴 수 있다. 또 피죽 하나만큼 사이를 두고 놓는다. 양쪽에 피죽을 놓고 가운데 피죽을 채워나가는 방식으로 놓는다. 뒷줄에 놓는 피죽은 앞에 놓인 피죽 위에 30cm씩 겹쳐놓는다. 2. 요철통 근처에 피죽을 덮은 모습

로 하라는 말이다. 그래야 피죽을 보기 좋게 올릴 수 있다.

피죽은 앞에 놓은 피죽 위에 30cm씩 겹쳐놓는다. 즉, 뒤에 놓는 피죽이 앞에 놓은 피죽을 누르고 있는 방식으로 해야 방수포에 고정된다. 피죽을 덮다 보면 방수포에 잘 붙지 않고 떨어져 있는 경우가 많은데, 신경 쓰지 말고 그대로 둔다. 나중에 피죽끼리 누르는 힘으로 다 붙는다.

피죽은 모두 요철통을 향해 있고 방수포가 보이지 않게 촘촘히 깔려야 보기 좋다. 그러니 피죽을 깐 뒤에 방수포가 언뜻언뜻 보이는 부분은 작은 피죽을 이용하거나 그곳에 맞는 피죽 판자를 놓아 채운다. 피죽은 크든 작든 모두 사용할 곳이 있으니 버리지 말라고 한 것도 이 때문이다.

지붕 위에 피죽들이 쭉 덮이면서 요철통 턱밑에까지 전진을 했다. 이제 피죽의 마지막 작업을 해야 한다. 덮인 피죽들이 모두 아래쪽에 있는 피죽을 30cm씩 누르고 있기 때문에 요철통 쪽 마지막 피죽 처리를 잘해야 처마 끝부분에 있는 피죽까지 하나로 눌러줄 수 있다.

요점 정리

1. 피죽은 너무 잘 덮으려고 하지 않는다.
2. 피죽은 처마 쪽부터 요철통을 향해 덮어간다.
3. 처마 끝에 놓이는 피죽은 동판보다 1~1.5cm 바깥으로 나가게 덮는다.
4. 피죽의 두껍고 넓은 쪽이 처마 쪽으로 가게 놓는다.
5. 피죽은 지붕 여기저기에서 피라미드 모양으로 채워 올라간다.
6. 뒷줄에 놓이는 피죽은 앞줄에 놓인 피죽 사이에 겹쳐놓는다.
7. 피죽은 항상 양쪽 피죽을 먼저 놓고 가운데 피죽을 채워나가는 방식으로 놓는다.
8. 뒷줄에 놓는 피죽은 앞줄 피죽 위에 30cm씩 겹쳐놓는다.

5) 요철통 부분 피죽 마무리

피죽을 쭉 덮어오다가 요철통 밑에 이르면 피죽을 요철통에 바짝 붙여 덮은 뒤 흙 반죽을 사방에 붙여 피죽을 고정시킨다. 여기까지 하면 피죽 덮는 작업은 끝난다. 하지만 아직 할 일이 한 가지 더 남아 있다.

피죽을 흙으로 고정시킨 것까지는 좋은데, 비가 오면 흙이 파이거나 쓸려 내려갈 염려가 있다. 그래서 그 부분에 항아리나 자신이 조각한 '집지킴이', 솥뚜껑 등으로 흙을 덮어준다. 올려놓은 항아리, 집지킴이, 솥뚜껑 등은 흙 반죽으로 붙인다. 이곳은 반드시 덮어야 한다. 물론 그곳에 작은 피죽만 올려놔도 빗물에 파이지는 않는다.

피죽을 다 덮고 나서 집을 바라보면 만감이 교차할 것이다. 지금까지 고생한 것도 잊을 수 있고, 어서 빨리 저 집에서 하룻밤 자고 싶은 마음이 들 것이다. 그런데 자신이 지은 집을 한참 동안 바라보던 똑똑한 독자가 고개를 갸우뚱한다.

"나무는 습도에 따라 수축되기도 한다는데, 이렇게 피죽을 지붕에 올려놓아도 아무 문제가 없을까요?"

1. 요철통 부근을 흙 반죽으로 덮고 그 위에 솥뚜껑을 올려놓는다. 2. 굴뚝 주변에 피죽을 덮은 모습

전통 기와집 용마루 양끝에 얹은 기와가 '취' 라는 새의 머리다. 취가 숨을 들이쉬고 내쉴 때마다 태평양 바닷물이 들락거린다고 한다. 용마루에 '드무' 라는 쇠 항아리를 놓고 그 안에 물을 담아두기도 했는데, 이는 불귀신이 물에 비친 자기 얼굴을 보고 놀라 도망가라는 의미다. 모두 화재를 막기 위한 주술인데, 참고하여 요철통 위에 만들어도 좋을 것 같다.

개성을 살려 덮은 요철통

아무 문제 없다. 독자의 말대로 나무는 습도에 따라 수축·이완되기는 하지만 눈에 띌 정도는 아니다.

"피죽이 설마 바람에 날아가지는 않겠지요?"

엉성해 보여도 피죽은 이중으로 고정되어 있다. 방수포와 붙어 있고, 위에 있는 피죽이 아래 있는 피죽을 30cm씩 누르고 있으니 걱정하지 않아도 된다.

6) 지붕 작업 끝난 뒤에 판재 구멍 흙벽 다듬기

피죽을 다 덮으면 지붕에 올라가서 할 일은 모두 끝났다. 이때 판재 구멍을 메웠던 흙을 다듬질해야 한다. 판재 구멍의 흙벽을 왜 그대로 두었는지는 '판재 구멍 메우기'에서 설명했지만, 잘 생각나지 않는 독자들을 위해 간단하게 다시 설명하겠다.

판재 작업을 끝내고 할 일은 판재를 안 깐 부위, 즉 판재 구멍과 흙벽 사이에 흙 반죽을 채우는 일이다. 그리고 흙을 채운 뒤에는 흙벽을 다듬어야 한다. 그렇지 않으면 흙이 삐죽삐죽 튀어나와 보기 싫다. 성질 급한 사람은 다른 일 다 팽개쳐두고 벽을 예쁘게 다듬을 것이다. 하지만 그 시점에서는 흙벽을 다듬지 말라고 했다. 판재 구멍과 흙벽 사이에 흙 반죽을 채워놓은 뒤에도 지붕에서 할 일이 많다. 지붕에 올라가 일을 하면 서까래와 판재가 자꾸 출렁거려 다듬어놓은 흙이 삐져나간다. 겨우 다듬어놓은 흙을 다시 한번 다듬어야 하는 것이다. 그래서 흙벽은 피죽을 모두 올린 지금 다듬으라는 것이다. 이런 정도는 흙집을 한 채만 지어보면 자연히 알 수 있지만 초보자를 위해 다시 한번 설명했다.

흙벽을 다듬는 방법은 흙벽 쌓을 때 했던 것과 같다. 코팅된 면장

갑을 끼고 흙이 많이 말랐으면 붓으로 물을 칠해가며 손바닥 아랫부
분으로 때려서 모양을 잡은 다음, 나무망치로 두드려 매끄럽게 다듬
는다.

5.
마무리

1. 전기 배선 공사

　전기 배선은 과정상 피죽을 올린 뒤에 하지만 부부가 집을 짓는 경우, 한 과정에서 다음 과정으로 넘어가는 시간이 오래 걸리므로 피죽을 올리고 나면 흙벽이 모두 말라버릴 염려가 있다. 그런 상태에서는 전기 배선하기가 쉽지 않다. 물론 흙벽이 완전히 말라도 할 수는 있지만 힘이 들기 때문에 전기 배선은 흙벽이 완전히 마르기 전 성형이 가능한 시기에 한다. 부부가 지을 때는 벽을 살펴보아 벽이 너무 마르기 전에 아무 때나 하면 된다.

　목천흙집 전기 배선 공사는 전기에 대해 잘 몰라도 할 수 있다. 필자도 처음 집을 지을 때 전기에 대해서 아는 바가 전혀 없었다. 초등학교 자연 시간에 배운 꼬마전구의 원리 정도가 전부였는데 목천흙집에서는 전기 공사를 한다. 그러니 전기에 대해 몰라도 걱정할 필요없다.

　목천흙집에서 배선은 흙벽이 완전히 굳기 전에 흙벽을 파고 전선만 넣어주면 된다. 목천흙집을 처음 지어보는 사람이 처음부터 거실이 있고 방과 부속 건물이 여러 개씩 있는 몇십 평짜리 건물에 배선을 한다면 어렵겠지만, 기본 원리는 다 같기 때문에 작은 흙집을 지어 배선을 해보면 큰 집의 전기 배선하는 것도 어렵지 않다.

　여기서 생각 많은 독자가 손을 들 것이다.

"요즘은 선이 많잖아요. 케이블 TV선, 인터넷선, 전화선, 위성방송선…."

선이 많은들 무슨 걱정인가? 이 선들은 이름만 다를 뿐 배선하는 기본 원리는 똑같다. 선 끝 모양과 기능이 다를 뿐이다. 지금 우리는 배선, 즉 전기선을 집 안 어느 위치로 어떻게 연결시킬 것인지만 정하면 된다. 배선 작업은 케이블 TV선이든 인터넷선이든 전화선이든 위성방송선이든 기본적인 방법은 똑같다.

여기서 모든 선을 다 설명할 수 없기 때문에 가장 기본이 되는 전기선 배선하는 방법만 소개하겠다. 미리 알아둘 일은 바깥 배선, 즉 원선까지 배선 공사는 허가 업체만 하도록 법으로 정해져 있다. 지금 필자가 설명하는 배선은 실외가 아니라 실내 배선이다. 실내 배선은 개인이 할 수 있다. 그리고 전기선은 정격 전력에 맞는 것을 구입해야 한다.

현대식 건축은 배선 위치와 방법을 설계도에 미리 정해놓지만, 목천흙집에서는 집을 먼저 짓고 나중에 생각한다. 집을 어느 정도 짓고 난 뒤에 집 안에 들어가 어디에 등을 달고, 어디에 스위치나 콘센트를 달 것인지 결정하여 배선을 한다.

전기 배선

목천흙집에서 전기 배선은 아직 굳지 않은 흙벽을 파내고 그곳에 전기선을 넣은 뒤 다시 흙으로 메우면 된다. 먼저 콘센트, 전등, 스위치 등의 위치를 정한다. 그리고 지붕에서 내려와 있는 전선(판재 올릴 때 해놓은 외등 배선) 스위치를 어느 쪽으로 할지도 정한다.

위치를 정했으면 전선이 지나갈 곳의 벽을 갈고리로 약 10cm 깊이로 파고 전선을 넣는다. 콘센트 박스를 넣을 곳에는 구멍을 조금

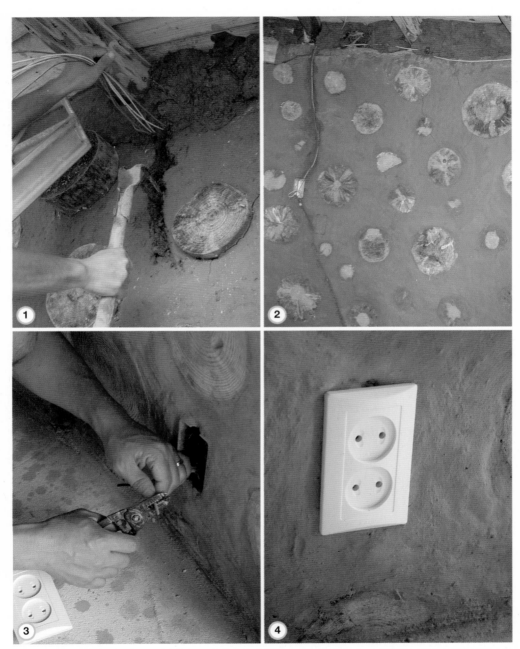

1. 전선이 지날 곳의 흙벽을 갈고리로 파낸다.　2. 흙벽 속에 전선을 넣고 흙으로 덮는다.　3. 적당한 위치에 스위치, 콘센트 자리를 만든다.　4. 완성된 콘센트

넓게 파고 콘센트 박스를 넣은 뒤 흙으로 메운다. 만약 잘못했으면 전선을 쭉 잡아당겨 빼낸 다음 처음부터 다시 한다. 갈고리로 파기 싫다면 흙벽이 아직 굳지 않아 물렁물렁할 때 망치나 나뭇조각을 이용해 흙벽 안으로 전기선을 밀어넣으면 쏙쏙 잘 들어간다. 그런 다음 벽을 다듬어주면 된다.

걱정 많은 독자는 여기서 손을 들 것이다.

"만약 전선 피복이 벗겨지면 어떻게 합니까?"

그런 걱정은 하지 않아도 된다. 전기로 인한 감전이나 화재의 위험이 전혀 없다는 것이 흙집의 장점이기 때문이다. 흙은 전도율이 낮기 때문에 아무 문제 없고, 흙에 아무리 열을 가해도 불이 붙지 않는다.

배선을 할 때 현대 건축에서 하듯이 미리 전선이 들어갈 파이프를 넣을 필요는 없다. 목천흙집 배선 방법상 파이프가 필요치 않기 때문이다. 다만 케이블 TV선, 인터넷선, 전화선, 위성방송선 등 전선이 많을 때는 파이프를 넣어 선을 한곳으로 모아주면 좋다.

집주인은 배선을 하고 난 뒤 전기선이 지나는 길을 알고 있어야 나중에 새로운 전등이나 스위치 등을 달 때 지나는 위치에서 전선을 뽑아 쓸 수 있다. 또 전선 색깔을 각각 다른 색으로 사용하면 혹 누전이 되더라도 그 선을 쉽게 찾을 수 있어 편리하다.

집 외부에 대한 배선은 집에서 원선만 빼놓으면 된다. 거기부터는 한전 직원이 할 일이다. 원선이 집으로 들어와 있어 연결만 시키는 일이라면 차단기를 잘 내려놓고 작업을 해야 감전 사고를 예방할 수 있다. 또 시골에서 전선을 땅에 묻어 연결할 때는 20cm 깊이면 충분하다.

지금까지 전기 배선 방법에 대해 알아보았다. 전기선만 만져도 감전이 된다든지, 흙을 파고 이리저리 선을 끌고 하는 모든 일이 귀찮아서 죽어도 못하겠다면 전기 배선을 해주는 기술자를 부른다. 하지

1. 집이 커서 전선이 많이 연결되는 경우에는 외부에서 전기가 들어오는 부분에 단자함을 달아준다. 2. 집에서 나오는 전선과 외부의 전선이 만나는 부분 3. 전선을 땅에 묻는다. 4. 집 안의 배선을 할 때는 판재 구멍 흙을 다듬기 전에 이곳을 따라 연결시키면 작업이 쉽다.

만 기술자가 오더라도 목천흙집 전기 배선법을 이해하지 못할 것이기 때문에 집을 지은 사람이 지금 여기서 배운 대로 다시 설명해야 한다.

요점 정리

전기 배선 순서

1. 콘센트, 전등, 스위치 놓을 위치를 정한다.
2. 외등 스위치 위치를 정한다.
3. 전선이 지나갈 곳의 벽을 갈고리로 약 10cm 깊이로 판다.
4. 전선을 넣고 흙 반죽으로 덮는다.

2. 그라인더 작업

흙벽을 다듬는 일은 그라인더 작업과 맥질로 나눌 수 있다. 그중에 먼저 하는 일이 그라인더 작업이다. 맥질은 흙벽 자체를 다듬는 작업이고, 그라인더는 목천목을 다듬는 작업이다. 맥질은 내벽과 외벽을 모두 해주는 데 반해, 그라인더 작업은 내벽만 하면 된다. 흙벽을 처음 쌓아본 사람은 이렇게 말할 수도 있다.

"꼭 필요한 작업은 아니잖아요?"

아니다. 이 작업은 해주는 것이 좋다. 기계톱으로 자른 나무는 단면의 결이 거칠다. 거친 면을 그대로 두면 지나다가 스칠 경우 피부가 벗겨지기도 하며, 보기에도 안 좋다. 다듬으면 보이지 않던 나뭇결이 선명하게 살아나 집이 더 아름다워진다.

그라인더 작업하기

그라인더는 전동 공구인 핸드그라인더를 말한다. 흙집을 지으려면 핸드그라인더 하나쯤은 구입하는 것이 좋다. 집을 짓는 동안 쓸모가 많고, 전원 생활을 하다가 생활용품을 만들거나 취미로 목각 등을 할 경우에도 요긴하게 쓰인다.

먼저 핸드그라인더용 사포를 단단히 끼우고 목천목이 흙벽과 평평

그라인더 작업하는
모습

해지도록 다듬는다. 벽 안쪽에 있는 나무는 모두 다듬는다. 그라인더 작업을 할 때는 반드시 방진 마스크와 보안경을 착용한다. 나무를 갈아내다 보면 방 안에 안개가 낀 것처럼 보일 정도로 먼지가 많이 나오기 때문이다. 건강하게 살고자 흙집을 짓는데, 흙집 짓는 과정에서 건강을 잃으면 소용없는 일 아니겠는가.

마스크를 쓰고 그라인더 작업을 하노라면 구경 온 심술 맞은 친구가 농담 삼아 한마디할 것이다.

"오래 살고 싶어 자기 몸 챙기기는….."

그럼 이렇게 대답하라.

"이 사람아, 오래 살고 싶어서가 아니라 사는 날까지 건강하게 살고 싶어서라네."

3. 목초액 뿌리기

그라인더로 목천목을 다듬었으면 그대로 두어도 상관이 없고, 보통은 여기서 일을 끝낸다. 하지만 자신의 집을 더 고급스럽고 깔끔하게 꾸미고 싶다면 목초액 작업을 해준다. 여기서 '깔끔하게'란 완벽하게 벌레가 생기지 않도록 한다는 의미다. 목천목에서 벌레가 생기는 경우는 거의 없지만, 목초액을 뿌리면 벌레가 생기는 것을 완벽하게 예방할 수 있다.

목초액을 화초용 분무기에 담아 목천목 단면에 대고 뿌린다. 나무가 다 말랐을 때 뿌려야 잘 스며들며, 목초액이 흘러내리지 않을 정도가 적당하다.

1) 목초액의 효능과 만드는 법

목초란 나무(木)로 만든 초(酢)다. 목초액의 주성분은 식초와 같은 초산으로, 나무를 태웠을 때 나오는 연기를 액화하여 만든 초산이라고 생각하면 된다. 목초액은 살균 작용을 해 민간 의료용 외에도 천연 농약으로 많이 사용되고 있다. 그리고 목초액에서 나는 특이한 냄새는 벌레, 쥐, 뱀 등이 아주 싫어하여 해충을 막는 데도 효과적이다.

목초액은 숯을 구울 때 나오는 연기를 액화시켜 얻는다. 하지만 일

목초액을 구입한 뒤
적당량으로 나누어
사용한다.

반인들이 숯을 굽기는 어려우므로 구들에 불을 땔 때 얻을 수 있다. 구들을 사용하는 굴뚝을 만들 때 굴뚝 아래 개자리 부분에 녹이 슬지 않는 재질로 된 통을 놓는다. 그러면 그 통에 목초액이 고인다. 이 통에 고무호스를 연결해도 되고, 통을 빼낼 수 있도록 굴뚝 옆면에 작은 문을 만들어도 된다. 하지만 목천목에 사용할 거라면 시중에 나와 있는 제품을 사서 쓰는 방법이 가장 편하다. 가격도 별로 비싸지 않다.

2) 목초액 외에 목천목 처리법

송진이 나오는 소나무 종류가 아닌 활엽수로 목천목을 했을 경우에 목초액 대신 식용유 묻힌 헝겊으로 문질러 마무리해도 된다. 이렇게 하면 나무가 깔끔해지고 모양도 아름다워진다. 이때 기름을 톡톡 치듯이 묻히지 말고 그릇 닦듯이 문지른다. 톡톡 치듯이 묻히면 기름이 많이 묻는 부분과 적게 묻는 부분이 있어 얼룩이 생기기 때문

헝겊에 콩기름을 묻혀 목천목에 골고루 문지른다.

이다.

참고로 문틀에도 동백기름이나 식용유를 묻힌 헝겊으로 문지르면 같은 효과를 낼 수 있다.

그밖에 목천목 마무리하는 방법

콩기름 먹이는 법
메주콩을 갈아서 무명에 싼 뒤 두드린다. 몇 번 해주면 커피 빛깔로 물이 든다.

고춧물 들이는 법
빨간 고추를 갈아서 무명에 싼 뒤 나무에 대고 두드린다. 그런 뒤 동백기름으로 닦아준다.

동백기름 먹이는 법
흙집을 짓고 1년이 지나면 목천목의 수분이 모두 빠져나간다. 이때 동백기름을 바른다. 나무에 수분이 있을 때 동백기름을 바르면 곰팡이가 생길 수 있기 때문이다. 동백기름 대신 토치램프로 그슬려도 된다. 식용유는 끈적거려 먼지가 달라붙는 단점이 있다.

4. 맥질하기

맥질은 벽을 매끄럽게 만든다는 점에서 현대 건축의 '미장'과 같은 일이다. 그라인더 작업이 끝나면 대망의 맥질 작업에 들어간다. 맥질을 다 배우면 목천흙집 짓는 기술을 반 정도 배웠다고 해도 과언이 아니다. 그만큼 힘들다. 하지만 맥질을 반드시 해야 하는 것은 아니다. 맥질은 건축, 즉 집을 세우는 작업이 아니라 집을 아름답게 꾸미는 작업이기 때문이다. 맥질을 안 해 크랙이 있어도 벽 속까지 갈라지지는 않으므로 흙집의 기능에는 상관이 없다. 다만 미관상 좋지 않을 뿐이다. 맥질을 한 집과 안 한 집은 사람 사는 집과 돼지우리만큼이나 다르다.

맥질은 집 짓는 과정에서 가장 힘든 일이라고 할 수 있다. 목천흙집 공정을 배운 교육생들에게 물어보면 대부분 가장 힘든 작업이 맥질이고, 다음이 '흙벽 쌓기'였다고 한다. 맥질이 힘든 것은 묵묵히 끈기 있게, 조곤조곤 수없이 손질을 해야 하는 정적인 작업이기 때문이다. 그래서 섬세한 여성들이 잘한다.

집을 짓다 보면 하루 종일 비가 내릴 때가 있다. 그런 날 부부가 집 안에서 도란도란 이야기를 나누며 맥질을 하다 보면 그보다 좋은 데이트가 없다. 비가 내리면 그렇지 않아도 낭만적 감상에 젖기 쉬운데 흙집 안에서 바라보는 바깥 풍경은 운치를 더하기에 충분하다. 이런

1. 목천목 주위, 나무
와 나무 사이, 문틀
과 서까래 연결 부위
등에 크랙이 많이 생
긴다. 2. 맥질은 섬
세하게 한다.

이유로 지붕에 방수포를 올린 뒤에는 비 올 때 집 안에서 할 수 있는
일을 남겨둔다. 데이트도 좋지만 날씨 때문에 쓸데없는 시간을 낭비
하지 않기 위해서다. 비 올 때 실내에서 할 수 있는 일은 맥질을 비롯
해 배선, 장판 깔기, 구들 놓기 등이 있다.

1) 맥질하는 방법

앞에서도 이야기했지만 목천흙집은 집이 완성되기까지 고생할 양
이 정해져 있다. 한 과정에서 요령을 부리고 대충 넘어가면 어느 과
정에선가 그만큼 고생을 더 해야 한다.

맥질도 마찬가지다. 흙벽 쌓을 때 부지런히 나무망치질을 한 사람
은 맥질을 아주 편하게 할 것이다. 그와 반대로 나무망치질을 게을리

1. 맥질할 때 사용하기 위해 간단히 만든 나무망치 2. 맥질할 흙 반죽을 만들 때 나무망치로 두드리면 반죽이 부드러워지고 속까지 골고루 반죽된다.

한 사람은 맥질을 아주 힘들게 해야 한다. 흙벽을 쌓을 때 나무망치질을 열심히 하면 크랙이 훨씬 덜 생기기 때문이다.

맥질을 해보면 알겠지만 흙벽에 생긴 크랙을 메우고 다듬는 일이 그리 만만치 않다. '흙 반죽하기'와 '흙벽 쌓기'에서 크랙이 생기지 않게 하는 방법을 강조한 것도 이 때문이다. 상기하는 의미에서 다시 한번 말하면, 흙 반죽이 너무 묽으면 흙벽 쌓는 일은 쉬울지 모르나 크랙이 많이 생긴다. 크랙은 건조 과정에서 수분이 빠져나간 양만큼 생기기 때문이다. 흙벽을 쌓아놓고 수분이 다 마르기 전에 틈틈이 나무망치질을 하면 크랙을 많이 줄일 수 있다.

맥질할 때는 반드시 장갑을 껴야 한다. 처음에는 모르는데 자꾸 벽을 문지르다 보면 손의 피부가 벗겨져 지문이 없어진다. 흙집을 다섯 채 이상 지을 계획이라면 장갑을 끼지 않는 것이 좋다. 그 정도 일을 하려면 손에 굳은살이 박여야 하므로, 처음부터 피부가 적응할 수 있도록 장갑을 벗고 한다.

맥질하기 전에 흙 반죽을 만들어놓아야 하는데, 반죽은 아이들이 미술시간에 쓰는 찰흙 정도면 된다. 맥질은 상황에 따라 조금씩 다른 방법으로 한다.

크랙이 큰 경우

크랙이 커서 손가락이 숭숭 들어갈 정도면 오히려 작업하기가 편하다. 먼저 붓으로 크랙 안쪽까지 물을 묻힌다. 초보자들은 저 안쪽까지 물을 묻히려고 얼굴이 벌게지도록 안간힘을 쓰는데, 그렇게까지 할 필요는 없고 적당한 깊이까지만 해주면 된다. 여러 번 이야기했지만 이렇게 물을 적시는 이유는 새로 붙이는 흙과 종전의 흙이 잘 붙도록, 즉 한살이가 되도록 하기 위해서다.

안쪽 벽에 물을 적신 뒤 판자 조각을 이용해 흙 반죽을 크랙 안쪽으로 꾹꾹 밀어넣는다. 크랙이 크면 흙을 크랙 안쪽까지 다 채워야한다. 판자 조각 등을 이용해 크랙 안쪽까지 흙을 꽉 채우지 않으면 새로 채운 흙이 마르고 난 뒤 그 자리에 또 크랙이 생긴다. 그러니 흙을 메우고 난 뒤에는 나무토막이나 붓 뒤로 꼭꼭 눌러 속까지 꽉 채운다.

크랙이 너무 커서 주먹이 들어갈 정도면 크랙 크기에 맞는 돌을 넣고 흙 반죽으로 메우면 일을 편하게 할 수 있다. 이렇게 해도 벽에 이상이 없다. 크랙 크기가 어중간할 경우, 예를 들어 손가락은 들어가는데 손은 안 들어갈 정도면 아예 구멍을 넓힌다. 판자조각이나 각목을 대고 망치로 때려 손이 들어갈 정도로 크랙을 넓힌 뒤 그 안에 흙 반죽을 밀어넣는다.

크랙을 흙 반죽으로 메우다 보면 안쪽까지 다 채워진 것 같다. 하지만 다시 한번 눌러보면 새로 채운 부분이 쏙 들어가는 경우가 많다. 이럴 때는 다시 한번 흙 반죽을 밀어넣어 속까지 잘 채운다. 크랙 안에 흙 반죽을 다 채우고 벽과 같이 판판해졌으면 새로 채운 흙 부위를 나무망치로 두드린 다음 물 묻힌 붓으로 매끈하게 다듬는다.

큰 크랙을 채웠을 때는 붓질을 하기 전에 붓 뒤로 한 번씩 긁어준다. 그러면 새로 채운 흙이 마를 때 생기는 미세한 크랙을 예방할수 있다. 손가락으로 긁어도 같은 효과가 나지만 손가락으로 자꾸 문지르다 보면 아프니까 붓 뒤로 긁거나 헤라의 손잡이로 밀어주면 편하다.

목천목 주위로 둥글게 생긴 크랙은 빙 둘러 흙 반죽을 채우고 꼼꼼히 눌러준 뒤 다듬는다. 이때 목천목에는 흙이 많이 묻지 않도록 주의한다. 물론 새로 바른 흙 표면을 다듬을 때도 붓에 물을 많이 묻히면 목천목으로 흘러내리므로 조심해야 한다.

맥질할 때와 흙칠(흙물 도배, 외벽 칠)할 때 목천목에 흙이 묻지 않도

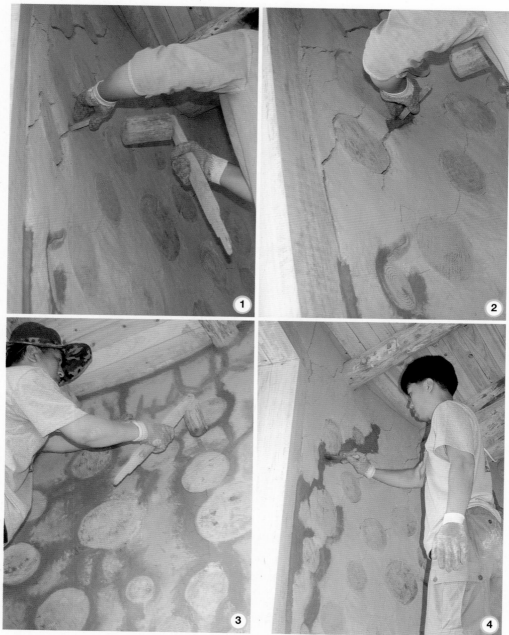

1. 크랙이 어중간할 경우 판자 조각을 대고 망치로 때려 구멍을 더 넓힌다. 2. 판자 조각을 이용해 크랙 안쪽까지 흙 반죽을 밀어넣는다. 3. 새로 흙 반죽을 채운 부분을 나무망치로 두드린다. 새로 크랙이 생기는 것을 막고, 흙이 안쪽까지 잘 채워지게 하는 효과가 있다. 4. 물 묻힌 붓으로 다듬는다.

목천목에 흙이 묻지
않도록 주위를 맥질
한다.

록 조심한다. 그라인더로 깨끗하게 다듬어놓은 나무에 흙이 묻으면
다시 사포로 문질러야 하기 때문이다. 하지만 외벽을 칠할 때는 목천
목에 흙이 묻어도 된다. 외벽의 목천목은 그냥 두어도 바람과 세월에
의해 저절로 깨끗해진다.

요점 정리

큰 크랙을 메우는 방법

1. 크랙 안쪽까지 붓으로 물을 묻힌다.
2. 판자 조각을 이용해 흙 반죽을 크랙 안쪽으로 꾹꾹 밀어넣는다.
3. 크랙이 크면 돌을 넣어도 된다.
4. 크랙 크기가 어중간하면 손이 들어갈 정도로 크랙을 넓힌 뒤 흙 반죽을
   채운다.
5. 새로 흙 반죽을 채운 부위를 나무망치로 두드린 뒤 물 묻힌 붓으로 다듬
   는다.
6. 목천목에는 흙이 묻지 않도록 한다.

미세한 크랙은 물 묻힌 붓으로 문지르거나 나무망치로 톡톡 두드리면 메워진다.

크랙이 작거나 실금인 경우

이때는 별로 할 일이 없다. 손가락이 안 들어갈 정도로 작은 크랙이면 구멍 속에 흙 반죽을 넣고 나무 꼬챙이나 판자 조각을 이용해 흙 반죽을 밀어넣은 뒤 손가락이나 붓 뒤로 한 번 긁어준다. 붓에 물을 묻혀 매끄럽게 다듬으면 마무리된다.

크랙이 실금인 경우에는 그냥 두었다가 흙물 도배할 때 흙물로 메운다.

공통점

큰 크랙이든 작은 크랙이든 맥질을 할 때는 먼저 흙벽에 물을 발라야 새로 붙이는 흙이 종전의 흙과 잘 붙는다. 또 새로운 흙을 많이 붙인 곳은 표면을 나무망치로 잘 두드려야 다시 크랙이 생기는 것을 방지할 수 있다. 나무망치로 두드리면 새로 붙인 흙과 종전의 흙이 훨씬 더 잘 붙는다. 나무망치질을 하지 않으면 흙이 말랐을 때 다시 떨어지는 경우도 생긴다.

붓에 물을 묻혀 살짝 턴 다음 칠한다. 그렇지 않으면 물이 흘러내려 목천목에 흙물이 묻는다. 크든 작든 맥질을 한 뒤에는 새로 붙인 흙에 실금이 생긴다. 이런 실금은 붓질을 한 번 하고 장갑 낀 손가락으로 문지르거나 붓 뒤로 긁어주면 없어진다. 붓 뒤로 한 번 긁어서 마무리하는 것이 맥질을 예쁘게 하는 방법이다.

하지만 붓 뒤나 손가락으로 마무리해도 새로 넣은 흙 반죽이 마르면서 미세한 크랙이 생긴다. 흙이 완전히 마르기 전이라면, 실금이 눈에 띌 때마다 붓 뒤나 헤라의 손잡이로 한 번씩 긁어준다. 흙이 완전히 마른 뒤라면 붓으로 물을 칠한 뒤 흙 반죽을 그 위에 대고 문지르면 된다. 미세한 크랙은 신경 쓰지 않아도 흙물 도배를 할 때 대부분 메워진다.

맥질한 부분을 다음날 보면 갈라지는 경우가 있는데, 크랙이 커서 새로운 흙 반죽을 많이 붙인 곳은 시간을 내어 다음날 나무망치로 톡톡 두드려야 한다. 다 마른 다음에 두드리면 가루가 되어 흙이 깨진다.

맥질이 크랙을 메우는 작업만을 뜻하지는 않는다. 다른 곳보다 보

1. 맥질하기 전에는 흙벽에 붓으로 물을 묻힌다. 2. 붓 뒤로 긁는 모습

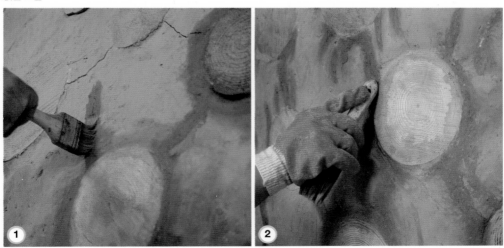

기 싫게 튀어나온 흙벽이 있으면 망치와 헤라를 이용해 그 부분의 흙벽을 긁어 평평하게 해주는 일도 맥질에 포함된다.

맥질 작업을 할 때는 가끔 벽 전체를 손으로 쓱쓱 훑어서 벽에 묻은 먼지를 털어준다. 맥질을 하기 전에 그라인더로 목천목을 다듬어 벽에는 나무 가루가 많이 붙어 있기 때문이다. 이는 벽에 물칠을 할 때나 흙물 도배를 할 때 작업을 쉽게 하기 위함이다.

요점 정리

1. 크랙이 있는 곳의 흙벽에 물을 바른다.
2. 흙 반죽을 새로 많이 붙인 곳은 나무망치로 잘 두드린다.
3. 붓질은 물을 묻히고 살짝 턴 다음 한다.
4. 새로 생긴 실금은 붓질을 한 후 장갑 낀 손가락으로 문지른다.
5. 미세한 크랙은 흙물 도배할 때 메운다.
6. 흙벽에 묻은 먼지를 털어준다.

2) 외벽 맥질

내벽에 크랙이 있다면 외벽에도 있을 것이다. 외벽도 맥질을 해야 한다. 이때 힘 빠진 얼굴로 되묻는 사람이 있을 것이다.

"어휴, 내벽도 힘들었는데 외벽까지 전부 다 해요?"

쩍쩍 금이 간 집에서 살고 싶지 않으면 해야 한다. 하지만 외벽은 내벽만큼 꼼꼼하게 하지 않아도 된다. 붓으로 물을 칠하고 흙 반죽으로 크랙을 메운 뒤 나무망치로 두드리는 모든 공정은 내벽 맥질과 같다. 하지만 내벽처럼 매끈하게 할 필요는 없다. 목천목이 삐죽삐죽 튀어나와 있으므로 매끈하게 하기도 어렵다.

외벽에 크랙이 별로 없으면 외벽 칠과 맥질을 함께 한다. 하지만 크랙이 많으면 맥질을 먼저 하고 외벽 칠을 하는 것이 효과적이다.

맥질하는 방법은 위에서 설명한 것과 동일하며, 흙 반죽으로 크랙을 메우고 그 부분을 평평하게 해주는 정도면 된다. 또 크랙이 커서 속이 들여다보이거나 주먹이 들락거릴 정도면 크랙 크기에 맞는 돌을 넣고 흙 반죽으로 메운다.

목천흙집은 기술이 조금 모자라도 정성이 있으면 만들 수 있다. 외벽 맥질을 좀더 정성 들여 깨끗하게 하면 집은 그만큼 아름다워진다.

이렇게 맥질까지 하면 흙집 짓는 일의 반이 끝난다.

필자는 맥질을 설명할 때마다 옛일이 떠올라 슬며시 웃음이 난다. 흙집 짓는 정성을 본받으라는 의미에서 간단히 소개한다.

옛날 P라는 교육생이 있었다. 한 달 동안 고생한 뒤 수료식을 마쳤다. 인사를 나누고 모두 떠난 마당에는 따사로운 햇살만 가득했다. 그럴 때마다 필자는 두 가지 진한 감정을 경험한다. 하나는 오랜만에 느끼는 해방감이고, 다른 하나는 정들었던 사람들이 떠난 뒤에 오는 허전함이다.

해방감과 허전함에 멍하니 툇마루에 앉아 있는데, P가 헐레벌떡 뛰어 올라왔다.

"왜, 무슨 일 있어?"

필자의 물음에 P는 멋쩍은 듯 씩 웃더니 자기가 한 달 동안 배우면서 지은 흙집 쪽으로 올라갔다. '뭘 놔두고 갔나 보군' 하는 생각에 별 신경을 안 썼는데, 이 친구가 한 시간이 되도록 내려오지 않았다.

기다리다 무슨 일인가 싶어 천천히 올라가봤더니 아, 글쎄 이 친구가 흙 반죽을 들고 맥질을 하고 있었다.

"지금 뭐 하니?"

"가다가 생각하니까 안 한 부분이 있어서요, 이제 다 됐어요."

그러더니 물에 손을 씻고 꾸벅 인사를 했다.

"그만 갈게요. 안녕히 계세요."

1. 외벽과 판재가 맞
닿는 부분의 크랙도
맥질을 해야 한다.
2. 맥질이 다 된 흙벽

차 시간에 늦지 않으려고 올라올 때처럼 헐레벌떡 뛰어가는 그 친
구의 뒷모습이 어찌나 예쁘던지…. 필자는 날이 어두워질 때까지 가
슴에서 올라오는 뜨거움을 느끼며 툇마루에 앉아 흥얼거렸다.

아, 행복해라.

가르치는 기쁨이여.

누군가에게 무언가를 줄 수 있도록 해준 하늘이여.

축복받으소서. 듬뿍듬뿍 많이많이 받으소서.

5. 아궁이 만들기

1) 아궁이의 종류

아궁이는 필요할 수도 있고, 그렇지 않을 수도 있다. 도시 근교라면 땔감 구하기가 어렵기 때문에 아궁이보다 보일러가 낫고, 시골이라면 아궁이가 여러모로 유리하다. 건강에도 좋고, 땔감도 쉽게 구할수 있어 연료비도 절감된다. 아궁이와 보일러를 혼합하여 시공해도된다. 선택은 각자가 할 일이지만 아궁이와 구들 놓는 기술은 알아두기 바란다. 다 쓸 곳이 생기고, 또 알면서 안 하는 것과 몰라서 못 하는 것은 다르기 때문이다.

1. 솥을 올린 아궁이
2. 군불을 지피는 함실아궁이

318

아궁이를 만들 때는 반드시 구들과 같이 생각해야 한다. 구들 없는 아궁이는 있을 수 없기 때문이다. 아궁이에는 두 가지 종류가 있다. 하나는 아궁이 위에 솥을 올려 음식을 만들며 난방을 할 수 있는 방식으로, 우리 전통 부엌에 있는 아궁이를 말한다. 다른 하나는 오직 난방만을 위해 군불을 지피는 방식으로, '함실아궁이'라고 한다.

이 둘을 만드는 방법은 별 다를 게 없다. 함실아궁이 위에 있는 돌을 들어내고 솥만 걸면 음식을 만들 수 있기 때문이다. 여기서는 가장 쉬운 함실아궁이만 설명하겠다. 이 기초적인 방법만 알면 어떤 아궁이든 응용해서 만들 수 있다.

2) 아궁이 만들기

기초 돌을 놓을 때 아궁이 자리에 구멍을 뚫어놓았다.

아궁이를 만들 때는 깊이 약 10cm, 너비 20~30cm 크기의 구덩이를 판다. 그리고 양쪽에 자신이 원하는 아궁이 높이만큼 반듯한 돌을 세운다. 양쪽 옆에 세우는 돌 사이에 틈새가 있으면 적당한 크기의 돌을 채우고 돌 틈은 흙 반죽으로 메운다.

다음에는 양쪽에 세운 돌 위에 걸치도록 넓적한 돌을 올려 틈을 흙 반죽으로 메운다. 그런 뒤 흙을 덮어 예쁘게 모양을 만들면 아궁이 작업은 끝난다.

여기까지가 목천흙집에서 아궁이 만드는 기술이다. 이렇게 설명하면 웃음기 머금은 얼굴로 헛숨을 내쉬는 독자가 있을 것이다.

"애걔, 이게 다예요? 난 또 뭐 큰 기술이나 필요한 줄 알았네."

그렇다. 이게 전부다. 하지만 이렇게 간단한 아궁이를 만들 수 있는 건 목천흙집뿐이다. 다른 곳에서 이렇게 만들면 아궁이 구실을 못한다. 우리 전통 아궁이를 만드는 기술은 그렇게 간단하지 않다. 불

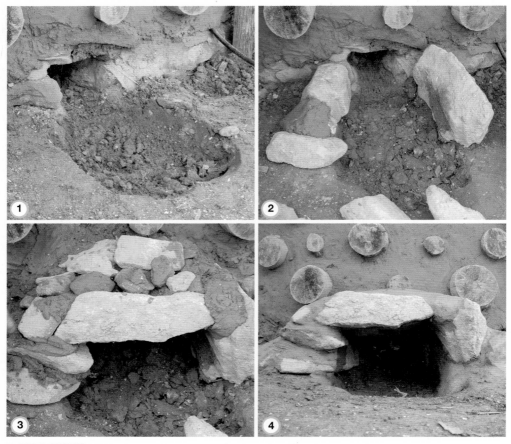

1. 아궁이 구덩이를 판다. 2. 양쪽 기둥 돌을 세운다. 3. 기둥 돌에 널찍한 돌을 올리고 돌 사이를 작은 돌로 채운다. 4. 완성된 아궁이 모습

이 들어가는 각도, 밑바닥의 경사, 바람의 방향, 아궁이의 깊이 등을 고려해야 하고, 이맛돌도 필요하다. 이맛돌은 연기가 아궁이 안에서 한 바퀴 돈 뒤 구들로 들어가 굴뚝으로 나가게 하는 역할을 한다. 이처럼 복잡한 일을 현대인에게 시키면 처음부터 아예 포기할 것이다.

필자도 처음에는 아궁이 때문에 고민을 많이 했다. 하지만 뾰족한 방법이 없었다. 아궁이를 만들고 불을 지피면 연기가 밖으로 나오고, 불을 때도 방은 차가웠다. 그래서 고민 끝에 생각해낸 것이 아궁이, 구들, 굴뚝으로 이어지는 방법이다.

구들이나 굴뚝을 만들 때 다시 설명하겠지만 목천흙집의 아궁이를 이처럼 간단하고 쉽게 만들 수 있는 것은 배출기를 이용한 강제 순환 방식을 택하고 있기 때문이다. 현재 우리나라 어디나 전기가 들어가는 점에 착안, 옛날 연탄 난방 하던 시대에 썼던 배출기를 흙집 난방에 채용했다. 이런 특이한 방식 때문에 목천흙집에서 아궁이를 만들 때는 복잡하게 계산할 필요 없이 보기 좋게, 편하게 만들면 된다.

여러분은 간단하게 배우지만 이 방법을 개발하기까지 수많은 시행착오가 있었음을 알아주기 바란다.

요점 정리

아궁이 만드는 순서

1. 깊이 10cm, 너비 20~30cm 크기의 구덩이를 판다.
2. 양쪽에 아궁이 높이에 맞춰 반듯한 돌을 세운다.
3. 양쪽 돌 위에 넓적한 돌을 올리고 돌 사이를 작은 돌로 채운 뒤 흙 반죽으로 고정시킨다.
4. 흙 반죽으로 덮어 모양을 만든다.

6. 구들 놓기

1) 전통 구들과 목천 구들의 다른 점

우리 일상생활을 요모조모 살펴보면 선조들의 지혜에 놀랄 때가 많다. 구들이 세계에서 가장 뛰어난 난방 기술이라는 것은 다 알려진 사실이다. 서구의 어느 약삭빠른 사람이 이 구들을 응용한 난방 기술을 특허 내서 행세깨나 하는 것으로 알고 있다. 남의 것 좋은 줄 알고 따라 하지 말고 이제는 제발 우리 것 소중한 줄 알았으면 좋겠다. 우리 것을 계승·발전시키지는 못할망정 도둑맞아서야 되겠나.

옛날 구들 놓는 기술자들은 일이 들어오면 밤에 몰래 만들 정도로 그 비법을 중히 여겼다고 한다. 그만큼 전통 구들 놓기는 오랜 경험과 기술이 필요해 배우기도 쉽지 않거니와 일반인들이 어설프게 만들었다가는 불 땔 때마다 연기를 들이마셔야 하고, 불 땐 효과도 못 보기 십상이다.

지금부터 배우는 방법은 전통 구들 놓는 법과 다르다. 필자가 개발한 구들 놓는 법은 전통 구들에서 장점은 취하고 단점을 보완해 누구나 쉽게 시공할 수 있다. 가장 큰 특징은 전통 구들이 자연 순환식이라면, 목천 구들은 강제 순환식이라는 점이다. 강제 순환을 위해 목천 구들에서는 굴뚝에 배출기를 설치한다. 이 배출기를 이용해 아궁이에서 생긴 연기와 열기를 굴뚝에서 빨아들이는 방식이다. 이런 방법으로 시공의 편리함은 물론 전통 구들의 여러 가지 단점을 보완할 수 있었다.

구들은 여름에 불을 들이지 않기 때문에 습해진다. 습기를 없애려면 불을 지펴야 하는데 더운 여름에 이 또한 고역이다. 목천 구들은 여름에 가끔 배출기만 돌려주면 구들 안에 있는 습기가 모두 빨려 올라간다. 흙집 기초를 다질 때 바닥을 시멘트나 석회로 다듬지 않아도 된다고 한 것도 이 때문이다. 또 전통 구들은 3년에 한 번씩 구들 안에 쌓인 분진을 긁어내야 한다. 하지만 목천 구들은 배출기의 힘으로 빨아들이기 때문에 분진이 아예 생기지 않는다.

목천 구들은 시공이 간편하다. 한 번 설명을 듣거나, 시공하는 모습만 보면 누구나 놓을 수 있다. 또 목천 구들은 전통 구들에 비해 고루 따뜻해지고, 불길을 길게 해 열효율이 높다. 이때쯤 생각 많은 독자가 대뜸 물을 것이다.

"전기세는요?"

한 달 내내 작동시켜도 고작 천원 정도 나오니 이 또한 걱정할 필요 없다. 단, 목천 구들을 놓을 때 아궁이에서 구들을 지나 굴뚝의 배출기에 이르기까지 긴 터널, 즉 불길(고래)에 공기가 새는 부분이 없도록 해야 한다. 그래야 열효율을 최대로 높일 수 있다. 그렇다고 열기가 지나는 곳에 방수액을 발라 꽁꽁 여미라는 얘기가 아니다. 구멍이 뚫리지 않은 정도면 된다.

2) 목천 구들 만들기

목천 구들을 만들 때는 전통 구들 놓는 방법에 대한 지식은 일단 접고 필자가 하라는 대로만 한다. 필자가 알려주는 방법대로 해보고 이 방법이 어렵다거나 마음에 안 들면 그때 자신이 좋아하는 방식으

1. 바닥을 평평하게 고르고 벽 쪽에 돌을 놓은 뒤 흙 반죽으로 고정시킨다. 2. 자연석으로 만든 불길

로 해도 무방하다.

구들 놓기 전에 바닥을 평평하게 만들어야 한다. 삽이나 곡괭이 등을 이용해 바닥을 평평하게 고른 뒤 그 위를 잘 밟아준다. 처음 기초 놓기 전에 바닥을 다듬었기 때문에 다시 할 필요는 없지만, 발로 밟아봐서 혹시 약한 부분이 있으면 다시 한번 다진다. 전통 구들에서는 바닥에 회를 뿌려 다지기도 했지만 목천흙집에서는 굳이 그렇게까지 할 필요는 없다.

불길 만들기

전통 구들에서는 불길을 '고래'라고 한다. 불길은 될 수 있으면 열기가 먼 거리로 돌아가게 만들어야 한다. 그래야 열이 품고 있는 기운을 좀더 오랫동안 효율적으로 구들장에 전달하여 난방 효과를 높일 수 있다.

바닥을 평평하게 만들었으면 그 위에 받침대로 쓸 재료를 놓는다. 이 받침대는 구들을 받치고 불길을 만들어주는 역할을 한다. 받침대로 사용하는 재료는 열에 잘 견디고 방바닥 하중을 견딜 수 있는 것이면 무엇이나 상관없다.

가장 좋은 받침대 재료는 돌이다. 돌을 구하기 어려우면 흙벽돌이나 시멘트 벽돌을 사용해도 무방하다. 먼저 받침돌을 기초 돌 놓은 흙벽에 줄줄이 놓고 흙 반죽으로 고정시킨다. 기초 돌 사이로 공기가 새는 것을 막고 흙벽도 보호하기 위해서다.

다음에는 벽에서 20cm 정도 떼어 받침돌을 놓아 불길을 만든다. 불길 폭이 20cm보다 넓으면 구들돌도 더 넓은 것이 필요하므로 이 정도만 해준다. 벽 쪽으로 불길을 만든 뒤 중간중간에 방 안쪽으로 열기가 들어갈 수 있도록 통로를 열어준다. 이 통로는 5~10cm가 적당하다. 이 통로를 통해 열기가 다른 쪽으로도 드나든다.

불길은 아궁이에서 양쪽 혹은 한쪽으로 돌아가게 만들어야 열효율을 최대로 높일 수 있다. 전통 구들은 자연 순환식이기 때문에 직선으로 가야 연기가 잘 빠지지만, 목천 구들은 강제 순환식이기 때문에 불길을 옆으로 돌려도 배출기의 힘으로 연기가 잘 빠진다. 이 방법 또한 전통 구들과 완전히 다른 목천 구들의 특징이다.

아궁이에서 방 쪽으로 들어가는 정면을 막아 불길을 양쪽이나 한쪽으로 돌리는 역할을 하는 받침돌은 아궁이에서 직접 열을 받기 때문에 반드시 단단한 자연석으로 놓아야 한다.

여기까지 하면 불길 만들기는 끝났다.

받침돌은 위에 구들장을 올릴 것이기 때문에 평평한 면이 위쪽으로 가게 놓는다. 그리고 돌 사이를 흙 반죽으로 발라 고정시킨다. 이때 중간중간에 돌 간격을 떼어놓아야 열기가 방 전체에 골고루 퍼진다. 여기까지 하고 받침돌 위에 구들장을 올린다.

받침돌로 가장 좋은 재료는 반듯한 돌이지만, 요즘은 돌 구하기가 어려우므로 시멘트 블록을 사용해도 된다. 시멘트가 몸에 안 좋긴 하지만 시멘트 블록은 받침대로 사용하기 때문에 직접 사람 몸에 닿지도 않고, 또 세 번 정도만 불을 때면 시멘트의 독성은 다 빠진다. 시멘트 블록을 받침돌로 사용할 때는 블록에 나 있는 구멍이 땅 쪽으로 가도록 해야 강도면에서 더 유리하다.

돌 구하기도 어렵고 시멘트 블록도 맘에 안 든다면 흙벽돌을 만들어 사용한다. 시간과 힘은 들지만 그러는 편이 훨씬 좋다. 돌만은 못하지만 강도면에서도 문제 될 정도는 아니다.

요점 정리

1. 받침돌을 벽에 둘러 세운 뒤 흙 반죽으로 고정시킨다.
2. 20cm 정도 폭으로 불길을 낸다.
3. 불길을 만든 뒤 중간중간에 방 가운데 쪽으로 열기가 들어갈 수 있도록 5~10cm 폭의 통로를 열어준다.

구들 바닥 처리

전통 구들에서 바닥에 회를 뿌려 다지는 것은 바닥을 단단하게 하고, 땅바닥에 열기를 빼앗기지 않으려 함이다. 엄밀히 말해 바닥으로 빼앗기는 열기는 무시해도 좋을 정도지만, 구들 받침대를 놓은 뒤 불길을 따라 회 대신 약간 굵은 모래를 뿌려주면 바닥으로 빼앗기는 열기를 막을 수 있다. 미세한 모래는 배출기의 힘에 의해 굴뚝 쪽으로 쏠릴 수 있으므로 조금 굵은 모래를 사용한다.

아궁이 앞 아랫목에는 좀 두꺼운 구들돌을 놓는다.

4. 불길은 아궁이에서 양쪽 혹은 한쪽으로 가게 만들어 불길을 길게 한다.

5. 아궁이에서 불길로 들어가는 정면에 단단한 자연석을 놓는다.

6. 받침돌의 평평한 면이 위쪽으로 가게 놓는다.

7. 시멘트 블록을 받침대로 사용할 때는 블록에 난 구멍이 땅 쪽으로 가도록 한다.

구들돌 놓기

구들돌은 판판하고 두께가 3~7cm 되는 돌을 사용한다. 옛날에는 구들돌을 만들어 파는 곳도 있었고, 동네 사람들끼리 공동으로 구해서 사용하기도 했지만 지금은 구들 만드는 곳이 없다 보니 구들돌 구하기가 어렵다. 또 환경법이 강화되어 아무 데서나 돌을 채취할 수도 없다. 그러니 채석장, 비석이나 석물 가공하는 곳에서 가공하고 남은 돌을 구해 사용하는 방법이 가장 좋다. 시골집을 부술 때 나오는 구들돌을 구하는 방법도 있다.

    이때 열을 많이 받는 아랫목에는 두꺼운 돌을 놓고, 윗목에는 상대적으로 얇은 돌을 놓는다. 돌을 놓고 고정시킨 다음 틈새는 흙 반죽으로 메운다.

보도 블록을 사용한 구들	마땅한 돌을 구하지 못했을 경우에는 보도블록을 사용한다. 보도블록은 30×30cm 크기로 아주 강하게 만들었기 때문에 구들돌 대신 사용할 수 있다. 보도블록으로 방바닥 전체를 촘촘히 덮고 블록 사이를 흙 반죽으로 메운다. 다만 보도블록은 시멘트이기 때문에 사람이 들어가서 살기 전에 세 번 이상 불을 때 시멘트의 독성을 빼준다. 시멘트는 80℃ 이상의 열을 일정 시간 가하면 독성이 빠진다. 강도가 약해지기는 하지만 방바닥에 이상을 줄 정도는 아니다.

7. 방 덮기

　여기서는 방바닥 공사를 흙 마감과 보일러 마감 두 가지로 나눠서 살펴보겠다. 이중에서 보일러 마감은 다시 두 가지로 나뉜다. 하나는 구들과 보일러를 함께 만드는 방법이고, 다른 하나는 순수하게 보일러만 놓는 방법이다.

1) 흙으로 방 덮기

　구들돌을 놓고 그 위에 수분 30% 정도 되는 흙을 깐 다음 숯을 깐다. 가장 좋은 숯은 강원도에서 나오는 참숯이지만 주위에서 쉽게 구할 수 있는 숯을 사용해도 된다. 숯 한 가마(20kg)에 5천원 정도 한다. 2~3평 크기의 방에 필요한 숯은 두 가마 정도다. 숯을 망치로 부숴 구들돌 위에 평평하게 깐다.

　숯을 깐 다음에는 왕소금을 깐다. 소금을 깔아주는 이유는 첫째, 흰개미나 해충이 발생하는 것을 막기 위해서다. 둘째, 소금이 열을 받으면 오존을 발생시켜 건강에 좋기 때문이다. 5평 크기의 방에 소금 1포 정도가 필요하다. 소금은 휘휘 뿌려주는 정도면 된다.

　여기까지 한 뒤에 집주인의 취향에 따라 다른 첨가물을 더 올릴 수도 있다. 예를 들면 솔잎이나 은행잎, 혹은 옥가루나 맥반석, 운모 등

을 뿌리거나 덮으면 된다. 그리고 그 위에 마른 흙을 덮는다. 이때 마른 흙이란 땅 표면을 걷어내고 파낸 정도의 흙을 말한다. 이 흙을 3~5cm 두께로 깔고 삽이나 판자 등을 이용해 평평하게 해준다. 방바닥을 평평하게 할 때는 이 흙으로 수평을 맞춘다. 평탄 작업을 한 뒤에 고무신을 신고 보리밭 밟듯이 잘 밟는다.

"왜 하필 고무신이에요? 요즘 구하기도 힘든데…"

이런 질문이 나올 줄 알았다. 다른 신발은 밑창이 울퉁불퉁해서 자국이 많이 생기지만, 고무신은 바닥이 매끈해서 요긴하게 사용할 수 있다. 또 흙집을 지을 때는 고무신이 의외로 편하다. 흙이 잘 안 묻는 데다 설사 묻었다 해도 물로 헹구면 된다.

바닥에 깐 흙을 잘 밟았으면 이제 미장을 한다. 미장은 바닥 흙을 매끈하게 다듬는 작업으로, 흙손을 이용하면 된다. 하지만 처음 하는 사람에게는 쉬운 일이 아니다. 미장 일을 처음 하는 사람은 흙손을 사용하기가 쉽지 않다. 흙바닥이 젖을 정도로 물을 뿌리고 옹기(항아리), 옴폭한 밥그릇, 소주병 등으로 흙바닥을 문지르면 아주 매끄럽게 미장이 된다. 여기까지가 흙으로 방바닥을 하는 방법이다.

그런데 아직 끝나지 않았다. 이렇게 흙으로 바닥을 하고 건조되거나 불을 지피면 반드시 거북 등딱지처럼 크랙이 생긴다. 이때 마른 흙을 바닥에 뿌리고 문지르면 크랙이 생긴 부위에 흙이 들어가 메워진다. 그러면 밟아 평평하게 만든 다음 방이 식으면 다시 불을 지핀다. 그러면 또 크랙이 생긴다. 물론 이때 생기는 크랙은 처음보다 훨씬 작다. 다시 마른 흙을 뿌리고 문지른다. 이렇게 반복하면 더 이상 크랙이 생기지 않는다.

마지막으로 바닥에 우뭇가사리나 느릅나무 물 등으로 흙물 도배를 하고 장판을 깔면 사람이 살 수 있는 방이 된다. 장판 까는 방법에도 여러 가지가 있으니 이 방법은 따로 설명하겠다.

요점 정리

방 덮는 순서

1. 구들 위에 수분 30% 정도 되는 흙을 깐 다음 망치로 부순 숯을 깐다.
2. 왕소금을 평평하게 뿌린다.
3. 마른 흙을 3~5cm 두께로 깔고 평탄 작업을 한다.

4. 고무신을 신고 밟는다.

5. 흙바닥에 물을 뿌리고 소주병 등으로 문질러 미장한다.

6. 불을 지핀 후에 생기는 크랙은 마른 흙을 뿌려서 메우는 작업을 몇 번 반복한다.

2) 보일러 놓는 방법

흙집에서 보일러를 놓는 방법은 일반 보일러 놓는 법과 같다. 구들돌과 흙으로 바닥을 덮은 뒤 그 위에 보일러 파이프를 놓고 흙으로 덮는 과정은 똑같다. 엄밀하게 말해 흙집에서 보일러 놓는 방법은 보일러 파이프를 어떻게 까는가 하는 문제다. 그외에 보일러와 파이프를 연결하는 일 등은 모두 보일러 시공하는 사람들이 해준다. 물론 자신이 직접 해도 된다. 보일러 놓는 방법은 그리 어렵지 않다. 보일러 재료를 살 때 가게 주인에게 물어보거나 안내 책자를 보면 아주 자세하게 나와 있다.

보일러 연료는 기름이나 가스, 연탄 중에서 집주인이 결정하면 된다. 어떤 방식으로 하든 보일러 파이프에 연결하는 방법은 똑같다.

보일러만 놓을 때

현대 건축에서 보일러 놓는 방법과 같다. 다만 목천흙집에서는 보일러 파이프를 놓은 후 곧바로 흙을 덮지 않는다. 흙을 덮기 전에 보일러 파이프 사이를 숯과 소금으로 채운다. 숯을 부숴 파이프 사이에 넣고 평평하게 만든 다음 그 위에 소금을 뿌리면 된다. 여기에 마른 흙을 덮고 고무신으로 밟는다. 그리고 크랙이 생기면 다시 마른 흙으로 문지르는 작업을 반복해 더 이상 크랙이 생기지 않으면 장판을 깐다.

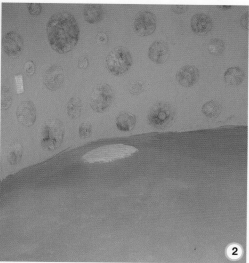

1. 방바닥에 철망을 놓고 보일러 파이프를 묶어 고정시킨 다음 숯과 소금을 섞어 덮는 모습 2. 방바닥을 흙으로 미장한 모습

　이때 주의할 점이 있다. 보일러만 깔 경우 플라스틱 파이프로 해도 된다고 했다. 그런데 플라스틱은 열이 가해지면 휘어 덮은 흙 위로 올라오는 경우가 있으므로 파이프를 잘 묶어 휘는 것을 방지해야 한다. 그래서 파이프를 깔기 전에 바닥에 철망을 깔기도 한다. 이 철망과 파이프를 가는 철사로 튼튼하게 묶어주기 위함이다.

　보일러만 놓든, 구들과 보일러를 함께 놓든 흙집에서 보일러를 시공할 때는 위와 같은 방법으로 한다.

요점 정리

1. 보일러 파이프를 놓고 흙을 덮기 전에 파이프 사이를 잘게 부순 숯과 소금으로 채운다.
2. 마른 흙을 덮고 고무신으로 밟는다.
3. 크랙이 생기면 마른 흙으로 문지르기를 반복해 더 이상 크랙이 생기지 않으면 장판을 깐다.

보일러와 구들을 함께 놓을 때

앞에서 말한 것처럼 구들을 놓고 흙을 1~2cm 두께로 덮는다. 그 위에 보일러 시공용 은박지를 깔고 보일러 파이프를 시공하면 된다.

단, 구들 겸용 보일러를 놓을 때는 플라스틱 파이프를 사용하지 않는다. 보일러만 놓을 경우에는 온수가 아무리 뜨거워도 70℃ 정도지만, 구들인 경우에는 구들돌의 온도가 100℃를 넘어간다. 이 경우 플라스틱 파이프는 녹을 염려가 있다. 물론 파이프 안에 물이 있어 녹지는 않지만 물을 빼놓는 경우 녹을 가능성이 충분하다. 그래서 보일러와 구들 겸용으로 할 때는 동파이프를 사용한다. 불을 지폈을 때 열을 가장 많이 받는 아랫목 쪽에는 보일러 파이프를 놓지 않는 것도 이 때문이다.

요점 정리

1. 구들을 놓고 흙을 1~2cm 두께로 덮은 다음 은박지를 깔고 보일러 파이프를 시공한다.
2. 구들 겸용으로 보일러를 놓을 때는 플라스틱 파이프를 사용하지 않는다.

3) 장판 깔기

현재 거의 모든 주택에서는 편리한 비닐 장판을 사용한다. 하지만 흙집에서는 비닐 장판을 깔지 않는다. 비자연적인데다 공기가 통하지 않아 흙으로 마무리해놓은 방바닥에 습기가 생길 수 있기 때문이다. 소금과 숯을 깔았지만 습기가 많이 생기면 곰팡이도 핀다. 특히 보일러 시공을 한 경우에는 비닐 장판을 깔지 않는다. 보일러를 작동하면 뜨거운 파이프와 차가운 흙 사이에 수분이 발생하여 결로 현상이 생기는데, 이때 비닐 장판이 공기를 차단하면 흙이 물에 젖어 방바닥 역할을 못한다. 어쩔 수 없이 비닐 장판을 사용해야 할 경우라면 바늘이나 송곳으로 군데군데 구멍을 뚫어주면 습기를 조금 예방할 수 있다. 흙과 소금과 숯을 섞어서 마무리한 방이라면 돗자리가 잘 어울린다. 소금에서 좋은 기운이 나오며, 숯이 냄새를 없애고 습도를 조절하기 때문이다.

돗자리, 한지, 멍석, 기름종이 등 장판으로 사용 가능한 여러 가지 재료가 있으니 이 또한 집주인의 취향에 따라 선택한다. 여기서는 종전에 많이 사용하는 장판 까는 방법에 대해 설명하고, 덧붙여 필자가 해본 한 가지 방법을 소개하겠다.

흙바닥 자체를 그대로 사용하는 방법

이 방법은 장판을 따로 깔지 않고 흙바닥 자체를 방바닥으로 사용하는 방법이다.

"예? 흙이 묻어나는 곳에 이불을 깔라구요?"

물론 그럴 수는 없다. 그렇게 했다가는 매일매일 이불 빨래하느라 정신없을 것이다.

흙바닥을 그대로 사용할 경우에는 흙물 도배할 때 사용하는 우뭇가사리, 도박이나 느릅나무 삶은 물 혹은 찹쌀풀로 황토를 반죽해서 방바닥을 미장한다. 황토를 사용하면 60℃ 이상으로 가열했을 때 원적외선을 방출하여 인체에 좋다.

흙 반죽을 이용해 방바닥을 일정한 두께로 미장하고, 흙이 마르면 콩기름이나 들기름을 바른다. 물에 불린 콩을 찧어 헝겊에 싼 다음 방바닥 흙 위에 문지르면 되는데, 이때 두드리지 말고 문질러야 기름이 한 곳에 머물지 않고 골고루 잘 스며든다. 이렇게 해놓으면 방바닥 흙이 갈라지거나 흙먼지가 묻어나지 않는다.

돗자리를 방 형태에
맞춰 자르고 글루건
으로 붙인다.

돗자리나 멍석을 까는 방법

흙바닥 자체를 방바닥으로 사용할 때 위에 덮는 재료다. 돗자리를
방의 형태(원형)에 맞춰 자른 뒤 깐다. 접착제를 이용해 돗자리끼리
서로 붙여주고 방바닥과도 잘 붙인다.

멍석도 방의 형태에 맞춰 자른 뒤 깐다. 다만 멍석은 접착제로 붙
지 않기 때문에 군데군데 작은 못을 박아준다. 못을 박을 때는 보일
러 파이프에 구멍을 내지 않도록 특히 조심해야 한다. 멍석은 무거우
므로 못을 박지 않아도 무방하다.

돗자리나 멍석 등으로 깔 때는 벽과 방바닥이 연결되는 부위에 굵
은 밧줄을 빙 둘러 마무리한다. 밧줄을 고정시킬 때는 군데군데 못을
박는다.

한지나 기름종이를 까는 방법

한지나 기름종이는 방바닥의 수분이 모두 마른 뒤에 깐다. 한지를 방바닥에 붙인 뒤, 풀이 모두 마르면 콩기름이나 들기름을 3~5회 바른다. 콩기름 바르는 방법은 위에서 설명한 것과 같다.

그밖에 방법

필자가 해본 '솔방울 장판'을 소개한다.

솔방울이 연한 봄에 많이 모아둔다. 솔방울을 황토와 섞어 방바닥에 깔고 군불을 때면 송진이 나와 흙 속으로 들어간다. 송진이 응고되면서 흙과 붙어 단단해지면 핸드그라인더로 방바닥을 평평하게 갈아 마무리한다. 핸드그라인더가 없으면 대패로 밀어도 된다.

작업을 다 해놓고 보면 방바닥에 솔방울 단면 무늬가 그대로 살아 있어 운치 있고, 솔 향도 은은하게 난다. 단, 아궁이가 있는 방에만 시공할 수 있다.

거실 바닥에 맥반석을 깔면 건강에 좋다. 흙 위에 온돌마루를 그냥 깔면 습기로 인해 뒤틀릴 수 있다.

8. 굴뚝 만들기

굴뚝은 구들 시공을 했을 때만 필요하다. 굴뚝을 만들 때는 가장 먼저 굴뚝의 재료를 결정해야 한다. 목천흙집에서는 굴뚝을 집주인의 취향에 따라 얼마든지 개성 있게 만들 수 있다. 그러니 PVC 파이프 하나만 덩그러니 솟아 있는 멋없는 굴뚝은 잊어주기 바란다.

먼저 굴뚝을 항아리로 할 것인지, 흙과 돌을 쌓아 만들 것인지, 책이나 여행 중에 보았던 어떤 멋진 방법으로 할 것인지 결정해야 한

집주인의 개성을 살린 여러 가지 굴뚝

다. 그래야 판재를 올린 뒤 지붕에 굴뚝 구멍을 뚫을 때 크기와 위치 등을 정할 수 있다.

'판재에 굴뚝 구멍 뚫기'에서도 설명했듯이 굴뚝 공사를 할 때 지붕에 뚫려 있는 구멍과 기초 부분의 굴뚝이 시작되는 부분이 수직으로 잘 맞는지 확인해가면서 작업을 한다.

1) 항아리로 굴뚝 쌓기

기초 돌을 쌓을 때 뚫어놓은 굴뚝 구멍 앞에 깊이 10cm, 너비 30~40cm 크기의 개자리를 판다. 전통 구들에서 말하는 개자리를 연상하면 복잡해지니까 그냥 그 정도 깊이로 구덩이를 판다고 생각한다. 이곳에서 연기가 한 바퀴 돌아 굴뚝으로 빠져나간다.

'흙벽 쌓기'에서도 말했듯이 건물 본채 굴뚝 구멍이 나오는 부분 바로 위쪽은 열기를 받는 곳이기 때문에 흙벽을 쌓을 때 목천목을 넣지 않는 것이 좋다. 흙벽을 쌓을 때 그 사실을 깜박 잊고 굴뚝 바로 윗부분에 목천목을 넣었다면, 개자리 주위에 흙을 쌓아올릴 때 그 부분에 돌을 놓고 흙으로 덮는다.

개자리 주위에 돌을 놓고 흙 반죽을 단단히 붙이면서 쌓아 올린다. 즉, 돌과 흙으로 기단을 쌓는다. 적당한 높이까지 쌓았으면 항아리를 놓는데, 굴뚝 높이에 따라 다르겠지만 보통 항아리를 세 개 정도 세우면 처마의 굴뚝 구멍에 닿는다. 항아리를 굴뚝으로 사용할 때 맨 아래는 큰 것, 가운데는 조금 작은 것, 맨 위는 조금 더 작은 것으로 하면 안정감 있어 보인다.

먼저 항아리는 모두 밑 부분을 뚫어놓는다. 흙으로 고정시키기 전에 맨 아래 항아리에 가운데 항아리를 올려보고 맨 위 항아리도 올려보아 위치 등이 맞는지 확인한다. 위치가 맞으면 위에 있는 항아리들

1. 기초를 쌓을 때 뚫어놓은 굴뚝 구멍과 개자리. 여기서는 실수로 굴뚝 구멍 위에 목천목을 놓았다.   2. 개자리 주위에 돌을 놓고 흙 반죽으로 기단을 쌓는다.

1. 제일 아래쪽 항아리를 놓고 흙 반죽으로 주둥이 부근을 꼼꼼히 막는다. 2. 항아리와 항아리의 이음새를 백시멘트 몰탈이나 흙 반죽으로 막는다.

을 내리고 맨 아래 항아리를 뒤집어 입구를 개자리에 쌓은 기단 위에 놓은 뒤 항아리 입구 주위를 흙 반죽으로 잘 막는다. 가운데 항아리를 올린 뒤 두 항아리의 연결 부위도 꼼꼼히 막는다. 맨 위 항아리도 같은 방법으로 올린다.

항아리끼리 연결되는 이음새는 잘 막아야 한다. 목천 구들은 강제 순환식이어서 아궁부터 굴뚝까지 공기가 새면 열효율이 떨어지기 때문이다. 연결 부위를 막을 때 백시멘트 몰탈을 사용하면 좋지만 그냥

지붕에 미리 빼놓은
굴뚝 파이프

흙 반죽으로 막아도 무방하다. 항아리를 쌓을 때는 직선으로 세워야
한다. 비스듬하게 세우면 시간이 지날수록 점점 기울어져 나중에 무
너지는 경우가 생기기 때문이다.

항아리를 모두 올렸으면 판재 구멍으로 미리 빼놓은 파이프를 맨
위 항아리 밑동에 연결한다.

항아리 사이에 붙여놓은 흙 반죽이 건조되면서 크랙이 생기면 맥
질하는 법으로 다듬어준다. 항아리와 파이프가 연결된 부분을 흙 반
죽으로 잘 붙이면 항아리 굴뚝 공사가 끝난다.

요점 정리

굴뚝 쌓는 순서

1. 기초 굴뚝 구멍 앞에 깊이 10cm, 너비 30~40cm 크기의 개자리를 판다.
2. 개자리 둘레에 돌과 흙 반죽으로 기단을 쌓는다.

3. 기단 위에 밑 부분을 뚫은 항아리를 뒤집어놓는다.
4. 가운데, 맨 위 항아리를 직선으로 올린 뒤 연결 부위를 백시멘트 몰탈이나 흙 반죽으로 막는다.
5. 맨 위 항아리 밑동에 미리 빼놓은 굴뚝 파이프를 연결한다.
6. 항아리와 파이프가 연결된 부분을 흙 반죽으로 붙인다.

2) 항아리 구멍 뚫기

항아리로 굴뚝을 만들 때 가장 난감한 부분이 바로 항아리 밑 부분에 구멍 뚫는 일이다. 실제로 조금 어려운 작업이지만 항아리 몇 개 깨 먹을 각오만 한다면 또 그렇게 어려운 일도 아니다.

항아리 밑 부분 구멍 뚫는 방법에는 두 가지가 있다. 하나는 바이트 날로 잘라내는 것이고, 다른 하나는 순간 망치질이다.

철물점에서 파는 바이트 날(다이아몬드 칼)을 핸드그라인더에 끼워 사용한다. 먼저 항아리 밑 부분을 십(十)자로 잘라낸다. 그래야 나중에 동그란 구멍을 낼 수 있다. 핸드그라인더를 사용할 경우 숙달되면 항아리에 자기 이름을 새길 수도 있다.

바이트 날을 사용해도 안 잘라지면 망치로 콘크리트못을 살살 박아 구멍을 낸 뒤 조심스럽게 두드린다. 이때 바이트 날 자국을 미리 내놓고 그곳에 박아야 항아리에 금이 가지 않는다. 못에 물을 묻히면 좋다. 못을 박아 구멍이 생기면 서두르지 말고 구멍 근처부터 조금씩 깨나간다. 안 깨진 부분을 때리면 항아리 전체가 깨질 수 있다.

다른 방법은 '순간 망치질'이다. 쇠망치를 들고 순간적으로 항아리 밑 부분을 때리면 '퍽' 하는 소리와 함께 망치가 안으로 푹 들어간다. 얼음이 언 호수 위를 해머로 내려치면 그 부분만 깨져 쏙 들어가는 것과 같은 이치다. 하지만 초보자가 이 방법을 사용할 경우 비싼 항아리 몇 개는 왕창 깨뜨리게 마련이다. 항아리 밑 부분에 구멍

1. 바이트 날을 이용해 항아리 밑을 십(十)자로 잘라낸다. 2. 망치로 항아리를 칠 때는 밑을 손바닥으로 받친다.

을 뚫고 나서 자신이 원하는 크기로 넓힐 때는 앞에서와 마찬가지로 뚫린 구멍 가장자리를 망치로 살살 친다.

항아리 옆면에 구멍을 낼 때도 일단 작은 구멍이 뚫리면 이런 식으로 가장자리 쪽을 망치로 살살 쳐가면서 구멍을 넓힌다. 이때 그냥 항아리만 치지 말고 항아리 안으로 손을 넣어 망치로 치는 부분을 받쳐야 한다. 그렇지 않으면 망치로 치는 울림에 의해 금이 간다.

요점 정리

항아리 구멍 뚫는 방법

1. 바이트 날을 핸드그라인더에 끼워 항아리 밑 부분을 잘라낸다.
2. 쇠망치로 항아리 밑 부분을 순간적으로 때린다.
3. 구멍 가장자리를 망치로 살살 쳐서 넓혀간다.

3) 배출기 작업과 굴뚝 모양 만들기

항아리를 쌓아 굴뚝을 만들었으면 처마 위로 파이프를 노출시켜 목천흙집만의 특징인 굴뚝 배출기를 달아준다. 배출기 다는 작업은 제품 사용설명서에 나와 있는 대로 하면 된다. 배출기에 연결할 전선은 지붕 배선 작업할 때 빼놓았기 때문에 굴뚝 부근에 전선이 와 있을 것이다. 배출기를 굴뚝에 고정시키고 전선만 연결하면 된다.

굴뚝 작업도 끝났다. 하지만 하늘을 향해 배출기만 덩그러니 솟아 있으면 좋아 보이지 않으므로 배출기 주위를 예쁘게 꾸미는 작업을 해야 한다. 집주인의 개성이 확연히 드러날 수 있는 부분이다. 어떤 모양으로 꾸미든 집주인의 마음이니 각자 연구해 보기 좋게 꾸민다.

1. 배출기를 달아 완성한 굴뚝 2. 배출기에 구멍 뚫은 항아리를 덮어 간단히 꾸며도 된다.

9. 외벽 칠하기

1) 흙칠이란

흙칠에는 외벽 칠과 내벽 칠이 있다. 이 둘은 같은 흙칠이지만 이름도 다르고 칠하는 흙물의 성분도 다르다. 바깥벽에 흙칠하는 것을 외벽 칠이라 하고, 내벽에 흙칠하는 것을 흙물 도배라고 한다. 외벽은 흙과 물을 섞어 칠하고, 흙물 도배는 흙과 우뭇가사리 삶은 물을 섞은 흙물을 사용한다. 벽을 칠하는 기술은 외벽 칠이나 흙물 도배나 동일하다. 따라서 대충 해도 되는 외벽 칠을 먼저 하여 기술을 익히

흙칠을 한 부분과 안 한 부분의 외벽

고, 정교한 기술이 필요한 흙물 도배를 나중에 한다.

흙칠하는 법을 잘 익혀두면 좋은 점이 또 있다. 목천흙집의 좋은 점 중 하나는 살아가면서 외벽 칠만 다시 하면 새 집처럼 느껴진다는 사실이다. 물론 다른 집들도 도배를 새로 하고 외부에 페인트를 칠하면 새 집처럼 보이지만 목천흙집은 그 느낌이 더 강하다.

외벽을 내벽보다 먼저 칠하는 이유는 벽에 칠할 흙물 양을 미리 가늠해보기 위해서다. '흙물 도배'에서 자세히 설명할 것이니 외벽을 칠할 때는 흙물의 양이 어느 정도 들어가는지만 잘 파악하면 된다.

2) 외벽 칠할 흙물 만들기

외벽 칠할 흙물을 만들 때는 먼저 자신이 칠할 흙색을 정해야 한다. 흙은 모두 같은 색일 거라고 생각하겠지만 조금씩 다르므로 잘 생각해서 정한다. 흙색을 정했으면, 흙을 성근 체로 걸러 돌과 같은 이물질을 제거한다. 좀더 고운 체로 다시 한번 걸러 물과 섞으면 흙물이 완성된다.

흙물 도배에 사용할 흙물과 달리 외벽 칠할 흙물은 흙이 그렇게 곱지 않아도 된다. 외벽은 내벽과 달리 사람과 직접 접촉하는 부분이 아니므로 조금 거칠어도 괜찮다.

흙집 외벽과 내벽은 화학 물감이나 페인트를 사용하지 말고 흙으로만 칠한다.

3) 흙칠하기

앞에서 내벽이나 외벽이나 흙칠하는 방법은 같다고 말했다. 그러므로 이곳과 '흙물 도배'에서 하는 설명이 중복되는 경우가 있더라도 복습한다는 기분으로 읽어주기 바란다.

1. 체로 걸러 이물질을 제거한다. 2. 고운 체로 다시 한번 거른다. 3. 외벽 칠할 흙물

외벽 칠할 때 미처
다듬지 못한 크랙은
맥질을 한다.

　　붓질할 때는 휴대용 용기를 만들어야 한다. 이 용기 만드는 법은
'흙물 도배'에서 설명하겠다. 용기에 흙물을 담아 가지고 다니면서
붓으로 벽을 칠한다. 붓질을 할 때는 페인트칠할 때처럼 한쪽으로만
할 필요가 없다. 자기 편한 방향으로 칠해도 붓 자국이 남지 않기 때
문이다.

　　단, 붓질을 하면서 용기 안의 흙물을 자주 휘저어야 한다. 흙 앙금
이 가라앉으면 아래쪽의 흙물은 진해지고 위쪽 흙물은 묽어지기 때
문이다. 자주 휘젓지 않고 흙칠을 계속하면 벽이 얼룩덜룩해져 흙칠
을 다시 해야 한다.

　　흙칠을 하면서 목천목에 흙물이 묻지 않도록 조심하되, 만일 묻으
면 그냥 둔다. 외벽은 내벽과 달리 그라인더 작업을 할 필요 없이 시
간이 지나면 바람에 의해 지워진다. 또 맥질할 때 다듬지 못한 크랙이

있으면 이때 다듬는다. 크랙을 메우기 위해 흙 반죽도 가지고 다닌다. 크랙이 있으면 미관상 좋지 않고, 외벽의 크랙에는 내벽과 달리 벌레들이 집을 짓는 경우도 있다. 그러니 흙칠하는 중에도 크랙이 발견되면 맥질을 한다. 작은 크랙은 흙물을 조금 진하게 바르면 메워진다.

요점 정리

1. 벽에 흙물을 붓으로 칠한다.
2. 용기 안의 흙물을 자주 저어야 흙 앙금이 가라앉지 않는다.
3. 목천목에 흙물이 묻지 않도록 주의한다.
4. 흙칠하는 중에 크랙이 발견되면 맥질을 한다.

붓에는 '송곳형'과 '라운드형'이 있는데 벽 칠할 때는 뒤쪽이 뾰족한 송곳형을 사용한다. 맥질한 부분과 튀어나온 부분을 긁어낼 때 유용하기 때문이다. 또 외벽을 긁을 때 헤라의 뒷부분을 사용하면 쉽다.

흙칠할 때 사용하는 붓

붓 손잡이 끝 모양에 따라 송곳형과 라운드형으로 나뉜다.

10. 흙물 도배

1) 목천흙집에서 흙물 도배의 의미

목천흙집에서 하는 도배는 페인트칠과 비슷하다. 자신이 원하는 색의 흙물을 만들고 여기에 해초류나 찹쌀을 이용한 첨가물을 섞어 칠하는 작업이 목천흙집에서 말하는 흙물 도배다. 이 대목에서 손을 번쩍 드는 독자가 있을 것이다.

"그럼 노랗고, 까맣고, 파랗고, 희고… 뭐 이런 색은 칠할 수 없는 겁니까?"

그렇다. 목천흙집에서 무지개 색을 칠할 수는 없다. 목천흙집에서 낼 수 있는 색은 흙이 가지고 있는 색의 범위에서만 가능하다. 즉, 적토로는 붉은색을, 황토로는 노란색을, 흑토로는 검은색을 만들 수 있다.

"애걔걔, 그렇게 단순한 색만으로는 멋있게 꾸밀 수 없잖아요."

흙집에는 무지개 색이 어울리지 않는다. 흙집은 흙색으로 칠해야지 시뻘겋게, 시퍼렇게 칠해놓으면 꼭 도깨비집처럼 보인다. 이런 색들은 벽이 반듯반듯하고 매끄러우며 각이 진, 자기 주장 강한 20대 초반 도시 처녀 같은 현대 건축에 맞는 색이다. 둥글둥글하고 어찌 보면 울퉁불퉁한 것이 꼭 머릿수건 쓴 40대 시골 아낙과 같은 흙집에는 맞지 않는다. 못 믿겠으면 흙집 미니어처를 만들어 색을 칠해보기 바란다. 흙집에 어떤 색이 어울리는지 금방 알 수 있을 것이다.

목천흙집에 가장 잘 어울리는 색은 바로 흙색이다. 흙으로 낼 수 있는 색은 우리가 생각하는 것보다 훨씬 많다. 황토라고 해도 같은 노란색만 있는 게 아니다. 엷은 노랑, 진노랑, 붉은 노랑, 검은 노랑 등 일단 칠해보면 느낌이 다르다.

목천흙집에서 흙물 도배는 맥질과 외벽 칠을 한 뒤에 하는 작업이다. 여기서 똑똑한 독자가 또 질문을 할 것이다.

"왜 바깥부터 칠합니까? 안쪽부터 하고 외벽은 천천히 해도 되지 않을까요?"

아니다. 필자 말대로 외벽 칠부터 하고 내벽을 칠하기 바란다.

외벽부터 칠하는 것은 초보자에게 흙물 도배 연습을 해보라는 의미도 있고, 내벽을 칠할 흙물의 양을 미리 알아보기 위해서다. 외벽은 흙물로만 칠하기 때문에 남는 흙물은 아무 곳에나 쏟아버리면 다시 흙이 되지만 내벽 도배 물은 그렇지가 않다. 내벽 흙물 도배는 순수한 흙으로만 하는 것이 아니라 우뭇가사리, 찹쌀풀 등을 섞기 때문에 정확한 흙물 양을 알면 훨씬 유리하다. 물론 이런 첨가물을 섞는다고 환경오염이 되는 것은 아니다. 모두 순수한 자연의 자식들이니 오염될 것은 없다. 하지만 안쪽 벽을 칠할 흙물 양을 정확하게 측정하지 못하면 몇 가지 낭패를 겪을 수 있다.

첫째, 내벽을 칠할 흙물 양이 많으면 그만큼 괜한 고생을 한다. 조금 여유 있게 하는 것이야 당연하지만 초보자가 우뭇가사리 물이나 찹쌀풀을 터무니없이 많이 만들고, 쓰지도 않을 무거운 흙물 옮기는 데 힘을 쏟을 염려가 있기 때문이다.

둘째, 내벽 칠할 흙물 양이 적으면 아주 낭패를 볼 수 있다. 차라리 적은 것보다는 조금 고생을 하더라도 많은 편이 좋다. 목천흙집의 흙물 도배는 다른 화학 첨가물을 전혀 사용하지 않는다. 당연히 색깔을 내는 페인트나 물감, 천연 염료 등을 섞지 않는다. 일을 해보면 알겠지만 같은 흙이라도 색깔이 모두 다르다. 앞에서 트집 잡던 독자가 또 트집 잡을 일이 생겼다.

"에이, 흙 색깔이 모두 다르다니 그런 게 어딨어요. 농담도 잘 하셔."

이렇게 웃고 넘길 일이 아니다. 정말 흙 색깔은 다르다. 물을 좀더 많이 섞은 흙물과 적게 섞은 흙물 색이 다르고, 이쪽에서 퍼온 흙과 저쪽에서 퍼온 흙색이 다르며, 표층의 흙과 깊은 곳에서 파낸 흙색이 다르다. 흙물 도배를 해보면 안다.

이쯤에서 눈치 빠른 독자는 무슨 말인지 감 잡았을 것이다. 내벽을 칠할 흙물은 한꺼번에 만들어서 사용해야 동일한 흙색을 얻을 수 있다는 사실을.

흙물 도배를 하다가 조금 모자란다고 다른 흙으로 흙물을 만들면 처음 칠한 것과 나중에 칠한 흙색이 달라 보기 싫다. 그러니 내벽 흙물 도배에 필요한 흙물 양을 제대로 가늠하여 한 번에 흙물을 만들어야 한다.

목천흙집 흙물 도배의 좋은 점은 아주 많다. 일반 주택의 도배에 비해 비용과 시간이 아주 적게 들고, 환경오염 물질이 전혀 나오지 않는다. 또 살다가 집이 지저분해지면 흙물 도배 방식 그대로 다시 칠하면 금방 새 집처럼 보인다. 흙물 도배하는 방법을 잘 알면 어디서든지 돈을 아껴가면서 자기가 원하는 흙집을 지을 수 있다.

오래 전 일이다.

제주도에 사는 친구가 있었는데, 이 친구가 필자가 짓는 흙집을 보더니 자기도 흙집을 갖고 싶어했다. 틈틈이 흙집 짓는 기술도 배웠는데 문제는 제주도의 검은 흙이었다. 이 흙 가지고는 안 되겠다 싶었던 친구는 육지에서 황토를 가져가려고 했다. 그런데 당시 흙 운반비가 한 트럭에 60만원이 넘었다. 이 친구가 고민을 하다가 필자를 찾아왔다.

"어떻게 했으면 좋겠나?"

"거참, 혼자 괜한 걱정을 하고 있었군. 딴말 말고 제주도 흙으로 지어."

"제주도 흙은 검은데다 찰기도 떨어진단 말일세."

"그 친구 참, 괜찮다는데도 그러네. 내가 다 책임질 테니 걱정 말고 집이나 짓게."

제주도 흙은 바닷가에 있는 흙일 경우 찰기가 떨어지지만 내륙 쪽에 있는 흙은 괜찮다. 그래서 내륙 쪽에 있는 흙을 사용해 드디어 흙집을 다 지었다. 그런 뒤 필자가 황토를 두어 가마 가지고 가서 흙물 도배를 했더니 누가 봐도 아주 훌륭한 황토집이 되었다.

이처럼 흙물 도배를 잘하면 집 짓는 흙색은 아무 문제가 되지 않는다. 흙물 도배는 집에 옷을 입히는 작업이니 정성 들여 하기 바란다.

요점 정리

1. 목천흙집에 가장 잘 어울리는 색은 흙색이다.
2. 흙칠은 외벽부터 한다.
3. 내벽 칠할 흙물 양을 정확하게 측정하지 못하면 낭패를 볼 수 있다.
4. 흙물 도배는 비용과 시간이 적게 들고 자연 친화적이다.

2) 우뭇가사리 물 만들기

목천흙집에서 도배할 때는 흙물을 사용한다. 하지만 흙물로만 도배를 할 경우 시간이 지나면 흙이 떨어진다. 또 사람들이 벽에 기대거나 손으로 문지르면 망가지기 쉽다. 이런 단점을 보완하기 위해 흙

1. 우뭇가사리는 시장에서 쉽게 구할 수 있다. 2. 솥에 물을 붓고 우뭇가사리를 넣고 삶는다.

물 도배를 할 때는 우뭇가사리, 찹쌀 등을 첨가한다. 요즘은 도박, 미역, 느릅나무 껍질 등을 이용해 흙물 도배를 하는 분들도 있다.

이외에도 여러 가지가 있지만 초보자들은 이 정도만 알아도 충분하다. 가장 기본적인 기술만 알면 다른 기술들은 흙집을 지으며 여기저기서 주워듣기도 하고, 응용할 수 있으니까 여기서는 가장 효율적인 우뭇가사리 물과 찹쌀풀에 대해 소개하겠다.

우뭇가사리를 가마솥에 넣고 물을 부어 세 시간 정도 삶는다. 물이 노란색으로 변하면 다 된 것이다. 이때 재료의 양은 우뭇가사리 한 줌에 물 10ℓ 정도로 한다.

불을 끄고 우뭇가사리 삶은 물을 다른 용기에 담아 식힌 뒤 흙 앙금과 섞는다. 흙 앙금의 묽기 조절은 물로 해도 되지만, 우뭇가사리 물을 넉넉하게 만들어 사용하는 것이 좋다.

우뭇가사리 삶은 물
과 흙 앙금을 잘 저
어가며 섞는다.

"우뭇가사리 삶은 물이 식으면 끈적거리지 않나요?"

그렇지 않으니까 걱정할 것 없다. 흙 앙금을 붓으로 묻혀보아 벽
칠하기에 적당한 묽기가 되도록 우뭇가사리 물을 조금씩 부어가면서

흙물 도배 재료

우뭇가사리
우뭇가사리는 우리나라, 일본 등지의 바닷가에서 자라는 해초로 예부터
한천의 원료로 유명하다. 직접 바닷가에 가서 뜯어도 되지만, 시장에 가
면 쉽게 구할 수 있다. 7천원어치면 30평 정도 크기를 흙물 도배할 수
있다.

도박과 느릅나무 껍질
이 재료들도 물을 붓고 오래 삶으면 끈적거리는 액체가 된다. 여기에 흙
을 반죽하여 사용하면 된다. 흙벽에 바르는 방법은 모두 똑같다.

농도를 맞춘다.

찹쌀풀을 사용하려면 찹쌀 가루로 풀을 쏜다. 이때 찹쌀풀은 완전히 끈적거리는 풀이 되기 직전에 불을 끈다. 완전히 풀을 쑤면 흙 앙금과 잘 섞이지 않으며, 이 단계까지만 끓여도 풀과 똑같은 효과를 내기 때문이다. 혹 시기를 놓쳐 완전히 풀을 쑤었다면, 그대로 사용해도 무방하다. 이때는 끈적거리는 풀에 물을 적당히 섞으면 앞에서 말한 찹쌀풀과 똑같은 상태가 된다. 찹쌀풀로 도배를 하면 영양분이 많아 곰팡이가 필 우려가 있다. 그래서 습도와 기온이 높은 여름에는 찹쌀풀을 사용할 수 없다. 물론 우뭇가사리 물은 사계절 모두 쓸 수 있다.

3) 흙물 만들기

먼저 자신이 원하는 흙색을 고른다. 앞에서도 말했듯이 같은 종류라도 흙색이 조금씩 다르고, 흙의 종류에 따라 색도 많이 다르다. 흙벽을 쌓은 흙이 검은색이나 붉은색이었다고 해도 흙물 도배하는 흙색에 따라 집 색깔을 바꿀 수 있다.

흙을 한 줌씩 작은 용기에 풀어 붓으로 벽에 살짝 칠해보면 흙색을 알 수 있다. 자기가 원하는 흙색을 찾았으면 그 흙을 외벽 칠할 때 알아둔 양만큼 준비한다. 같은 곳에서 얻은 흙은 거의 같은 색을 내기 때문에 한꺼번에 준비하면 된다.

준비된 흙을 성근 체로 한 번 쳐서 큰 돌을 걸러낸 뒤 커다란 용기에 물을 받고 흙을 넣는다. 고운 체를 놓고 그 위에 흙을 넣어 치든가, 손으로 흙을 체에 짓이기면서 물과 섞는다. 그렇지 않으면 칠했을 때 우툴두툴하게 모래 알갱이 같은 흙이 생겨 보기 싫다.

흙이 물에 가라앉으면 고운 체를 물속에 넣고 또 한 번 미세한 모래 등을 건져낸다. 이렇게 고운 체로 2회 이상 걸러낸다.

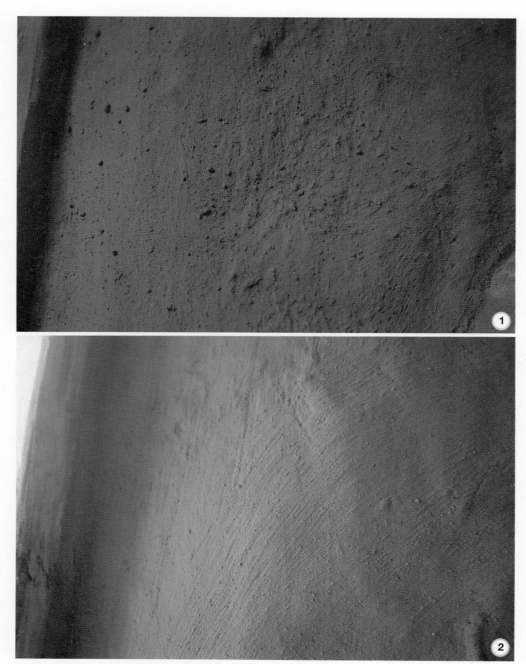

1. 모래 알갱이가 생긴 흙벽 2. 곱게 잘 칠해진 흙벽

흙물은 하루 정도 그대로 두면 흙은 가라앉고 위에 맑은 물이 뜬다. 아래 가라앉은 흙 앙금만 남기고 위에 뜬 물은 모두 버린다. 조심조심 물을 떠내거나 다른 그릇에 천천히 따라 부으면 흙 앙금만 남는다. 이 앙금을 페인트 통 안에 있는 안료와 같다고 생각하면 된다.

걸러내고 남은 흙 앙금과 우뭇가사리 삶은 물을 섞는다. 페인트칠할 때 페인트 안료를 시너로 희석하는 것과 같다. 도배할 흙물은 약간 묽은 동지팥죽 정도의 묽기로 만들면 적당하다.

흙물 농도가 너무 되면 뻑뻑해서 일하기 힘들고, 너무 묽으면 흙색이 나지 않아 여러 번 칠해야 한다.

여기까지 하면 흙물 도배할 준비가 모두 끝났다.

요점 정리

도배할 흙물 만드는 순서

1. 흙을 물과 섞어 흙색을 고른다.
2. 흙을 성근 체로 쳐서 큰 이물질을 걸러낸다.
3. 흙과 물을 섞어 고운 체로 거르면서 작은 이물질을 걸러낸다.
4. 흙이 물에 가라앉으면 다시 2회 이상 고운 체로 거른다.
5. 하루 정도 그대로 두면 흙 앙금이 가라앉는다.
6. 가라앉은 흙 앙금과 우뭇가사리 삶은 물을 섞는다.
7. 사용할 흙물은 한꺼번에 만든다.

4) 흙물 도배하기

흙물 도배를 하기 전에 들고 다닐 수 있는 작은 용기를 준비한다. 작은 화분만한 깡통 입구 양쪽에 못으로 구멍을 뚫고 철사를 꿰어 손잡이를 만든다. 플라스틱 바가지나 작은 그릇 등을 사용해도 된다.

흙물 도배는 만들어놓은 흙물을 용기에 담아 들고 다니면서 붓으로 페인트처럼 칠한다. 페인트칠할 때는 붓질을 수직 혹은 수평으로 일정하게 반복해야 칠이 말랐을 때 붓 자국이 한 방향으로 나 있어 보기 좋지만, 흙물 도배할 때는 자기 편한 대로 붓질하면 된다.

흙물 도배할 때 몇 가지 주의할 점이 있다.

첫째, 목천목에는 흙물을 바르지 않는다. 흙물에는 우뭇가사리 삶은 물이 섞여 있어 나무에 묻으면 잘 지워지지 않는다. 나무에 많이 묻었을 경우에는 그라인더 작업을 다시 해야 한다. 붓으로 나무 가장자리를 둥그렇게 칠한 뒤에 벽면을 칠하면 목천목에 묻히지 않고 쉽게 칠할 수 있다. 붓에 흙물이 많이 묻으면 흙물이 흘러내려 나무에 묻을 수 있으니 붓을 용기 벽에 한 번 쓱 훑어 사용한다.

둘째, 용기를 잘 저어가면서 칠한다. 흙 앙금이 용기 아래쪽에 가라앉으면 아래쪽 흙물과 위쪽 흙물의 묽기가 달라져 색이 두 가지로 나온다. 그러니 작은 막대기를 용기 속에 넣어두고 자주 휘젓는다.

셋째, 맥질을 한 뒤에 새로 생긴 작은 크랙을 제거하면서 흙칠을

목천목에는 흙물이 묻지 않도록 주의해서 바른다.

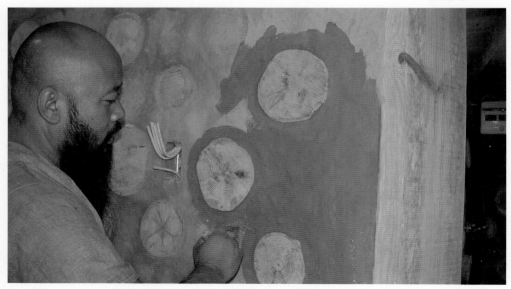

얼룩진 부분은 다시
한번 칠한다.

한다. 이런 미세한 크랙은 앙금을 가라앉혀 진한 흙물을 묻힌 붓으로
싹싹 문지르면 된다. 큰 크랙이 발견되면 도배를 하다가도 흙 반죽으
로 맥질을 해야 한다.

넷째, 흙물 도배를 하다가 가끔 손으로 벽 전체를 훑어 먼지를 턴
다. 그라인더 작업할 때나 그 뒤에 생긴 먼지들이 흙벽에 많이 붙어
있으면 흙물이 잘 묻지 않는다.

다섯째, 흙물 도배하는 붓은 끝이 살아 있는 것을 사용한다. 끝이
뭉툭해진 붓을 사용하면 도배도 잘 되지 않을뿐더러 목천목에 흙물
을 묻히기 쉽다.

초보자가 흙물 도배한 것을 조금 마른 뒤에 보면 얼룩덜룩한 경우
가 많다. 이럴 때는 다시 한번 칠하면 한 가지 색으로 나온다. 두번째
칠할 때는 얼룩거리는 부분 위주로 대충 해도 된다.

1. 덩치가 산만한 사내들도 벽칠 할 때는 다소곳이 일한다. 마치 새색시 단장시키 듯이. 2. 흙물 도배 완성된 모습

흙물 도배할 때도 천천히 하기 바란다. 목천흙집을 지을 때는 무엇이든지 천천히, 생각해가면서, 정성껏 하는 것이 좋다. 작업할 때는 시간이 더 걸리는 것 같아도 나중에는 그렇게 하는 것이 시간도 절약하고 힘도 낭비하지 않는 방법이라는 것을 알 수 있다.

요점 정리

1. 작은 용기에 흙물을 담아 들고 다니며 붓으로 칠한다.
2. 흙물 도배할 때 주의할 점
　① 흙물을 목천목에 묻히지 말 것.
　② 용기를 잘 저어가면서 칠할 것.
　③ 새로 생긴 작은 크랙을 제거할 것.
　④ 벽에 묻은 먼지를 털어줄 것.
　⑤ 붓끝이 살아 있는 것으로 칠할 것.

11. 실내 화장실 공사

목천흙집에서 유일하게 시멘트를 많이 사용하는 곳이 실내 화장실과 욕실이다. 흙은 아무래도 물에 견디는 힘이 약하기 때문에 물을 많이 사용하는 실내 화장실이나 욕실을 만들 때는 흙벽 안쪽에 방수 공사를 해야 한다.

1) 실내 화장실(욕실) 벽 만들기

방수 공사는 물이 닿는 부분, 예를 들어 바닥에서 1m 높이까지 철 그물망(나스 철망)을 붙인다. 보통 샤워장, 공동 화장실은 방수선을 150cm 정도까지 하지만, 일반 실내 화장실은 1m 정도만 해도 충분하다. 철 그물망은 작은 못을 박아 벽에 고정시킨다. 철 그물망을 대면 백시멘트 몰탈이 잘 붙고, 크랙이 생기는 것도 방지할 수 있다.

다음에 백시멘트와 모래, 황토, 방수액을 섞은 몰탈을 철 그물망에 손으로 발라 붙인다. 이때는 물 대신 방수액으로 반죽해야 한다.

백시멘트 몰탈이 굳기 전에 깨진 항아리와 타일 등으로 장식한다. 백시멘트 몰탈에 타일을 촘촘히 붙여도 된다. 타일을 붙이지 않을 거라면 백시멘트 몰탈 위에 '발수제'를 2회 정도 바른다. 발수제는 물이 묻으면 굴러 떨어지게 한다.

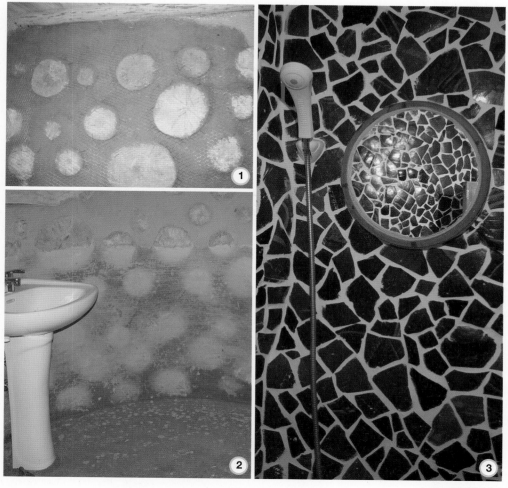

1. 철 그물망을 대고 못으로 고정시킨다.
2. 바닥에서 1m 높이까지 방수 공사를 한다. 3. 전체를 타일로 붙인 욕실

단, 철 그물망을 댄 1m 위쪽에 있는 목천목에는 발수제를 바르면 안 된다. 나무가 숨을 쉬어야 하기 때문이다. 나무가 숨을 쉬면 욕실에서 더운물로 샤워를 했을 때 생기는 수증기가 금방 없어진다.

"곰팡이가 피면 어떡하나요?"

그런 걱정은 하지 않아도 된다. 자연은 우리가 생각하는 것보다 훨씬 자정 능력이 강하다. 목천흙집은 나무의 숨구멍만 막지 않으면 곰

팡이가 피지 않는다. 설령 나무에 곰팡이가 피더라도 토치램프로 한 번씩 그슬리면 깨끗이 사라진다.

요점 정리

실내 화장실 방수 공사 순서

1. 실내 화장실과 욕실은 약 1m 높이까지 방수 공사를 한다.
2. 흙벽에 철 그물망을 대고 못을 박아 고정시킨다. 그 위에 백시멘트 몰탈을 손으로 바른다.
3. 몰탈이 굳기 전에 타일 등으로 장식한다.
4. 방수선 위쪽에 있는 목천목에는 발수제를 바르지 않는다.

욕실 벽 처리법

욕실 벽에는 타일, 깨진 항아리, 기와 조각 등을 붙이거나 백시멘트와 흙, 소석회 등을 섞어 바른다.

타일은 미관상 좋고, 방수 효과가 확실하며, 시공이 간편하고, 수명도 반영구적이다.

타일 붙이는 방법은 다음과 같다.

먼저 타일 붙일 곳을 정한다. 벽 전체에 붙일 것인지, 일정 높이까지만 붙일 것인지를 필요에 따라 결정한다. 그런 뒤 벽에 철 그물망을 대고 시멘트와 모래를 3 : 7로 섞어 3cm 정도 두께로 바른다. 철 그물망을 대는 이유는 시멘트가 잘 붙도록 하기 위함이다. 몰탈이 마르면 타일을 붙일 때 사용하는 '압착시멘트'를 바르고 타일을 자기가 원하는 모양대로 붙인다. 이 설명만으로 부족하다면 타일을 살 때 가게 주인에게 물어보면 상세히 알려준다.

타일을 붙이지 않을 때는 시멘트와 흙이나 소석회와 흙을 5 : 5로 섞거나 백시멘트와 흙을 3 : 7로 섞어 바른다.

2) 실내 화장실(욕실) 바닥 공사

　벽은 물이 튀어서 간접적으로 닿는 부분이지만, 바닥은 물이 직접 닿는 부분이다. 그러므로 바닥 공사는 더 세심한 주의가 필요하다.

　실내 화장실 바닥 공사를 할 때는 미리 빼놓은 배수관과 수도관 위치에 신경을 써야 한다. 처음 생각했던 위치에서 벗어난 곳에 놓은 채 바닥 공사를 마치면 바꿀 수 없기 때문이다. 또 배수관 연결 부위는 항상 조심해서 살피고 정확하게 연결해야 한다. 시멘트를 바르고 난 뒤에 연결 부위에서 누수가 된다든지 하면 일이 아주 커진다.

　바닥 공사를 할 때는 가장 먼저 바닥을 평평하게 만들어야 한다. 방에 구들을 놓은 높이와 맞추면 된다. 이때도 흙벽의 기초 돌이 가려질 정도는 되어야 한다. 앞에서 기초 돌을 15~30cm만 놓으라고 한 것도 이 때문이다.

　기초 돌을 높이 쌓으나 이 정도만 쌓으나 집의 성능에는 전혀 달라

시멘트를 얇게 깔고 와이어매트를 놓은 뒤 다시 시멘트로 덮는다.

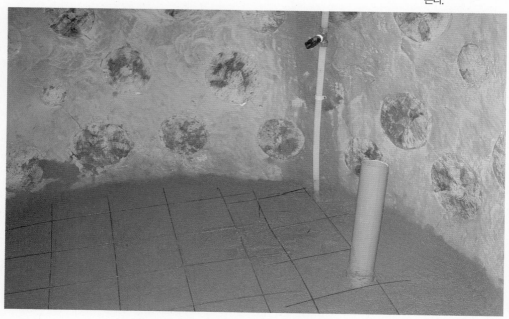

지는 것이 없는데, 이상하게 기초 돌을 높이 쌓으려는 분들이 있다. 기초 돌을 높이 쌓으면 지금처럼 방이나 화장실 공사를 할 때 기초 돌을 가리기 위해서 일을 훨씬 많이 해야 한다.

실내 화장실 바닥에 흙을 깔아 높이를 맞춘 뒤 평탄 작업을 한다. 그리고 배수구나 수도의 위치를 정확하게 정한 뒤 다시 한번 연결 부위를 확인하고 시멘트를 깐다. 이때 시멘트는 화장실 전체에 얇게 조금만 깐다. 이 시멘트 위에 와이어매트를 놓아야 하기 때문이다. 와이어매트를 놓으면 철근 콘크리트처럼 튼튼하고 시멘트에 크랙도 안 생긴다. 시멘트를 깐 바닥 전체에 와이어매트를 잘 놓은 뒤 다시 시멘트를 5cm 두께로 덮고 미장한다.

여기까지가 화장실이나 욕실 바닥의 기본 공사다. 이제 방수 공사만 남았다. 그런데 방수 공사는 개인의 취향에 따라 여러 가지로 달라질 수 있다. 시멘트 미장을 한 뒤 달리 꾸미고 싶지 않으면 시멘트에 방수액만 섞어 미장한다. 좀더 꾸미고 싶으면 방수 작업을 한 뒤에 타일을 붙이거나 기타 바닥을 꾸미는 건축 자재를 이용한다.

방수 처리를 할 때는 바닥에 작은 구멍이라도 있어서는 안 된다. 작은 구멍은 붓에 방수액을 묻혀 문지르면 다 막힌다. 방수 처리가 끝나고 붓에 물을 묻힌 다음 물을 한 번 털어내고 그 붓으로 바닥을 문지르면 깨끗하게 다듬어진다.

요점 정리

실내 화장실 바닥 공사 순서

1. 배수관 위치를 정하고 연결 부위를 점검한 뒤 바닥 공사를 한다.
2. 바닥은 기초 돌을 가릴 정도 높이로 평평하게 만든다.
3. 시멘트를 얇게 깔고 그 위에 와이어매트를 놓는다.
4. 와이어매트 위에 시멘트를 5cm 두께로 덮은 뒤 미장한다.
5. 시멘트에 방수액을 섞어 미장하거나 타일을 붙인다.

3) 실내 화장실(욕실) 천장 처리

물을 가장 많이 사용하는 곳의 방수 처리를 모두 하고 나자 뭔가 미심쩍어하는 독자가 있을 것이다.

"욕실에서 더운물을 사용하면 수증기 때문에 천장에도 물이 맺힐 텐데 괜찮은가요?"

목천흙집은 결로 현상이 생기지 않는다. 흙과 나무가 수증기를 모두 빨아들여 스스로 해결하며, 또 이 수증기로 인해 천장의 나무가 상하지도 않는다. 걱정된다면 더운물을 사용하고 나서 욕실과 화장실에 달린 작은 창문을 잠시 열어두면 된다.

그래도 안심이 되지 않는다면 일반 주택에서 사용하는 화장실 마감재로 시공한다. 이 마감재는 플라스틱 종류인데, 초보자도 간편하게 시공할 수 있다. 종류에 따라 시공법이 조금씩 달라 여기에서 일률적으로 설명할 수는 없고, 마감재를 파는 가게에서 자세하게 알려줄 것이다.

12. 봉당 돌리기

1) 봉당을 돌리는 이유

집 주위에 빙 둘러 약 30cm 높이로 돌을 쌓는 작업이 '봉당 돌리기'다. 봉당을 돌리는 이유는 두 가지가 있다.

첫째, 처마에서 튀어 오르는 물이 벽에 닿지 않게 하려는 것이다. 목천흙집의 처마 길이는 보통 100~130cm다. 이 정도 길이면 빗물이 벽에 들이치지 않는다. 하지만 폭우가 쏟아질 경우 벽에 물이 튀는데, 어느 정도는 괜찮지만 물이 많이 튀어 흙벽이 수시로 젖으면 문제가 달라진다. 계속해서 흙벽이 젖으면 심한 경우 집이 무너질 수도 있기 때문이다. 따라서 처마에서 튀어 오르는 물을 막기 위해서 반드시 봉당을 돌려야 한다.

봉당은 지역에 따라 높이가 다르다. 비가 많이 오는 지역에서는 조금 높이고, 비가 적게 오는 지역에서는 낮게 쌓아도 된다. 단, 낮게 쌓아도 기초 돌은 가릴 수 있어야 한다. 또 봉당을 너무 높이 쌓으면 그만큼 집이 낮아 보인다는 점도 염두에 둔다.

둘째, 아궁이에 불을 지필 때 강제 순환을 위해 배출기를 돌리는데, 기초 돌 사이로 공기가 들어가는 것을 막기 위해 봉당을 돌린다.

그밖에 기초 돌을 감싼 시멘트 몰탈이 보기 싫어 감추려는 뜻도 있다. 봉당은 최소한 기초 돌을 가릴 정도로 쌓아야 한다. 기초 돌을 너

기초 돌이 보이면 미
관상 안 좋다.

무 높이 놓으면 봉당 돌릴 때 그만큼 힘이 든다는 것도 이 때문이다.

봉당 돌리기는 아궁이와 굴뚝을 만든 뒤 아무 때나 하면 된다. 시간이 없으면 하지 않고 살다가 생각날 때 해도 무방하다. 집을 다 지어놓고 주변 정리를 하면서 쓰고 남은 돌이 생기면 그때 작업을 해도 되고, 기초 돌을 주울 때 봉당 돌릴 돌까지 주우라고 한 필자의 말을 따랐다면 그 돌을 사용하면 된다. 봉당 돌리기 작업은 그만큼 언제 하든 상관없다.

2) 봉당 돌리는 방법

첫째, 봉당을 생활 공간으로 쓰기 위해 처마를 길게 뺐을 경우 봉당을 넓게 돌리는 방법이다. 시골에서 살아보면 알겠지만 봉당이 넓으면 장작을 쌓거나 다른 물건을 놓는 등 여러 가지로 쓸모가 많다.

비가 온 뒤 처마에서 떨어진 빗방울에 의해 땅바닥에 빙 둘러서 자

넓게 쌓은 봉당

국이 생기면 그 자국을 따라 줄을 긋고 줄 안쪽 10cm 지점부터 쌓는다. 먼저 줄 안쪽 10cm 지점에 돌을 놓는다. 돌은 반듯한 부분이 바깥쪽으로 가게 놓아야 보기 좋다. 이렇게 봉당을 넓게 돌릴 때는 봉당 안쪽에 모두 흙을 채워야 하며, 비가 오면 물이 봉당에 튀어 지저분해지는 단점이 있다.

둘째, 봉당 돌릴 돌을 최대한 벽 가까이 붙여 놓는 방법으로, 처마 길이가 짧을 때 주로 사용한다. 이렇게 쌓으면 흙을 많이 채우지 않아 힘도 덜 들고, 물이 튀어서 지저분해질 염려도 없다. 봉당을 높이려면 탑을 쌓듯이 돌을 쌓으면 된다. 그리고 흙벽과 봉당 돌 사이는 흙으로 채워 봉당 돌이 움직이지 않도록 잡아준다.

어떤 방법을 사용하든 봉당을 돌릴 때는 먼저 큰 자연석을 이용해

1. 흙벽과 봉당돌을 최대한 가깝게 놓는다. 2. 봉당 돌리기 완성

죽 이어간다. 그리고 그 돌 사이사이에 적당한 돌을 끼워 쌓는다. 이 때 바깥 면을 나란히 맞추는 것이 중요하다. 나중에 봉당 안쪽에 흙을 쌓으면 바깥 면이 나란해야 보기 좋다.

요점 정리

1. 봉당은 기초 돌을 가릴 정도의 높이로 쌓는다.
2. 봉당은 처마 안쪽으로 넓게 돌리는 방법, 흙벽에 바짝 붙여 돌리는 방법 두 가지가 있다.
3. 봉당은 큰 자연석을 이어놓은 뒤 그 돌 사이에 작은 돌을 끼워 넣는 방식 으로 쌓는다.

6.
편의시설 만들기

1. 툇마루 만들기

목천흙집에서 툇마루가 필요한 경우는 작은 흙집을 지었을 때다. 여기서 '작은 집'이란 방 하나에 화장실이 하나 달린 10평 이하의 흙집을 말한다. 이런 흙집은 방문을 열면 곧바로 바깥이기 때문에 반드시 툇마루가 필요하다. 하지만 거실이 있는 큰 흙집이라면 툇마루 대신 현관에 디딤돌만 있어도 된다.

작은 흙집에 툇마루가 있으면 좋은 점이 많다. 방 안과 바깥 공간을 이어주는 역할을 해 바깥에서 방 안으로 들어올 때, 혹은 방 안에서 바깥으로 나갈 때 상대 공간에 적응할 수 있는 짬을 준다. 이외에도 햇살 따뜻한 봄날 해바라기 하기도 좋고, 방 안에 들이기에는 낯선 손님이 왔을 때 이야기 나누기도 적당하며, 여름을 시원하게 보낼 수도 있다.

백문이 불여일견이고 긴 말이 필요 없다. 방과 바깥이 곧바로 연결되는 작은 흙집에서 툇마루가 얼마나 요긴하게 쓰이는지는 흙집을 짓고 살아보면 안다.

또 툇마루 만드는 기술을 배워두면 목천흙집을 2층 이상으로 지을 때 계단이나 베란다 만들기 등에 응용할 수 있다.

1. 목천흙집의 툇마루 2. 방과 마당을 이어주는 툇마루

툇마루 놓는 법을 알면 베란다도 만들 수 있다.

1) 받침 나무 만들기

받침 나무란 마루 판자를 양쪽에서 떠받치고 있는 통나무를 말한다. 이 받침 나무에 마루 판자를 걸치면 툇마루가 된다. 받침 나무로는 소나무를 쓴다. 활엽수는 목질이 단단해 일하기 힘들기 때문이다.

먼저 툇마루를 놓을 자리와 길이를 정한다. 목천흙집은 벽이 원형이기 때문에 주인이 맘만 먹으면 집 전체에 빙 둘러 툇마루를 놓을 수도 있고, 집 절반 가까이에 걸쳐 빙 둘러놓을 수도 있다. 긴 툇마루가 필요 없다면 방문 앞에 딛고 올라설 수 있을 정도로 짧은 툇마루를 만든다.

일단 툇마루 놓을 자리와 길이를 정했으면 원형 벽과 비슷한 각도로 휜 통나무를 고른다. 목천흙집에서 툇마루를 만들 때 가장 어려운 부분은 흙집의 벽이 원형이라는 점이다. 따라서 흙벽과 가장 비슷한 각도로 휜 받침 나무를 골라야 한다. 벽의 곡선에 딱 맞아떨어지는

짧은 툇마루

1. 흙벽과 받침 나무
의 각도를 가늠한다.
2. 튀어나온 흙벽은
망치로 다듬어서 툇
마루의 각도를 맞춘
다. 3. L자 모양으로
홈을 판다. 4. 받침
나무에 판 L자 홈

나무를 찾기는 힘들 것이므로 어느 정도 맞으면 벽의 각에 더 가까워
지도록 망치와 끌, 대패를 이용해 다듬는다. 그래도 흙벽과 받침 나
무 사이가 뜨는 부분은 툇마루를 만든 뒤 흙 반죽으로 채우면 된다.

받침 나무를 골랐으면 기계톱으로 마루 판자를 얹을 L자 모양의
홈을 판다. 그리고 마주보는 받침 나무를 골라 벽 쪽 받침 나무와 마
주보도록 역시 L자 모양의 홈을 판다. 이때 홈 팔 부분을 연필로 표
시한 뒤에 파야 한다.

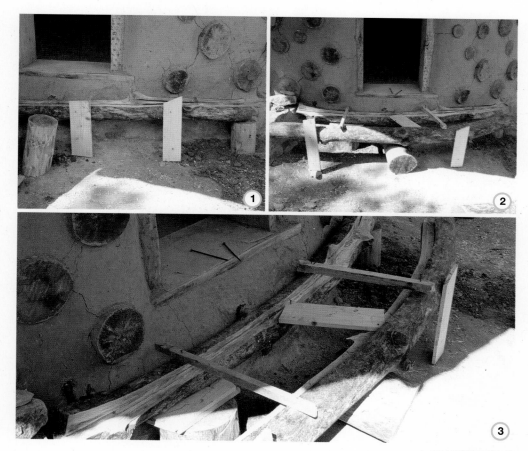

1. 임시 교각을 대어 받
침 나무를 고정시킨다.
2. 양쪽의 수평을 맞추
고 각목에 못을 박아 고
정시킨다. 3. 수평을 잡
고 안쪽 받침 나무에 임
시 교각을 댄다.

2) 받침 나무 아래 교각 대기

교각이란 툇마루를 떠받치고 있는 나무를 말한다. 받침 나무를 원
형 벽의 각도에 맞추어 다듬고 홈을 팠으면 받침 나무 아래 교각을
댄다. 교각은 툇마루 높이에 맞춰 미리 잘라놓는다.

먼저 안쪽 받침 나무, 즉 흙벽과 닿는 받침 나무를 흙벽에 바짝 붙
여 블록 등을 사용해 임시로 받쳐놓는다. 임시 교각을 먼저 대는 이
유는 본 교각을 고정시키기 전에 툇마루의 수평을 맞추기 위해서다.

받침 나무가 연결되
는 방식

안쪽 받침 나무를 벽에 붙여놓았으면 다음에는 바깥쪽 받침 나무 홈
이 안쪽 받침 나무 홈과 마주보도록 놓고 그 밑에 역시 임시 교각을
대어 고정시킨다.

받침 나무 위에 마루 판자를 어느 정도 올려 양쪽 받침 나무가 서
로 고정되면 툇마루 전체의 수평을 잡는다. 임시 교각을 빼내고 그
자리에 본 교각을 댄다. 이때 흙벽 쪽에 놓이는 교각은 벽에 바짝 붙
여야 안정감이 있고 움직이지 않는다. 받침 나무와 교각은 못을 박아
완전히 고정시키고, 교각 아래는 흙과 작은 돌을 채워 움직이지 않도
록 한다.

받침 나무가 연결되는 부위에는 교각을 댄다.

3) 마루 판자 놓기

목천흙집에서는 마루 판자로 두께가 3cm 정도 되는 편백나무를 주로 사용한다. 필자가 여러 가지 나무를 사용해봤지만 편백나무가 가장 무난했다.

마루 판자 하나를 양쪽 받침 나무 사이에 넣어 길이를 재고 자른 뒤 이 판자의 길이를 기준으로 다른 판자들도 자른다. 마루 판자의 평평한 한쪽 면과 양쪽 끝을 대패로 다듬는다. 평평한 한쪽 면만 대패질하는 이유는 마루 위쪽만 매끄러우면 되기 때문이다.

마루 판자를 놓을 때 가장 어려운 점은 툇마루가 원형으로 돌아가다 보니 안쪽이 좁고 바깥쪽이 넓어 마루 판자로 그 각도 조절을 잘 해야 한다는 것이다. 즉, 마루 판자를 받침 나무 가운데부터 놓아가다가 어느 정도 휘어져 각도를 맞춰야 할 때 마루 판자를 삼각형으로 잘라서 맞춘다.

마루 판자를 받침 나무에 놓은 뒤에는 못으로 고정시킨다. 이때 못은 둥그런 받침 나무의 중심부를 향해 비스듬하게 박는다. 그렇지 않으면 받침 나무 아래쪽으로 못이 삐죽 나오고 단단하게 박히지도 않

1. 길이에 맞춰 원형 톱으로 마루 판자를 자른다. 2. 한쪽 면과 양쪽 끝을 대패로 다듬는다.

1. 첫번째 툇마루 판자는 가운데부터 올리고, 나머지는 가운데에서 양쪽으로 채워간다.   2. 각도를 맞춰야 할 부분은 판자를 삼각형으로 자른다.

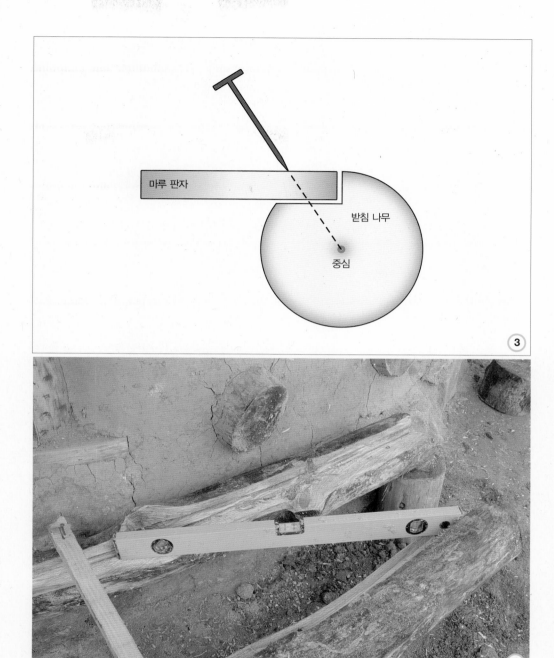

마루 판자

받침 나무

중심

③

④

3. 판자에 못을 박는 각도 4. 수평자는 마루 판자가 놓이는 ㄴ자 홈에 대고 수평을 잡는다.

는다. 못은 마루 판자 양쪽에 하나씩 나란히 박아야 보기에 좋다.

마루 판자를 놓다 보면, 판자 두께가 다르다든지 하여 마루 판자가 받침 나무 한쪽으로 기울어질 정도로 낮아지는 곳이 있다. 그럴 때는 마루 판자 밑에 적당한 판자 조각을 넣어 높이를 조절한다. 판자가 어느 정도 놓여 툇마루 형태가 갖춰지면 그동안 대놓았던 임시 교각을 빼고 본 교각을 놓은 뒤 못으로 박아 단단하게 고정시킨다.

툇마루를 놓을 때는 수평자로 수평이 맞았는지 자주 확인한다. 수평이 맞지 않으면 마루 판자가 기우뚱하게 놓이는 경우가 생긴다.

요점 정리

1. 툇마루 길이에 맞춰 자른 판자의 한쪽 면과 양쪽 끝을 대패로 다듬는다.
2. 마루 판자는 가운데 부분부터 올린다.
3. 원형으로 돌아가는 툇마루는 마루 판자를 삼각형으로 잘라서 각도를 맞춘다.
4. 마루 판자에 못을 박을 때는 받침 나무 중심 부분을 향해 비스듬하게 박는다.

4) 마무리

먼저 끌과 대패를 이용해 툇마루 모서리를 다듬는다. 이곳을 다듬는 것은 예쁘게 만들려는 이유도 있지만 안전을 위해서다. 툇마루 모서리는 다칠 염려가 있기 때문에 곡선을 이뤄야 하고, 특히 튀어나오는 부분이 없어야 한다. 대패질은 나뭇결을 따라 하면 훨씬 편하고 나무 모양도 살아난다. 대패질이 끝나면 핸드그라인더로 매끄럽게 다듬는다.

통나무의 옹이나 튀어나온 가지를 잘라낸 자리는 굳이 없애려 하지 말고 끌이나 그라인더로 다듬는 것이 더 멋있고 작업도 편하게 할

1. 끌로 다듬는 모습 2. 대패로 면을 다듬는다. 3. 그라인더로 받침 나무의 옹이까지 다듬는다. 4. 토치램프로 그슬린다.

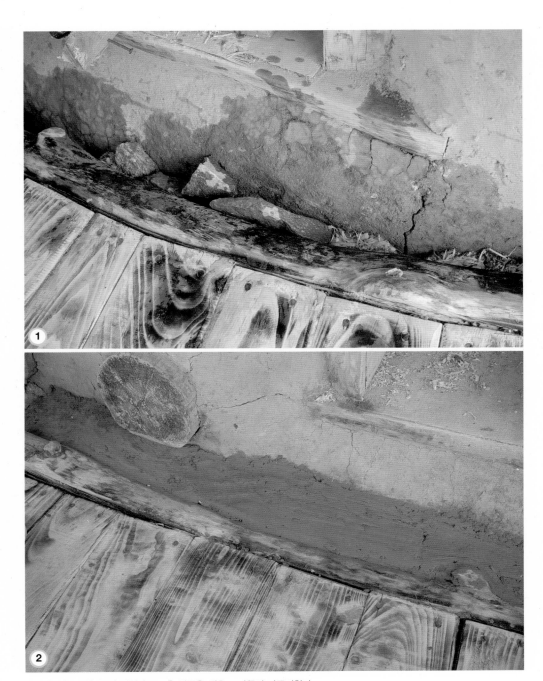

1. 돌을 넣고 물을 뿌려 적신다.　2. 흙 반죽을 채우고 다듬어 마무리한다.

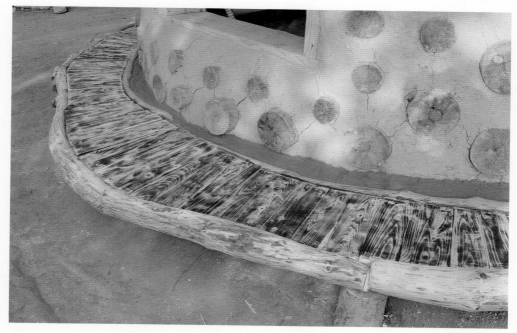

수 있다. 툇마루를 더 예쁘게 만들고 싶으면 토치램프를 이용해 그슬린다. 토치램프 작업까지 하고 나면 자기가 만든 툇마루를 쓰다듬고 싶을 것이다.

이때 마지막으로 할 일이 있다. 흙벽과 툇마루 받침 나무 사이에 돌을 채우고 물을 뿌린 뒤 흙 반죽을 채워 바른다. 흙 반죽은 툇마루 높이와 나란하게 바르는 것이 좋다. 흙 반죽이 더 높게 발라지면 툇마루 받침 나무의 자연미가 살지 않는다.

초보자가 여기까지 하고 나면 하루가 지난다. 툇마루를 만들었으니 그냥 방으로 들어가지 말고 자기가 만든 곳에 앉아 석양을 바라보며 막걸리라도 한잔하기 바란다.

2. 대문 만들기

1) 대문 만들기 전에

여기서 말하는 대문이란 담에 붙어 있는 대문이 아니라 현관문을 말한다. 대문은 그 집의 얼굴이니 이왕이면 예쁘고 멋있게 만드는 것이 좋다.

필자 생각에는 쉬운 일 같은데, 가르치다 보면 교육생들은 대문 만들기를 어려워하는 경우가 의외로 많다. 대문 만들기를 가르칠 때마다 늘 떠오르는 분이 있다. 예의상 성함을 밝힐 수는 없지만, 그분 연세가 당시 65세였다. 목천흙집에서 교육생의 연령은 55세로 제한하고 있다. 흙집 짓는 일은 사람들이 생각하는 것보다 힘든 육체노동이기 때문이다.

"아, 거 좀 배웁시다. 내가 이래 봬도 체력은 40대 젊은이 못지않다오."

"어르신, 안 됩니다. 저희도 규칙이 있어서요."

아무래도 물러설 기미가 아니었지만, 다른 교육생들도 있고 해서 간곡히 설득해 돌려보냈다.

다음날 아침, 기지개를 켜며 문을 연 필자는 벌어진 입을 다물 수가 없었다. 어제 그분이 머리에는 안전모, 목에는 수건, 몸에는 푸른색 작업복, 손에는 코팅된 면장갑, 허리에는 공구주머니, 발에는 장

화까지 완전무장을 하고 서 계셨던 것이다.

"허허…."

절로 웃음이 나왔다. 배움에 무슨 규칙이 있고, 나이가 있겠는가.

그날이 마침 대문 만드는 날이었다.

"어르신, 대문 만들 수 있겠습니까?"

"아, 걱정을 마시오. 내가 말은 안 했지만 현대 건축만 35년을 했다오. 어차피 다 같은 건축 일인데 그까짓 것 못하겠소."

그분은 대뜸 톱과 망치를 들고 달려드셨다. 대단한 노익장이었고 덕분에 유쾌한 기분으로 하루를 시작할 수 있었다.

대문 만들기에 대해 설명하고 조를 나누어 실습을 시켰다. 그분은 건축 일을 해본 경험이 있는데다 열정이 대단해서 뚝딱뚝딱 빨리도 만드셨다. 그런데 문제는 다 만든 대문이 아귀가 안 맞고, 모서리는 뒤틀리고, 판자 사이는 뜨고, 양쪽 높이도 달랐다.

"이거 참, 생각대로 안 되네요. 허허….."

안 맞으면 어떠랴, 다시 만들면 되지. 뒷머리를 긁적이며 멋쩍게 웃는 그분이 얼마나 멋있게 보였는지 모른다.

2) 대문 만들기

대문을 만들 때는 대문이 열리는 부분의 서까래 높이를 미리 계산해야 한다. 대문은 바깥으로 열고 닫기 때문에 대문이 너무 크거나 서까래 각도가 너무 크면 대문이 서까래 끝에 걸려 열지 못하는 불상사가 생길 수 있다.

대문을 만들려면 흙벽을 쌓을 때 먼저 해놓아야 할 일이 있다. 즉, 문틀을 세울 때 수직으로 세우는 문틀(수직틀)은 위아래 문틀(위틀, 밑틀)보다 바깥쪽으로 3cm 정도 빼놓았어야 한다. 대문 판자 두께가 3cm이기 때문이다. 물론 대문 판자가 두꺼우면 더 많이 빼야 한다. 이렇게 수직틀을 바깥쪽으로 빼놓는 이유는 대문을 바깥쪽으로 여닫기 때문이다.

목천흙집에서 대문을 만들 때 사용하는 판자는 가볍고, 향이 좋으며, 두통 치료에 효과적인 삼나무다. 대문 판자로 사용하는 삼나무의 두께는 3cm 정도가 적당하다. 지붕에 올린 판재로 대문을 만들 수도 있지만, 명색이 대문인데 두께가 너무 얇으면 보기 싫다.

뼈대 나무는 소나무를 사용한다. 뼈대 나무란 대문 판자에 가로로 놓이는 나무로, 여기에 못을 박아 대문 판자가 움직이지 못하도록 하고 대문의 모양을 만든다.

먼저 대문의 크기를 정확하게 재고 두 번 세 번 확인한다. 그렇게

1. 수직틀이 3cm 정도 나와 있다. 대문 판이 이곳에 걸려 아귀가 맞도록 하기 위해서다. 2. 대문의 치수는 위틀 위쪽부터 밑틀 아래쪽까지 잰다.

1. 대문 판과 뼈대 나무를 대패로 다듬고 치수에 맞춰 정확하게 자른다.　2. 뼈대 나무와 대문 판자의 위치를 잡아 표시한다.

해도 초보자가 만들면 대문 끝의 길이 등이 안 맞는 경우가 많다.

대문 위아래 길이에 맞춰 판자를 자르고 대패로 다듬는다. 이때 판자의 넓은 면에만 대패질을 한다. 양쪽 좁은 면에 대패질을 하면 판자끼리 딱 붙지 않는 경우가 생기므로 주의한다. 또 좁은 면은 양쪽 판자끼리 맞붙는 부분이기 때문에 굳이 대패로 매끄럽게 다듬을 필요가 없다.

판자를 나란히 놓고 뼈대 나무가 놓일 위치에 연필로 표시를 한 다음 뼈대 나무를 대문 안쪽 위쪽에 하나, 아래쪽에 하나, 중간에 하나를 대고 못을 박아 고정시킨다. 초보자들이 가장 많이 실수하는 것이 바로 이 부분이다. 나중에 못을 박은 뒤 대문을 붙여보면 양쪽 대문의 뼈대 나무 높낮이가 달라 보기 싫은 경우가 많다. 그러니 미리 치수를 잘 확인하여 대문을 붙였을 때 양쪽 대문 뼈대 나무 높이가 정확하게 맞도록 한다.

대문 판 가운데 부분에 놓이는 뼈대 나무는 빗장을 걸 수 있는 모양으로 만들어야 한다. 이 부분의 뼈대 나무 중에 빗장이 양쪽으로 움직일 수 있도록 세로로 놓이는 뼈대 나무에는 홈을 판다.

여기까지 하면 기본적인 대문 판은 다 만들었다. 이제 판 다듬기가 남아 있다.

대문 만들 때는 면도리를 잘해야 한다. 면도리는 직각으로 되어 있는 면을 대패로 슬쩍슬쩍 깎아주는 작업이다. 면도리를 한 다음 장석을 달고 경첩에 붙이면 대문 작업은 끝난다.

"뭐 별로 어렵지도 않구만 겁을 주고 그랬대요. 그런데 제가 아는 목수는 대문을 만들 때 끌로 홈을 파고 판자끼리 연결시키던데…"

이렇게 말하는 독자가 있을 것이다. 어렵지 않다면 다행이다. 그리고 나무에 홈을 내고 서로 엇갈리게 연결시키는 방법은 우리 전통 가옥을 짓는 목수들이 사용하는 전문 기술이다. 전통 목수들이 하는 일

1. 빗장 나무 2. 뼈대 나무에 빗장 나무를 건 모습

은 필자가 여기서 백 번을 설명해도 따라 하기 힘들다. 필자가 짓는
목천흙집에서는 지금 설명한 것처럼 만들어도 모양이나 성능 면에서
전혀 뒤지지 않는다.

요점 정리

1. 대문을 만들 때는 서까래 높이를 미리 계산해서 대문이 서까래에 닿지 않
   도록 한다.
2. 수직으로 세우는 문틀(수직틀)은 위아래 문틀(위틀, 밑틀)보다 3cm 정도 바
   깥쪽으로 빼놓았어야 한다.
3. 대문 판 만드는 순서
   ① 대문의 치수를 정확하게 잰다.
   ② 치수에 맞춰 대문 판자를 잘라 대패로 다듬는다.
   ③ 대문 판자를 나란히 놓은 뒤 뼈대 나무를 대고 못으로 고정시킨다.
   ④ 대문 판자의 각진 부분을 대패로 다듬는다.

대패질할 때는 받침대 끝에 고정 못을 박으면 나무가 움직이지 않아 혼
자서도 쉽게 작업할 수 있다.

대패질
쉽게
하는 법

대패질 쉽게 하는 법

3) 대문에 장석 붙이기

장석은 '돌쩌귀'라고도 하며, 대문에 붙이는 장신구를 말한다. 장석은 붙여도 되고 안 붙여도 된다. 하지만 굳이 설명하는 이유는 붙이면 안 붙인 것보다 훨씬 품위가 살아나기 때문이다.

"에이, 그깟 쇳조각 몇 개 붙였다고 뭐가 달라질까요?"

입을 삐죽거리며 이런 말을 할 필요가 없다. 붙여보면 안다. 장석을 붙인 대문이 귀고리, 목걸이, 반지에다 머리핀 꽂고, 화장하고 색깔 있는 옷을 입혀놓은 여인이라면, 붙이지 않은 대문은 단색 옷만 달랑 입혀놓은 여인이다. 다른 재료에 비해 조금 비싸지만 장석을 붙이라고 권하는 것도 이 때문이다.

장석은 각자의 위치가 정해져 있다. 땅 위에 판자나 종이를 놓고 각자 위치를 맞춰본 뒤에 붙인다. 붙이는 방법은 간단하다. 장석을

종이에 대문 장석을 놓고 각각의 위치를 맞춰본다.

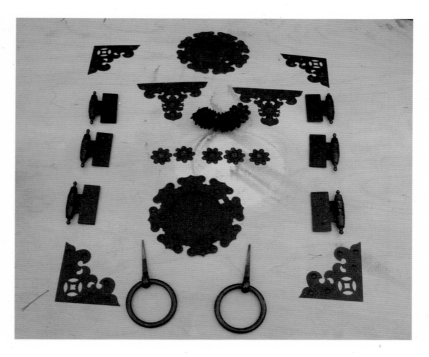

400

붙일 위치에 대고 군데군데 뚫린 구멍에 못을 박으면 된다.

요즘은 장석을 사용하는 곳이 드물다. 대형 철물점에 가면 한 세트에 10만원 정도 한다.

4) 경첩 달기

이제 대문을 제 위치에 붙이기 위한 경첩을 단다. 경첩에는 암수 구분이 있는데, 보통 문에 수놈을 달고 문틀에 암놈을 단다. 잘못 달면 문을 끼우고 떼어낼 수 없다.

대문을 고정시킬 위치를 정확하게 확인한 뒤 경첩을 못으로 박는다. 이때 살짝만 박은 다음 대문을 경첩에 대보고 맞으면 완전히 박는다. 대문을 경첩에 대고 완전히 박을 때는 대문 자체를 조금 위로

문틀에 다는 암경첩 (왼쪽)과 문짝에 다는 수경첩(오른쪽)

장석과 경첩을 달고
토치램프로 마무리
한다.

들고 경첩을 박아야 한다. 이때 대문 아래에 적당한 밑받침을 해주면
누가 들고 있지 않아도 된다.

경첩을 박을 때 주의할 점은 절대 망치로 박지 말라는 것이다. 한
번 잘못 박으면 경첩 자체를 바꿔야 할 수도 있으므로, 경첩은 드릴
을 이용해 나사못을 박는다.

5) 마무리

대문 마무리는 토치램프로 한다. 요즘 사람들은 대문을 만들고 니
스 칠을 하려고 덤비는 경우가 많다. 판자에 니스 칠을 하면 수명도
길어지고 반짝여서 보기에도 좋을 것이라고 생각한다. 하지만 절대
로 니스 칠을 해선 안 된다. 니스 칠을 하면 2년에 한 번 정도 다시
칠해야 한다. 또 나무는 살아서든 죽어서든 숨을 쉰다. 눈에 보이지

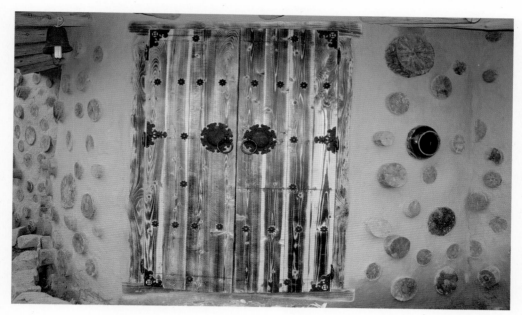

않는 틈으로 공기가 드나드는데, 니스 칠을 해놓으면 그 틈이 모두 막힌다. 니스 칠 대신 토치램프 작업을 하면 나이테가 선명하게 나타나고, 탄소가 입혀져 수명도 훨씬 길어진다. 토치램프 작업은 바깥쪽만 한다.

대문 판자로 쓴 나무가 건조되면 판자 사이가 벌어지는데, 그 사이로 겨울에 황소바람이 들어온다. 그럴 때 대문 안쪽에 한지를 바르면 바람도 안 들어오고 보기에도 깨끗하다.

대문을 만들고 나면 이제 집은 거의 완성되었다. 다 된 흙집을 바라보면 자기도 모르는 새 입가에 미소가 걸린다.

마지막으로 대문 앞이나 현관에 댓돌을 놓았다면 위치를 정확하게 잡아준다. 댓돌은 중앙에 맞춰야 한다. 옆으로 조금 비뚤어졌는데 그냥 지나치면 집 전체가 찌그러져 보인다. 집을 지을 때는 이렇듯 작은 것에도 신경을 써야 한다.

3. 신발장 만들기

　방 하나에 화장실(욕실) 하나로 이루어진 작은 집에서는 신발장이 필요 없겠지만, 현관 대문이 있는 큰 흙집에는 현관 한쪽에 신발장을 만들어놓으면 여러모로 쓸모가 많다. 그리고 전원에서, 더군다나 흙집에 살면서 플라스틱이나 베니어합판으로 공장에서 만든 신발장을 들여놓는 것도 왠지 양복 입고 고무신 신은 것처럼 어울리지 않는다.

　신발장을 만들 때는 집을 짓고 남은 통나무를 이용한다. 먼저 신발장이 들어갈 공간의 길이를 정확하게 잰다. 길이를 정했으면 기계톱으로 통나무를 자른다. 그리고 통나무 두 개를 세운 뒤 기계톱으로 홈을 판다. 이 홈에 신발이 놓일 판자가 걸린다. 판자는 지붕에 판재를 올리고 남은 것을 사용한다. 이게 전부다.

　목천흙집을 지을 때는 한없이 쉽게, 편하게, 자연스럽게 해야 한다. 일하다가 힘들면 쉬고, 목마르면 막걸리 한잔 마시고, 신발장이 필요하면 주위에 있는 통나무를 잘라서 만든다. 쉽게 생각하면 주위에 있는 모든 것이 쉽게 다가온다.

　"그래도 신발장을 이렇게 만들어서야…."

　이런 말을 하며 계속 고개를 갸웃거리는 분들을 위해 좀더 설명하겠다.

　통나무 홈에 걸릴 판자를 올리고 움직이지 않도록 못을 박아 고정

주인의 개성을 살린 신발장

백시멘트를 골고루
펴고 다듬는다.

시킨다. 이 정도는 여기서 설명하지 않아도 신발장을 만들다 보면 다
알아서 한다.

신발장을 다 만들고 난 뒤에 할 일이 한 가지 남았다.

신발장이 놓일 정도의 집이라면 현관이 있을 것이고, 그 현관에 지
금 만든 신발장을 놓을 것이다. 그 현관 바닥을 어떻게 처리할지 결
정해야 한다.

현관 바닥은 사람들이 바깥에서 신발에 흙을 묻히고 들어오는 곳
이기 때문에 처리를 해야 한다. 특히 시골에 흙집을 짓는 경우에는
반드시 해야 한다. 도시에서만 살던 사람은 비 온 뒤에 포장 안 된 시
골 마당을 떠올리기가 쉽지 않을 것이다. 비나 눈이 녹은 뒤 아이들
이 바깥에서 놀다가 현관으로 뛰어 들어오면 현관 바닥은 그야말로

시간이 지나면서 자
연스러워진다.

흙 천지가 된다. 그곳에 모이는 흙을 1년 동안 모아두면 새로 흙집
한 채를 지을 정도가 될 것이다. 그러니 현관에 흙 반죽을 모아두었
다가 흙집 하나를 더 지을 계획이 아니라면 현관 바닥 공사를 해야
한다.

바닥은 속 편하게 시멘트로 쫙 발라도 되고, 타일을 깔아도 된다.
또 검은 자갈이나 흰 자갈을 주워다 깔아도 좋다. 방법은 많으니 각
자 마음에 드는 대로 꾸민다.

그냥 흙으로 놔두고 싶다면 바닥에 백시멘트를 골고루 뿌린 다음
나무망치로 두드리든지 발로 꼭꼭 밟아 다듬질을 해준다. 이렇게 하
면 백시멘트가 습기를 빨아들이면서 단단하게 굳는다. 사람들이 밟
고 다니면 흙색으로 바뀌어 자연스러워진다.

4. 벽을 뚫고 새로 문 만들기

집을 다 지은 상태에서 출입문을 새로 만들고 싶을 때 문 만드는 법을 알아보자. 현대 건축에서는 엄두도 못 낼 일이지만 흙집은 다 지은 후에 창문의 위치를 바꿀 수도 있고, 출입문도 만들 수 있다.

문을 새로 만드는 방법은 간단하지만 덩치가 큰 공구를 다뤄야 하므로 힘이 필요하다. 흙벽을 뚫는 작업은 벽의 흙에 수분이 다 마른 다음에 해야 한다. 그렇지 않으면 옆의 벽에 크랙이 생길 수 있다.

1) 흙벽에 구멍 뚫기

먼저 새로 만들 출입문의 위치를 정한다. 새 문의 위치는 종전의 창문이나 문과 조금 거리를 두어야 한다. 새로 만들 문틀과 창틀 사이가 가까우면 벽을 뚫을 때 둘 사이에 있던 흙이 몽땅 떨어져나갈 수도 있다. 그러니 새 문은 종전의 문틀이나 창틀과 50cm 이상 거리를 두고 만든다. 하기야 50cm 옆에 문이 있는데 새로 문을 만들려는 사람은 없을 것이다.

가장 먼저 할 일은 새로 문을 낼 곳 처마에 각목으로 지주대를 대는 일이다. 이는 벽을 뚫을 때 진동으로 서까래가 흔들리는 것을 막기 위해서다.

1. 만약을 위해 벽 뚫을 곳의 처마에 지주대를 댄다. 2. 선을 그리고 나서 드릴로 벽에 구멍을 뚫는다.

　다음에는 새 문틀이 들어갈 모양대로 벽에 선을 그리고, 드릴을 이용해 한가운데 있는 목천목 옆의 흙벽에 구멍을 뚫는다. 드릴이 없으면 망치와 정을 이용해도 되지만 구멍 뚫기가 그렇게 만만치 않다. 목천 흙벽 쌓기 공법대로 만든 흙벽이 얼마나 단단한지 절실히 느낄 것이다.

　이제 목천목 주위에 구멍을 몇 개 내고 목천목 하나를 뽑아낸다. 뽑아낸 나무 구멍 주위에 있는 흙벽을 망치 등으로 쳐서 구멍을 넓혀간다. 흙 구멍을 넓혀가다 보면 마른 흙이 뭉텅뭉텅 떨어지는 경우도 있지만, 다 무너지는 일은 생기지 않으니 신경 쓸 필요 없다.

　벽에 구멍을 뚫을 때 또 한 가지 주의할 점은 안쪽 바닥을 정리해 놓은 상태, 예를 들어 바닥에 구들이나 보일러 혹은 타일 작업을 해 놓은 상태라면 깔판을 댄다. 그렇지 않고 벽을 뚫으면 흙덩어리들이

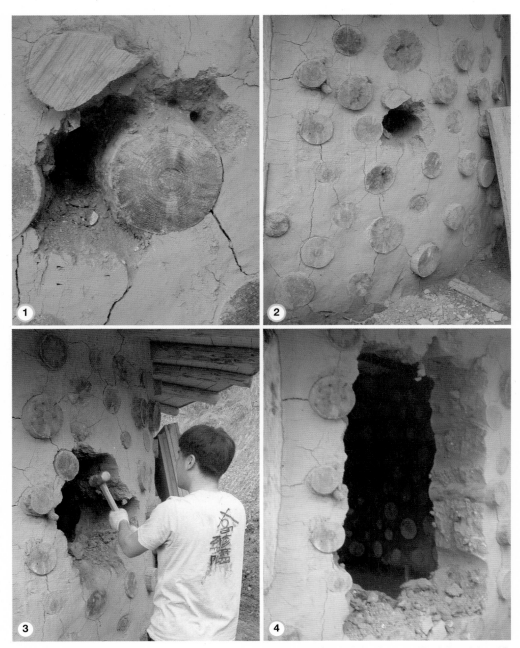

1. 목천목 주위에 구멍을 뚫고 안쪽에서 망치로 때려 목천목을 빼낸다. 2. 목천목이 빠진 모습 3. 주변을 망치로 쳐서 구멍을 넓혀간다. 4. 문 형태에 맞게 뚫린 흙벽

바닥에 떨어지면서 기껏 다듬어놓은 바닥을 망가뜨릴 수 있다.

앞에서 문 형태대로 그려놓은 선까지 흙 구멍을 넓혀주면 벽에 구멍 뚫기가 끝난다. 이제 문틀을 세운다.

2) 문틀 세우기

벽을 뚫고 문을 낼 때는 기성 문틀을 넣는 것이 좋다. 목천흙집에서 흙벽을 쌓을 때 사용하는 문틀은 무겁고, 목천목과 고정을 시켜야 하는 등 작업이 번거롭기 때문이다. 기성 문틀은 900×2100mm 등과 같이 정해진 규격이 있다. 그러니 벽에 구멍을 뚫을 때도 규격에 맞춘다.

문틀을 뚫은 벽 구멍에 댈 때는 바깥쪽 벽면에 맞추면 일하기 편하

1. 뚫린 흙벽에 문틀을 넣고 수평과 수직을 맞춘다. 새 문틀을 바깥쪽 벽에 맞춘다. 2. 위아래에 지지대를 댄다.

1. 먼저 흙벽에 물을 뿌려 적신다. 2. 흙 반죽으로 메운다. 3. 나무망치로 다듬는다. 4. 새 문 완성

다. 문틀을 벽에 넣었으면 수평자를 이용해 수평과 수직을 정확하게 맞춘 후 지지대를 문틀 위 아래로 댄다. 고정 틀을 대는 이유는 문틀과 벽 사이에 흙 반죽을 채운 뒤 흙이 마르는 과정에서 문틀이 틀어지는 것을 방지하기 위함이다.

수평과 수직이 맞고 문틀도 제대로 놓였으면 문틀과 흙벽 사이에 맥질할 때와 같은 방법으로 흙 반죽을 채운다. 폭이 넓은 곳에는 적당한 크기의 돌을 넣으면 흙 반죽량이 줄어 일을 조금 편하게 할 수 있다.

여기서도 새로 만든 문틀에 흙 반죽을 넣을 때는 반드시 먼저 물을 뿌려 마른 흙벽을 촉촉이 적신다. 그래야 종전의 흙과 새 흙이 한살이가 된다.

다음날 수분이 조금 말랐을 때 나무망치로 톡톡 두드리면 크랙도 적게 생기고 모양도 예뻐진다. 그 다음 작업은 앞에서 배운 맥질, 흙물 도배, 외벽 칠 순서로 한다.

5. 벽난로 만들기

벽난로는 개인적으로는 별로 권하고 싶지 않은 난방 시설이다. 열효율이 10% 정도밖에 안 되고, 공간 활용 면에서도 비효율적이기 때문이다. 열효율 면에서만 본다면 벽난로보다 난로를 권하고 싶다. 요즘 난로는 디자인이 잘 되어 벽난로와 같은 분위기를 내기도 한다. 하지만 벽난로가 장식적인 측면도 있기 때문에 실내 인테리어로 꾸미는 것도 괜찮다.

벽난로를 시공하는 가장 좋은 방법은 전문 업체에 의뢰하는 것이다. 인터넷으로 검색해보면 벽난로만 전문으로 판매, 시공하는 회사가 많아 각자 취향에 따라 설치할 수 있다.

여기서는 직접 시공하고 싶은 분을 위해 가장 기본적인 지식만 간략히 짚고 넘어간다.

먼저 벽난로 모양을 디자인해야 한다. 형태는 관련 책이나 잡지, 인터넷을 참고해 자기가 좋아하는 모양으로 정한다. 다음에는 벽난로 놓을 위치를 정한다. 벽난로 만드는 방식에 몇 가지가 있는데 가장 기본적인 두 가지만 설명하겠다.

첫째, 돌로 기단을 쌓듯이 놓고 흙 반죽을 붙인다. 시멘트로 해도 되지만 목천흙집에는 흙과 돌로만 하는 것이 더 잘 어울린다. 흙이 마르면 크랙이 생기는데, 맥질할 때 배운 대로 크랙을 메운다. 흙이

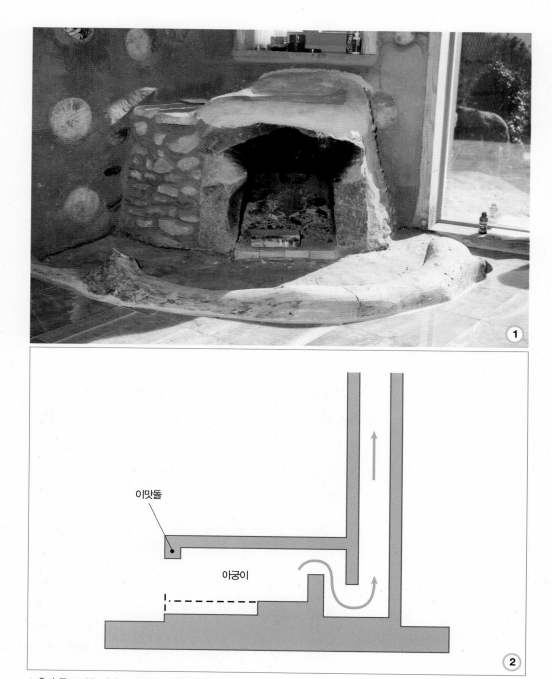

이맛돌

아궁이

1. 흙과 돌로 만든 벽난로 2. 벽난로의 내부 모습

마른 뒤 압착시멘트를 이용해 타일을 붙이면 벽난로가 완성된다.

둘째, 안쪽은 첫째 방법처럼 하는데 좀더 얇게 쌓은 뒤 타일 대신 그 주위를 흙벽돌을 이용해 담을 쌓듯이 모양을 만든다. 이 방법으로 하면 벽난로가 깔끔해 보인다.

벽난로를 만들 때 공통적으로 적용해야 할 사항은 다음과 같다.

첫째, 벽을 너무 두껍게 하지 않는다. 그래야 벽에서 나오는 열을 활용할 수 있다. 벽의 두께는 20cm 정도가 적당하다.

둘째, 굴뚝은 벽에 붙여 설치한다.

셋째, 이맛돌을 설치한다. 이맛돌이란 벽난로 입구 윗부분에 있는 돌인데, 연기가 안쪽에서 계속 돌아 굴뚝 쪽으로 나가도록 한다. 벽난로는 실내에 있기 때문에 아궁이 쪽으로 연기가 나가지 않도록 하는 것이 중요하다.

요점 정리

1. 벽난로는 개인이나 업체에 따라 다르게 만든다.
2. 벽난로 만드는 가장 기초적인 방법은 돌과 흙 반죽으로 기단 쌓듯이 하는 것이다.
3. 벽난로 벽은 너무 두껍게 하지 않는다.
4. 굴뚝은 벽에 붙여 만든다.
5. 이맛돌을 설치한다.

6. 실외 수도 공사

　전원 생활을 하다 보면 실외에 수도 시설이 필요하다. 정원에 물을 주거나 여름에 아이들을 씻길 때는 물론이고, 각종 농기구 등을 씻을 때도 유용하다.

　실외에 수도를 설치할 때는 동파를 예방하기 위해서 수도 파이프를 일정 깊이 이상 땅속에 묻어야 한다. 이 깊이는 '동결심도'라고 하여 지방에 따라 다르다. 필자가 전국에서 흙집을 짓다 보니 경험상 터득한 동결심도는 경기도 50~60cm, 강원도 1m 이상, 전라남도와 경상남도 30cm 이상이었다. 이렇게 해놓고 지금까지 얼어 터진 적은 한 번도 없다.

　하수도도 마찬가지다. 들어오는 것 못지않게 나가는 것 또한 중요하다. 수도는 멀쩡한데 하수도가 얼어 막히면 그런 낭패가 없다. 그러니 하수도 배수관도 어느 정도 동결심도에 맞춰 묻어야 한다. 보통 하수도 배수관은 40cm 이상 파고 넣으면 겨울에 얼지 않는다.

　수도 놓을 장소를 정한 뒤 수도 원 파이프에 파이프를 연결해 야외 수도 위치까지 끌어온다. 이때 물론 땅을 파고 동결심도까지 묻어야 한다.

　먼저 할 일은 수도 주위의 평탄 작업이다. 그런 뒤 수도꼭지 놓일 땅 위로 수도 파이프를 꺼내 자리를 잡고, 수도 주위에 자신이 생각

1. 돌로 모양을 만든다. 2. 바닥 시멘트 공사 과정

한 모양대로 돌을 놓는다. 돌의 크기는 상관없다. 자신이 디자인한 수도 모양의 높이에 맞는 돌이면 된다.

수도 바닥 공사에는 시멘트를 사용한다. 흙으로도 만들 수는 있지만 조금 지나면 파이고 떨어져 나가 복구 공사를 해야 하므로 아예 이 부분은 시멘트를 사용하는 것이 좋다. 하지만 전원의 흙집 한가운데 시멘트 수도가 있으면 보기에 영 안 좋다. 그래서 기초 바닥은 시멘트로 만들고 눈에 보이는 부분은 흙과 백시멘트를 섞어 흙색으로 마무리한다. 비록 완전히 흙은 아니지만 보기 싫지는 않을 것이다.

수도 만들 모양에 따라 돌을 놓고 시멘트로 고정시킨 다음 바닥에 시멘트를 깐다. 기초를 만드는 것이다. 그리고 돌 위에도 시멘트로 발라 수도 바닥 모양을 만든다.

여기에 골고루 방수액을 붓는다. 방수액에는 두 가지 종류가 있는데, '완결방수액'으로 한다. '굳결방수액'은 금방 굳기 때문에 사용하지 않는다.

방수액을 부은 뒤 다시 시멘트 가루를 뿌리고 그 위에 백시멘트와 섞은 흙을 바른다. 백시멘트와 흙은 1 : 2의 비율로 하되, 마른 흙을 사용해야 잘 섞이고 일도 편하게 할 수 있다. 마른 흙과 백시멘트를 잘 섞은 뒤 물 대신 방수액을 부어 반죽한다. 흙은 체로 쳐서 고운 가루로 만든 것이 좋다. 흙 속에 돌이 있으면 일하기가 불편하기 때문이다.

백시멘트와 섞은 흙 반죽을 시멘트 바닥에 5~10cm 두께로 골고루 바른다. 이 과정에서 주의할 점은 물이 빠질 부분을 향해 경사를 주어야 한다.

흙 반죽은 손으로 구석구석 잘 바르고, 그 위에 백시멘트 가루를 뿌린다. 붓에 물을 묻혀 살짝살짝 문질러가며 미장을 한다. 완성된 바닥은 시멘트가 다 마를 때까지 물이 묻지 않도록 조심한다.

1. 완성된 야외 수도 2. 다른 모양으로 만든 야외 수도

요점 정리

바닥 공사 순서

1. 수도 주위를 평평하게 만든다.
2. 수도꼭지 놓일 땅 위로 수도관을 꺼내고 미리 디자인한 모양에 맞춰 돌을 놓는다.
3. 시멘트 몰탈로 돌을 고정시키고 바닥에는 시멘트를 깐다.
4. 방수액을 시멘트 위에 골고루 바른다.
5. 방수액 위에 시멘트 가루를 뿌린다.
6. 백시멘트와 섞은 흙을 5~10cm 두께로 바른다. 백시멘트와 섞을 흙은 미리 고운 체로 쳐놓는다.
7. 바닥이 다 마를 때까지 물이 묻지 않도록 한다.

7. 맨홀 만들기

　맨홀 만들기 공사는 굳이 설명할 필요가 없다. 맨홀 박스를 보면 설명이 나와 있고, 땅을 파고 부엌에서 나오는 하수도 파이프에 연결시키면 되기 때문이다. 하지만 처음 해보는 사람은 어디서부터 어떻게 해야 할지 모를 것이므로 간단히 설명하고 넘어간다.

　일반 가정에선 하수 용량이나 음식 찌꺼기가 많지 않으므로 맨홀이 필요 없지만, 오가는 사람이 많은 식당에서는 맨홀을 만들어주는 것이 좋다. 그래야 하수도가 막히지 않고 막히더라도 쉽게 해결할 수 있다.

　먼저 하수 배수관이 지나가는 적당한 곳에 맨홀 박스 묻을 구멍을 판다. 여기서 적당한 곳이란 부엌 바깥 흙벽에서 5m 이내를 말한다. 전문 식당이 아닌 일반 가정에서는 맨홀이 그보다 멀리 있을 필요가 없다.

　아예 하수도 배관을 하기 전에 맨홀을 설치하면 일은 훨씬 쉬워진다. 파이프를 자르고 끼우고 할 필요 없이 배수관 묻을 땅을 팔 때 맨홀 묻을 곳도 함께 파면 되기 때문이다. 하지만 나중에야 맨홀 만들 생각이 났다면 지금 설명하는 방법대로 한다.

　하수 파이프가 지나가는 곳에 맨홀 박스 깊이만큼 구덩이를 판 뒤 종전에 묻어두었던 하수 파이프 양쪽을 자르고 맨홀 박스에 연결한

주방 쪽

1. 가정용 맨홀 박스
2. 맨홀 박스 속의
파이프 위치   3. 완
성된 맨홀

다. 이때 악취 제거(트랩 장치) 파이프가 아래쪽(하수도)으로 가게 해야
악취가 부엌까지 올라오지 않는다.

그 다음에는 흙을 덮어 맨홀 박스를 묻고, 위에는 시멘트 블록을
이용해 우리가 주위에서 흔히 볼 수 있는 사각형 맨홀 박스를 만든다.

8. 흙집 꾸미기

1) 담장 쌓기

전원에 목천흙집을 짓는 분들은 될 수 있으면 담장을 쌓지 말기 바란다. 쌓더라도 누구를 막는다는 개념보다는 집주인의 개성을 드러내는 조경 공사를 한다는 기분으로 만들었으면 좋겠다.

담장을 쌓는 재료는 집주인의 개성을 표현하는 것이기에 각자 생각해서 선택한다. 하지만 차를 타고 지나가다 보면 가끔 양복 입고 갓 쓴 것처럼 집과 어울리지 않는 담장을 두른 집이 눈에 띈다. 뭐, 그것도 개성이라면 할 말 없지만 기왕이면 여러 사람들이 공감하는 모습이 더 좋을 것 같다. 참고삼아 말하면 전원에서 담장은 지붕 재료와 어울리는 재료로 쌓는 것이 가장 자연스럽다. 예를 들어 초가 지붕을 얹은 경우에는 싸리 울타리가 좋고, 기와 지붕은 기와 담장이나 돌담이 좋으며, 목조 지붕은 판자로 된 나무 울타리가 좋고, 아스팔트 싱글 지붕은 색깔이 비슷한 벽돌담이 좋다.

담장을 흙으로 쌓을 때는 땅과 맞닿는 아랫부분은 반드시 돌로 기초를 해주기 바란다. 그래야 습기를 막을 수 있다. 목천흙집 기초 공사하듯이 하면 된다.

담장에 많이 쓰이는 몇 가지 재료를 소개하면 다음과 같다.

· 살아 있는 울타리, 즉 나무를 심어서 만드는 것이 좋다. 남부 지

1. 담장을 만들지 않아도 얼마든지 경계를 표시할 수 있다.   2. 돌로 쌓은 장독대. 담장을 이렇게 쌓아도 괜찮을 것 같다.

방에서는 탱자나무 울타리가 가장 좋다. 확실한 방범 구실도 하고, 몸에 좋은 탱자도 얻을 수 있으며, 보기에도 좋다.

· 돌로 쌓아도 좋다. 다만 무너지지 않도록 주의한다.

· 목천흙집의 흙벽을 쌓듯이 해도 좋다. 다만 흙에 나무 대신 기와나 돌을 넣는다.

2) 화단 꾸미기

화단에는 약초 종류를 심는 것도 좋다. 약초라고 하여 산삼이나 당귀 등을 말하는 것이 아니라, 주위에서 흔히 볼 수 있는 질경이, 범의귀, 민들레 등을 심는다. 약초에 관한 책을 보면 심을 것은 얼마든지 있으니 취향에 따라 고른다. 약초를 심어놓으면 건강에도 도움이 되고, 자녀들에게 자연스럽게 식물 교육도 시킬 수 있다.

3) 텃밭 만들기

주위에 숲이 우거져 있으면 숲과 집 사이에 텃밭을 만드는 것이 좋다. 채소를 재배하는 데도 목적이 있지만, 그보다는 산불이 났을 때 집을 보호하기 위함이다.

텃밭 크기는 4인 가족 기준으로 30평 정도가 알맞다. 믿지 못하겠지만 이 정도면 어지간한 작물은 재배해 먹을 수 있다. 예를 들어 고추나무 하나에서 고추가 50~100개 열린다. 그러니 15그루를 심으면 몇 개인가. 상추도 한 포기에 50장 정도 열린다. 상추 10포기만 심으면 500장이다. 자연은 받은 대로 돌려준다. 그것도 눈에 보이지 않는 정성까지 셈을 해서 돌려준다.

4) 조경 공사할 때 상식

· 소나무를 옮겨 심을 때 : 전원에 집을 지을 때는 주위에 소나무가 많아 베어내는 경우가 있다. 또 베지 않고 살려보려고 옮겨 심으면 태반이 죽고 만다. 소나무를 옮겨 심었을 때 그 나무가 살아날지 죽을지 알 수 있는 방법이 있다. 소나무를 옮겨 심고 일주일 정도 지난 뒤 그 소나무의 상처에서 송진이 가득 나와 있으면 반드시 살아난다. 필자가 심어본 결과 거의 모든 나무가 그랬다.

· 집 주위에 대나무를 심지 말 것 : 대나무는 뿌리가 뻗어나가 집을 망치는 수가 있다. 꼭 대나무를 심고 싶다면 맹죽을 심지 말고 작은 산죽을 심는다.

· 정원에 고구마 심는 방법 : 정원에 무덤만한 크기로(크기는 집주인 마음대로 한다) 흙을 쌓고 고구마 순을 빽빽하게 꽂은 뒤 물만 주면 가을에 고구마를 푸짐하게 먹을 수 있다. 고구마는 거름을 주면 안 되기 때문에 관리할 필요도 없고 자연 조경도 된다. 이 방법대로 하면 넓은 밭이 필요 없고, 나중에 가족이 둘러앉아 고구마 캐는 재미도 쏠쏠하다.

9. 목천흙집을 지은 뒤에 할 일

흙집의 수명은 어떻게 관리하느냐에 따라 달라진다. 관리를 잘하면 100년 넘게 사용할 수도 있다. 아파트 수명이 기껏 20~30년인 것에 비하면 대단한 수명이다. 하지만 관리를 안 하면 시멘트 집보다 훨씬 빨리 망가지는 게 흙집이다. 흙집은 가장 사람을 그리워하는 집이기 때문이다.

시멘트 집은 안에 누가 살든 수명이 다할 때까지 원래 생긴 모습 그대로 있다가 쓰러지지만, 흙집은 그렇지 않다. 흙집은 시간이 지날수록 자기 안에 사는 사람의 모습을 닮아간다. 오래된 흙집을 보노라면 그 집에 사는 사람의 품성을 알 수 있을 정도다.

그렇다고 1년에 한 번씩 흙물 도배를 한다거나, 지붕을 새로 올리는 등 대공사를 하라는 게 아니다. 지나다니다가 벽에 흠이 생겼으면 흙을 반죽하여 바르고, 봉당에 돌 하나가 빠졌으면 끼워주는 정도로 간단한 일이다. 이런 보살핌만으로도 흙집은 충분히 감사하며, 주인의 사랑에 보답할 줄 안다.

흙집을 직접 지었다면 관리하는 기술을 배울 필요가 없다. 집을 지으면서 모든 기술을 터득했기 때문이다. 하지만 다른 사람이 지어준 흙집에서 산다면, 적어도 흙집에 관한 책이라도 참고해 기본적인 지식을 익혀두기 바란다. 그래야 관리하기가 편하다.

집을 완성하는 데 대여섯 달 걸린 경우는 상관없지만, 한 달 이내에 집을 완성한 경우에는 곧바로 들어가서 살면 안 된다. 목천흙집은 흙벽의 흙이 겉에서 5cm 정도 마를 때까지는 기다려야 한다. 이 정도 마르는 데 걸리는 시간은 날씨가 좋을 때 일주일 정도다.

흙집은 그 집에 사는 사람의 품성을 닮는다. 사는 이의 정성에 따라 모양과 수명이 달라진다.

7.
부록

1. 집터 잡기

1) 욕심을 부리면 집터는 보이지 않는다

집 지을 땅 찾기는 결코 쉽지 않다. 돈, 평수, 위치, 허가 사항 등 내 입맛대로 되는 것이 하나도 없다. 하지만 이 조건을 다 맞추려면, 혹은 여기에다 뼈를 묻겠다고 생각하면 땅을 못 산다. 죽을 때 다 버리고 간다고 생각하면 살 수 있다. 또 여기서 살다가 싫으면 다른 곳으로 가지 뭐, 하는 마음이면 땅을 살 수 있다. 뭐 어떤가. 이 좁은 땅덩어리 중 어디에서 산들 겨우 몇 시간이면 왕래할 수 있는 곳인걸.

좋은 집터를 잡는 최선의 방법은 자신을 믿는 것이다. 자신의 상식과 지식을 믿으면 된다. 상식적으로 누가 삐죽한 바위가 많은 곳에 집을 짓겠는가? 누가 언제나 물이 흥건히 고여 있는 곳에 집을 짓겠는가? 말 못하는 짐승들도 자기 살 곳은 잘 찾아내서 집을 짓고 산다. 하물며 사람이 자기 살 집터 하나 못 잡을 리 없다. 더 좋은 곳을 찾으려고 욕심을 부리다 보니 눈에 띄지 않을 뿐이다.

2) 집터의 조건이 옛날과는 다르다

집터를 찾을 때 누구나 한번씩 떠올리는 말이 '배산임수'일 것이다. 뒷산이 집을 감싸주고 앞에 물이 있다는 것은 넓은 벌판이 있다는 뜻이니, 앞에는 확 트여서 경치가 좋은 곳을 가리킨다. 예부터 집을 지을 때는 따지는 것이 아주 많았다. 좌청룡우백호, 북고남저, 서고동저 등 말로 다 할 수 없을 정도다. 이는 풍수지리사상의 영향을 많이 받았기 때문이다. 풍수지리사상은 선조들이 오랜 경험과 관찰, 사색을 통해 자연의 이치를 깨우친 결과가 축적된 것으로 볼 수 있다.

하지만 이제는 시대가 바뀌었다는 사실을 염두에 두고 집터를 잡아야 한다. 오래 전에 만들어진 학설을 현대에 그대로 적용한다는 것은 문제가 있기 때문이다. 지금은 집의 형태도 바뀌었고, 사는 방식이나 생각도 달라졌다.

우리 전통 가옥의 형태는 거실(마루)을 중심으로 열려 있는 개방식 구조였다. 일상생활은 마루를 중심으로 마당에서 이루어졌고, 방은 거의 잠을 자는 공간으로 활용되었다. 그렇기 때문에 창문도 거의 없는 형태였다. 이런 구조에서는 당연히 동남향 집이어야 했다.

하지만 지금은 거실과 방, 화장실, 부엌이 모두 집 안에 있는 폐쇄식 구조다. 이런 구조에서는 집 방향의 중심이 출입문이 아니라 거실 창문이다. 대문이야 어디에 있든지 거실 창문만 동남향이면 되는 구조로 바뀐 것이다. 물론 동남향이 좋기는 하지만 옛날처럼 그것이 결정적인 이유가 되지는 않는다는 말이다. 이렇듯 옛날과는 집터의 조건이 다르니 굳이 풍수지리를 따져 고집할 필요는 없을 것이다.

3) 좋은 집터 잡는 법

풍수지리에서 집을 지을 때 가장 좋은 곳을 쉽게 이야기하면 다음 몇 가지로 요약된다.

첫째, 앞에 물이 흐르고 뒤에 산이 있는 곳, 즉 배산임수다.

둘째, 동남향이어서 양지 바른 곳.

셋째, 산이 집터를 포근히 감싸는 곳, 즉 좌청룡우백호다.

넷째, 산이 수려하고 산맥이 끊어지지 않은 곳.

다섯째, 물이 달고 차가운 곳.

한마디로 풍수에서 가장 좋은 집터는 앞(동남쪽)은 탁 트여 볕이 잘 들고, 물이 흐르는 넓은 벌판이 있고, 완만한 경사가 있어 배수가 잘 되는 곳이며, 뒤(북서쪽)에는 북서풍을 막아줄 적당한 높이의 산이나 언덕이 있는 곳이다. 이렇게 보면 풍수지리가 유별난 사상이 아니라 많은 사람들의 상식을 이론화시킨 것임을 금방 알 수 있다.

이런 점들을 염두에 두고 현대에 맞는 집터를 찾아보자.

첫째, 북서쪽이 높고 동남쪽이 낮은 곳이다. 그래야 햇빛을 잘 받을 수 있다. 또 북쪽에 산이나 언덕이 있어야 겨울에 북풍을 막아 따뜻하다. 전통 풍수에서는 동쪽이 높고 서쪽이 낮으면 지기(地氣)가 나쁘기 때문에 그곳에 사는 사람이 병에 걸리기 쉽다고 하는데, 아무래도 햇빛을 적게 받기 때문에 좋을 리는 없다.

둘째, 주위 풍경이 아름다운 곳이다. 전통 풍수에서는 산세가 좋지 않은 악산(惡山)에서는 나쁜 기운이 나온다고 하는데, 꼭 그런 이유가 아니라도 풍경이 안 좋은 곳은 피하고 싶은 게 사람 마음이다.

셋째, 약간의 경사가 있는 곳이다. 그래야 물이 잘 빠진다. 하지만 경사가 너무 급하면 산사태의 위험이 있으니 피한다. 또 경사가 급한 곳에 집을 지으려면 토목 공사 비용이 많이 든다.

넷째, 집터가 주위보다 약간 높은 곳이다. 그래야 주위 풍경을 잘 감상할 수 있고, 수해도 막을 수 있다.

다섯째, 길이 좋게 나 있는 곳이다. 터가 아무리 좋아도 나귀를 타고 다녀야 할 정도라면 세상과 연을 끊은 도인이나 스님 외에는 사람 살 곳이 못 된다.

4) 피해야 할 집터

좋은 집터가 있으면 피해야 할 집터도 있다. 하지만 이 둘은 둘이 아니고 하나다. 좋은 집터는 피해야 할 곳을 피한 집터이기 때문이다.

1. 낮은 지대는 피한다. 요즘은 기후가 사나워져 게릴라성 호우가 많이 쏟아지므로 수해에 대비해야 한다. 또 지대가 낮으면 주위 풍경을 감상할 수도 없다.

2. 골짜기는 피한다. 역시 수해에 대비하고 산사태를 피하기 위해서다.

3. 산등성이는 피한다. 낮은 지대에서는 주위 풍경을 볼 수 없다고 했더니 아예 높은 곳으로 올라가는 사람이 있다. 하지만 이곳에는 바람이 강하게 불기 때문에 건강에도 좋지 않을 뿐만 아니라 겨울에는 매우 춥다. 그래도 낮은 곳보다는 높은 곳이 낫다. 옛 날에는 높은 곳은 달동네라 하여 못 사는 사람들이 많았지만, 지금은 높은 곳일수록 잘 사는 사람들이 많다. 교통과 난방 시설이 발달했고 전망도 좋기 때문이다.

4. 매립지는 피한다. 지반이 약하기 때문이다. 하지만 집을 전혀 못 지을 곳은 아니고, 터를 좀더 정성 들여 다진다.

5. 모래나 자갈이 많은 땅은 피한다. 지반이 약할 뿐만 아니라 이런 곳에는 농사도 되지 않는다. 또 복사열 때문에 여름에는 뜨겁다.

6. 강이나 바다와 가까운 곳은 피한다. 홍수나 해일 피해를 당할 수 있다.

7. 댐 아래쪽이나 저수지 하류 쪽은 피한다. 혹시 모르잖은가. 둑이 무너질지.

8. 늪지대는 피한다. 지반이 약할 뿐만 아니라 각종 해충, 특히 모기 때문에 살기 어렵다.

9. 주위에 축사가 있는 곳은 피한다. 좋은 공기를 찾아간 곳에서 악취만 맡기 쉽고 각종 해충, 특히 파리 때문에 괴롭다.

10. 주위에 탄광이나 폐수 발생이 우려되는 곳은 피한다. 가장 중요한 식수가 오염될 염려가 있다.

11. 북쪽이나 앞에 너무 큰 산이 있는 곳은 피한다. 전망과 일조시간이 제한되어 답답하기도 하고, 주위에 너무 큰 산이 있으면 자기도 모르게 산에 압도된다.

12. 잡목이 울창한 숲속은 피한다. 숲에 가려 풍경을 볼 수 없을뿐더러 습기가 많고, 불이 났을 때 피해를 입을 수 있다.

13. 주위에 높이 솟은 나무들이 있는 곳은 피한다. 무슨 일로 인해 그 나무가 집 쪽으로 쓰러지면 집이 무너지고, 번개를 맞을 위험도 있다. 하지만 다른 조건은 모두 마음에 드는데 높은 나무 때문에 꺼린다면 '바보' 소리를 듣는다. 자연에서 벼락 맞을 확률은 그렇게 높지 않다. 또 그게 무서우면 피뢰침을 세우면 되고, 흙집은 전도율이 낮기 때문에 번개 걱정은 안 해도 된다. 나무를 잘라내는 사람도 있는데, 나무는 절대 함부로 잘라선 안 된다. 나무가 그 정도로 자라기 위해서는 50년 이상을 그 자리에 있었다. 굴러온 돌이 박힌 돌 파낸다고 자기보다 훨씬 먼저 자리를 잡고 있던 주인을 해치고 집을 지으면 잘 될 턱이 없다.

14. 산세가 좋지 않은 곳은 피한다. 매일 볼 주위 풍경이 안 좋으면 정신적으로 피곤하다.

15. 큰물이 집터를 향해 흘러오는 곳은 피한다. 이런 곳을 전통 풍수에서는 수기(水氣)가 강해 그 집에 사는 사람들 건강에 문제

가 생긴다고 하는데, 사실은 물이 갑자기 불어나면 집을 덮칠 수 있기 때문이다.

16. 물기가 배어나오는 곳은 피한다. 이런 곳에는 수맥이 있다. 또 주위를 둘러보았을 때 다른 곳과 달리 식물이 무성한 곳도 수분이 많다는 증거다.

위에서 말한 내용은 눈으로 보이는 집터를 이야기한 것이고, 이밖에 요즘 사람들이 가장 중시하는 부분이 있다. 바로 수맥이다. 집터를 잡을 때 수맥은 피하는 것이 좋다. 필자도 반대하지 않는다. 하지만 너무 철저하게 따지지는 말았으면 좋겠다.

언론매체에서 수맥을 마치 지옥의 불구덩이처럼 이야기하는 바람에 모두 수맥을 피하느라 야단이지만 수맥은 지구의 실핏줄과도 같다. 지구에서 사는 이상 어디를 가도 수맥은 피할 수 없다. 태국이나 베트남 등에서는 물 위에 짓는 수상가옥도 많고, 대도시에 다닥다닥 붙어 있는 집들은 수맥을 피하고 말고 할 선택의 여지가 없다. 대도시 땅 밑이라 하여 물이 흐르지 않는 것은 아니다. 그러니 수맥을 그렇게 무서워할 필요는 없다.

수맥을 피하라는 것은 수맥이 있는 곳에는 아무래도 습기가 나올 수 있기 때문이지 수맥파가 무서워서가 아니다. 지구에서 생명을 만든 물이 자기가 만든 자식인 인간을 못살게 굴 리 없다. 그러니 집 지을 땅속에 수맥이 있다는 사실을 확실하게 알 수 있다면 그곳을 살짝 피해서 집을 짓고, 겉으로 봐서 이상이 없으면 그대로 집을 지어도 된다. 영 찜찜하면 집을 짓기 전 집터에 탄소, 즉 숯을 조금 두껍게 깔아주면 소위 말하는 수맥파를 막을 수 있다. 비싼 돈 들여 동판을 사지 말고 숯만 깔아도 충분하다. 집 지을 곳을 일정 깊이로 파고 참숯을 1~2cm 크기로 부순 다음 5cm 두께로 깔면 된다.

참고로 습기가 많은 땅은 주위를 잘 살펴보면 알 수 있는데, 어느 지점이 푹 꺼졌거나 다른 곳보다 잡초가 무성한 곳, 혹은 물이 흐른 흔적이 있거나 겨울철에도 잡초가 파랗게 보이는 지점은 물이 드는 곳이다. 흙집은 습기에 약하기 때문에 이런 곳은 피하는 게 좋다. 대부분 이런 곳에서 지하수를 개발할 수 있다.

　또 집터를 고를 때 비 오는 날 높은 지대에 올라가서 보면 물이 흐르는 길이 보인다. 그 물길을 피해서 집터를 잡으면 수해를 입지 않는다. 물길은 피해 지어야지 그 자리가 좋다 하여 인위적으로 물길을 다른 쪽으로 돌리고 집을 지으면 나중에 반드시 수해를 당한다. 자연이 정한 물길은 수많은 시간에 걸쳐 만든 가장 편한 길이다. 사람이 중장비를 동원해 바꿨어도 물길은 언젠가 제자리를 되찾고 만다.

2. 땅 구입하기

집터를 찾았으면 법적인 처리, 즉 부동산을 구입해야 한다. 전원에서 살 결심을 한 사람이라면 필자가 땅 구입하는 방법을 설명하지 않아도 다 알아서 준비할 것이다. 관련 책을 보고, 인터넷을 뒤지고, 동호인이나 선배들에게 자문을 구하는 등 땅을 구입하는 데 소홀히 할 사람은 없다.

그런 점을 잘 알고 있지만 정리한다는 생각에서 땅 구입하는 방법을 몇 가지로 나누어 간략히 설명하겠다. 부동산 관련 법규를 설명하자면 이 책의 많은 분량을 차지하므로 법규 내용은 생략한다. 또 필자는 법률가나 공인중개사가 아니므로 한 번에 알아듣기 쉽게 설명할 자신이 없다. 그러니 전원에 땅을 사서 집을 지을 거라면 책 몇 권 사거나 법률 전문가에게 상담 몇 번 하는 비용 정도는 아까워하지 말기 바란다.

1) 땅에 대한 기본 상식과 알아봐야 할 사항

땅은 용도에 맞게, 신중하게 선택해야 한다. 땅과 관련된 법은 상황에 따라 자주 바뀌기 때문에 이전의 법 내용을 그대로 믿지 말고 새로 바뀐 법이 있는지 확인하는 자세가 필요하다.

① 부동산에 대한 기초 상식을 알아야 한다

부동산에 대한 상식이 없으면 되지도 않을 땅을 구하느라 고생은 고생대로 하고 손해는 손해대로 본다. 또 기초 상식을 어설프게 알아 땅을 사고도 건축 허가가 나오지 않기도 하고, 형질을 변경하기 위한 돈이 땅값보다 더 들기도 한다. 이런 경우가 생기는 이유는 등기부등본과 지적도 등 해당 지번 관련 서류만 보고 허가가 나올 것이라고 자기 혼자 판단했기 때문이다. 꼭 담당 공무원 등 관계자들에게 확인을 해야 한다.

② 가격 문제다

전원 생활하기 좋은 땅은 그 지역의 평균 시세여야 한다. 다른 곳보다 월등히 비싸거나 너무 싸면 십중팔구 문제가 있는 땅이라고 보면 된다. 비싼 곳은 투기성이 있는 곳이기 때문에 전원 생활하기에는 좋지 않다. 또 너무 싼 곳은 법이 바뀌지 않는 한 절대 집을 지을 수 없다거나 하는 법률적 문제가 있을 가능성이 매우 크다.

③ 법률 용어 문제다

땅은 대지, 농지, 임야 등으로 나눈다. 대지는 집을 지을 수 있는 곳을 말하고, 전·답이라고 표기된 농지는 농사를 짓는 곳이며, 임야는 숲이다. 이중에서 땅값은 대지가 가장 비싸고, 농지, 임야 순이다.

관련 서류에 보면 대지는 '대', 논은 '답', 밭은 '전', 산은 '임야', 도로는 '도'라고 표기되어 있다. '대'라고 표기되어 있으면 아무 문제 없이 집을 지을 수 있지만 '전, 답, 임야'라고 되어 있는 곳에 집을 지으려면 형질과 지목 변경 작업을 위한 허가를 받아야 한다. 허가는 토목 설계 사무소에 의뢰하거나 본인이 직접 한다.

또 대지로 되어 있어도 도로보다 낮은 곳이면 토목 공사 비용이 훨씬 더 든다. 도로 높이로 맞추기 위해 흙을 사다 메워야 하기 때문이다. 그렇지 않으면 수해를 각오해야 한다.

가격이 싸고 대지로 전용할 수 있는 임야를 구입하는 경우 반드시 경사를 확인한다. 포클레인이 올라갈 수 없을 정도로 경사가 심하면 집을 지을 수 없다. 또 경사의 방향이 종전 배수로가 있는 쪽으로 기울어지지 않았으면 하수로 내기가 쉽지 않다.

'도' 표시가 없는 땅은 '맹지'라고 하여 건축 허가를 받지 못한다. 다만 지적도에 '도' 표시가 없어도 현장에 포장된 농로가 있으면 '현황 도로'라 하여 도로로 인정받을 수는 있다. 하지만 이것은 사유 도로이므로 땅주인에게 도로사용승낙서와 인감증명을 받아야 한다.

④ 관련 서류 이름을 알아야 한다

땅을 구입하는 데 관련된 서류는 그렇게 많지 않고, 자세한 내용은 따로 장을 만들어서 설명하겠다. 등기부등본, 지적도, 토지이용계획확인원, 토지대장 등이 기본 서류다.

⑤ 예상치 못한 이유로 집을 지을 수 없는 경우가 있다

지적도에는 분명히 길이 있는 것으로 나와 있는데 집을 지을 수 없는 경우다. 그 길이 사유지거나 폭이 4m 이하일 때 이런 일이 생긴다. 아예 도로가 없으면 땅을 사서 도로를 만들어야 한다. 마을 주민들이 어떤 이유로 집을 못 짓게 하는 경우도 있다. 이런 때는 법정까지 갈 수도 있어 복잡해진다.

그밖에 확인할 사항으로는 그곳의 날씨, 수해 여부, 이웃한 땅, 오염원이나 혐오 시설 유무 등을 주위 사람들에게 알아봐야 한다.

이외에도 땅을 구입할 때 알아야 할 상식은 많다. 보통 땅을 구하기 위해서는 짧게는 한 달, 길게는 1년이 넘도록 부지런히 발품을 팔아야 한다.

2) 땅을 구입할 때 확인해야 할 기본 서류

· 등기부등본 : 땅주인 이름과 소유 시기, 각종 근저당권 등이 기록되어 있다.
· 토지대장 : 땅의 넓이, 땅주인에 대한 인적 사항 등이 기록되어 있다.
· 토지이용계획 확인원 : 지목, 용도지역, 용도구역 등이 기록되어 있다. 용도지역은 도시지역, 관리지역, 자연환경보전지역 등으로 표시되고, 용도구역은 농지, 산림 등으로 기록된다.
· 지적도 : 지목, 땅의 형태, 방위, 도로의 유무, 인접 대지의 상황이 표시되어 있다.

3) 땅 구입하는 과정과 각종 인 · 허가 절차

땅을 구입하는 과정은 간단하지만 각종 인 · 허가 절차는 자치단체에 따라 조금씩 다를 수 있다. 여기서는 일반적인 개념 정리만 해두기 바란다.

땅을 구입할 때는 반드시 땅주인과 직접 계약서를 작성한다. 대리인일 경우에는 위임장과 인감을 꼭 확인하고, 중도금 등을 주기 전에 서류를 꼼꼼히 확인해야 하며, 가급적 땅주인과 꼭 한 번은 만난다. 또 계약서를 작성하고 난 뒤 곧바로 땅을 측량하여 서류상으로 정확하게 해둔다.

계약서를 작성할 때 계약금으로 땅값의 10%를 주며, 중간에 중도금이라고 하여 40%를 준다. 그리고 완전히 등기 이전을 할 때 나머지 50%를 준다. 이렇게 확인에 확인을 거듭하는 이유는 땅 사기꾼들이 많기 때문이다. 사기를 당하느니 '그 사람 참 깐깐하네' 라는 핀잔을 듣는 편이 낫다.

  필자가 지금 이렇게 설명을 해도 실제로 땅을 구입하고 인·허가 절차를 밟다 보면 여기서 설명하는 내용은 하나도 생각나지 않을 것이고 별로 도움도 되지 않는다. 엄벙덤벙 관청에 몇 번씩 들락거려야 하고, 서류도 몇 번씩 다시 준비해야 하고, 그러다 보면 얼렁뚱땅 절차가 끝나 있을 것이다. 누가 일부러 사기를 치려고 하지 않은 이상 그렇게 한다고 무슨 하자가 생기는 것도 아니다.

  다음은 여러 절차를 보기 편하게 도식화한 것이다.

땅을 구입하는 과정

농지전용허가 절차

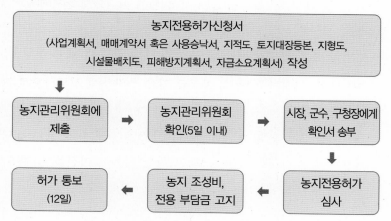

임야전용허가(산림형질변경허가) 절차

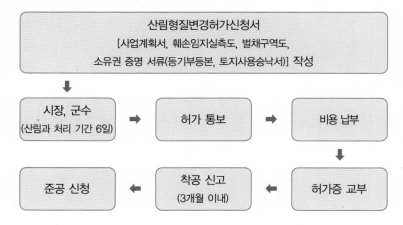

좀 복잡한 것 같지만 위의 사항은 농지나 임야를 구입해 집을 지으려고 하는 경우에 해당되는 내용이다. 이렇게 농지나 임야의 용도를 변경할 때는 경제적인 여유가 있다면 토목 설계 사무소에 의뢰하면 대행해준다. 또 용도 변경을 할 때는 비용이 든다.

농지를 용도 변경할 때 드는 농지 조성비는 경지 정리 여부에 따라 ㎡당 1만~2만원이 든다. 경지 정리와 용수 개발이 시행된 논의 비용이 가장 많이 들고, 천수답 등이 가장 적게 든다. 비용은 납입통지서를 받은 날부터 30일 이내에 납부해야 한다.

임야를 용도 변경할 때 드는 비용은 대체 조림비, 전용 부담금, 형질변경복구적지비 등 조림비와 산의 경사도에 따라 ㎡당 800원에서 4천원이 든다. 형질변경복구적지비는 산의 경사가 급할수록 많아지고 경사가 완만할수록 적어진다. 이외에도 토지취득, 용지변경, 개발 부담금 등으로 비용이 들어간다.

3. 권해주고 싶은 땅 구입법

　본 내용은 필자의 경험에 따른 것이므로 조언 정도로 받아들이기 바란다. 필자와 생각, 경험, 성격이 다르면 이 방법이 좋지 않아 보일 수도 있기 때문이다.

　땅을 구입할 때 가장 좋은 방법은 가고자 하는 지역을 정한 뒤 그곳을 자주 방문하는 것이다. 여건이 되면 그 근처에 월세나 하숙을 얻어 몇 달 동안 기거해보고 구입하는 것이 좋다.

　"시간이 남아도는 줄 아시오?"

　하지만 자기가 살 보금자리를 결정하는 데 몇 달이 그리 긴 시간은 아니다. 자기가 시골에서 생활할 수 있는지 시험해보는 시간으로 삼아봐도 좋다. 그렇다고 무식하게 몇 달 내내 그곳에서만 어슬렁거릴 사람은 없을 것이다. 요즘은 주5일 근무제가 정착되고 있으니 주말이나 휴일 혹은 월차 때마다 가보는 것도 방법이다. 또 그곳에서 생활해보면 더 좋은 땅이 눈에 띄는 행운이 오기도 한다.

　'나는 죽어도 그럴 시간과 여유가 없다' 면 현지의 부동산 중개인에게 의뢰하는 것이 가장 편하다. 하지만 그 동네에 대해 잘 알지도 못하면서 부동산업자의 말만 믿고 땅을 계약하는 일은 삼간다. 부동산업자에게 의뢰하는 시기는 자기가 알아볼 것은 다 알아본 뒤다.

　마음에 드는 땅을 찾았으면 일단 관청에 가서 지번을 떼어 각종 관련 서류를 열람한다. 소유권에 법적인 문제가 없는지 등을 모두 확인한 뒤 집 짓기가 가능한 곳이라면 현지 땅을 다시 꼼꼼히 살펴본다.

땅을 살펴볼 때는 길이 있는지, 묘지는 없는지, 주위에 축사와 같은 오염 시설은 없는지 혹은 과거에 있었는지 등을 살펴본다. 묘지가 있다면 그 땅만큼만 개인 소유인 경우가 많으므로 잘 살펴봐야 한다. 또 주인이 없는 묘지라도 함부로 훼손할 수 없다.

한 가지 더, 국유지는 집을 짓기 위한 매입이 불가능하므로 맘에 드는 땅이 국유지라면 아예 포기하는 편이 낫다.

1) 땅을 살 때 욕심을 부리지 마라

도시에서 살던 사람은 주위에서 매일 들어온 소리가 부동산 투기, 땅 투기, 아파트 투기다 보니 시골에 땅을 살 때도 무의식중에 투기성 계산을 한다. 서울에서 땅 한 평에 1천만원이라는 말을 자연스럽게 들었기 때문에 시골에서 땅 한 평에 5천원이라면 일단 사고 보려는 욕심이 앞선다. 1만 평이라야 겨우 5천만원밖에 안 되고, 이 돈이면 서울에서 아파트 전세도 못 얻을 돈이라고 생각한다.

하지만 이렇게 하면 반드시 후회한다. 5천원짜리 땅은 앞으로도 계속 5천원일 것이고, 시골에서 마땅한 수입은 없지만 땅을 소유하고 있으니 세금은 계속 나올 것이며, 다른 용도로 변경하자니 부대비용이 너무 많이 든다. 도시에서 살던 사람이 농사를 지을 수도 없다. 1만 평이나 되는 땅에 농사를 짓는다는 건 평생 농사꾼으로 살아온 사람들도 감당하기 어려운 일이다.

2) 전원에 짓는 목천흙집의 크기

목천흙집을 짓는 공간은 그리 넓지 않아도 된다. 극단적으로 말해 전원 생활에서 방은 세 평이면 충분하다. 우리 전통 가옥은 안방 문화였지만, 지금은 거실 문화로 바뀌어 남의 집 안방에 들어가는 것은 큰 실례다. 앞으로는 정원 문화가 될 것이므로 집이 그렇게 클 필요가 없다. 지금도 시골은 정원 문화다. 시골에서 집은 잠을 자는 공간 정도면 충분하다. 대신 정원을 넓게 만들어야 한다.

4인 가족 기준으로 목천흙집을 지을 때는 거실, 부부 방, 아이들 방, 욕실 등 모두 합쳐서 30평 미만이 좋다. 도시의 주택은 갇혀 있는 구조이므로 넓어야 하지만, 시골에서는 도시 집의 거실이 곧 마당이다. 정원은 배드민턴을 마음대로 칠 수 있는 넓이는 되어야 한다. 집이 30평이라면 정원을 70평 정도로 만든다.

목천흙집을 지을 때 건평과 대지의 가장 이상적인 비율은 10% 이내가 가장 좋다. 즉, 건물이 30평이면 대지는 300평 정도가 적당하다. 300평 중에서 70평 안에 작은 창고, 개집 등 부속 건물을 포함한 정원을 꾸미고, 나머지 200평은 텃밭으로 만든다. 그 정도 텃밭이면 가족이 먹을 푸성귀뿐만 아니라 식량도 웬만큼 생산할 수 있다.

4. 지질 조사

땅을 구입했으면 지질 조사를 한다. 지질 조사는 지반 상태를 조사해서 건축물이 들어설 수 있는지 알아보는 것으로, 현대 건축에서는 반드시 필요한 사항이지만 목천흙집을 지을 때는 크게 중요하지 않다. 기초 놓는 방법과 집의 구조가 다르기 때문이다.

전문적인 지질 조사는 업체에 의뢰해야 한다. 그러므로 여기서는 목천흙집을 지을 때 개인이 쉽게 지질 조사를 할 수 있는 방법만 소개하겠다.

① 주변에 종전 건물이 있다면 그 건물을 자세히 살펴본다

지반에 문제가 있다면 건물에 크랙이 생겼거나 한쪽 부분이 침하되었을 것이다.

② 마을에서 오래 산 사람들이 말을 들어본다

집을 지으려고 하는 위치의 땅이 과거에 논이나 밭 혹은 매립지 등 무슨 용도로 쓰였는지 물어본다.

③ 풍수를 보는 지관들이 하듯이 땅에 쇠꼬챙이를 꽂아보거나 삽으로 1m 이상 파본다

땅의 단단한 상태나 수분의 유무, 흙의 상태 등을 알 수 있다.

5. 건축 허가

1) 건축 허가를 받는 과정

땅을 사고 그 위에 집을 짓는 일은 하나에서 열까지 관련 법규에 따라야 한다. 관련 법규에 부합하지 않는 방식으로 집을 지으면 건축 허가가 나오지 않는다. 보통 일반 집을 짓는 과정과 인·허가 절차는 다음과 같다.

땅을 구입하여 건축 설계 사무소에 설계를 의뢰한다. 그리고 자재 업체와 시공업체, 감리업체에서 견적을 받아 집을 짓는다. 건축 인·허가와 준공 허가는 건축 설계 사무소에서 모두 대행해준다. 하지만 목천흙집을 직접 지을 경우에는 절차가 조금 달라져 다음과 같은 과정을 거친다.

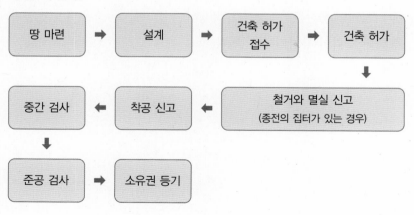

건축 면적이 60평(200m²) 미만인 경우에는 건축 허가 대상이 아니므로 농지나 임야 전용 허가(신고)를 받은 후 토목 공사를 완료하면서 정화조를 설치하고 건축 공사를 시작하면 된다. 그리고 건축물을 다 지은 뒤 건축물 기재 사항을 신고한다.

2) 건축 허가에서 준공까지 필요한 서류

- 건축 허가를 신청할 때 : 사업계획서, 소유권 증빙 서류(등기부등본, 토지사용승낙서), 훼손임지실측도와 벌채구역도(임야일 경우), 평면도
- 건축 허가할 때 : 수수료, 면허세, 국민주택채권, 도로점용도(해당 건축에 한함)
- 착공 신고할 때 : 농지일 경우에는 농지전용허가 준공필증. 임야일 경우에는 산림형질변경 준공필증, 경계측량성과도
- 준공 검사할 때 : 세금(취득세, 등록세, 농어촌특별세, 교육세) 영수증, 정화조 준공 관련 서류(정화조 업체 양식)

땅을 산 뒤 건축물을 지었으면 법적으로 자기 것이라는 신고를 해야 한다. 이것을 '소유권 이전'이라고 한다. 소유권 이전등기는 관청에 비치되어 있는 관련 양식을 작성하여 신고한다. 소유권 이전등기를 하면 드디어 자기의 집이 된다.

6. 목천흙집을 지을 때 필요한 공구

목천흙집을 지을 때 사용하는 공구는 아주 많다. 하지만 자기가 살 흙집 몇 채를 지으려고 비싼 공구를 모두 준비할 필요는 없다. 꼭 필요한 공구 외에는 다른 공구로 대체하여 사용할 수 있기 때문이다.

공구는 습기가 없는 일정한 곳에 잘 보관해야 한다. 그래야 공구를 찾기 위해 시간을 낭비하지 않고 고장을 방지할 수 있다.

여기서는 흙집을 지을 때는 물론 전원 생활하면서 필요한 공구 위주로 설명하겠다. 목천흙집은 몇 가지를 제외하고는 일상생활에서 사용하는 공구만으로도 지을 수 있기 때문이다.

1) 전동 공구

옛날 같으면 많은 사람의 노동력과 숙련된 기술이 필요한 일을 혼자서도 별 힘 안 들이고 할 수 있게 해주는 것이 전동 공구다. 하지만 전동 공구는 편리한 만큼 실수했을 경우 피해도 크다. 수공구는 실수를 해도 피나 좀 나오고 말지만, 전동 공구를 사용하다가 일어난 실수는 돌이킬 수 없는 사고로 이어진다. 전동 공구를 다룰 때 조심 또 조심해야 하는 것도 이 때문이다.

전기대패
나무의 단면을 고르게 다듬는다.

원형 톱
나무를 자른다.

이동식 전선
야외에서 전동 기기를 사용할 때 연결선이다.

전기드릴

송곳날을 끼워 나무, 콘크리트, 철판, 흙벽에 구멍을 뚫는다.

드라이버

건전지나 충전기로 작동하며, 나사못을 박을 때 사용한다.

핸드그라인더

'전기연마기'라고도 하며, 사포를 끼워 나무를 다듬는다.

기계톱

나무 자를 때와 홈 팔 때 사용하며, 기름이나 전기로 작동한다. 전원 생활할 때 기계톱은 꼭 필요하다.

콤팩트
흙집 기초를 다진다.

· 처음 구입했을 때 설명서를 꼼꼼히 읽는다.
· 보관할 때는 아이들의 손이 닿지 않는 곳에 둔다.
· 사용할 때는 모자, 보안경, 장갑 등을 착용한다.
· 전동 공구에 딸려 들어갈 수 있는 헐렁한 옷은 입지 않는다.
· 불안정한 자세로 공구를 사용하지 않는다.
· 사용할 때나 사용하고 난 뒤에 반드시 정리 정돈을 한다.
· 함부로 분해하거나 조립하지 않는다.
· 물에 젖지 않도록 한다.
· 고장이 나면 재빨리 수리한다.
· 부품에 이상이 생기거나 평소와 다른 소리가 나면 사용을 중지한다.
· 사용 후에는 전원 플러그를 빼놓는다.

2) 수공구

수공구는 흙집을 지을 때도 필요하지만 대체로 일상에서 쓰이는 것들이다. 흙집을 지을 때 모든 수공구를 반드시 갖출 필요는 없다. 다른 공구로 대체할 수 있기 때문이다. 참고로 필자는 삽, 호미, 톱, 망치만으로 흙집을 지은 적도 있다.

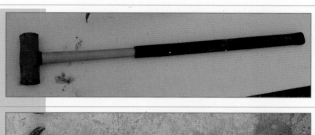

해머
큰 말뚝을 박거나 흙벽을 부술 때 사용한다.

쇠망치
못을 박거나 목천목을 안착시킬 때 사용하며, 이외에도 용도에 따라 종류가 많다.

자귀
나무를 깎아내거나 홈을 판다.

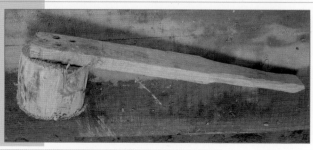

나무망치
흙벽을 다듬는다.

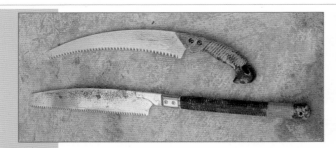

톱

나무를 자를 때 사용하며, 켜는
톱과 써는 톱이 있다.

끌

나무의 홈을 파거나 다듬고, 조
각을 한다.

먹통 (먹줄통)

나무에 직선을 그린다.

수평자

수평과 수직을 맞추기 위해 사용한다.

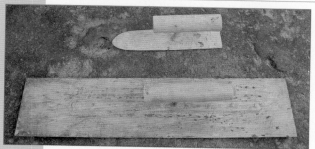

흙손

시멘트나 흙벽 등을 미장한다.

괭이

무른 땅을 얕게 판다.

곡괭이

딱딱한 땅을 깊게 판다.

장도리

큰못을 뽑거나 서까래 수평을 맞춘다.

고무래
땅을 평탄하게 고르거나 큰 돌을
골라내고, 지붕에 흙을 깐다.

삽
땅을 파거나 흙 반죽을 할 때 등
여러 용도로 사용한다.

붓
흙칠을 하거나 흙벽을 다듬는다.

토치램프
대문, 목천목, 툇마루를 그슬리고
방수포를 녹여 붙인다.

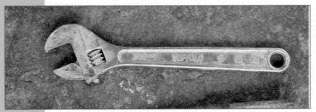

몽키 스패너
수도관 공사를 할 때 사용한다.

절단기
큰못이나 철사를 자른다.

쇠스랑
반죽한 흙을 떼어낸다.

모탕
나무를 패거나 자를 때, 물건을 쌓을 때 밑에 괴는 나무. 작업 현장에서는 흔히 대패질을 할 때나 높은 곳의 작업을 할 때 여러모로 쓸모가 많다.

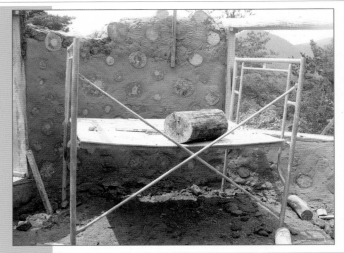

받침대(비계)

높은 곳의 작업을 할 때 사용한다.

못집

작업할 때 못 휴대용이다.

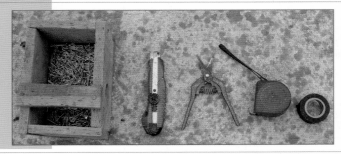

그밖에 공구

못통, 칼, 전지가위, 줄자, 테이프

체
흙물을 만들 때 흙 속에 있는 모래 등을 걸러낸다.

물뿌리개
이전에 쌓은 흙벽에 새로 흙벽을 쌓을 때 물을 뿌려 적신다.

개인 용기
흙칠 등을 할 때 흙물, 물 등을 담는다.

손수레 1

흙 반죽, 시멘트 몰탈 등 재료를 옮긴다.

손수레 2

목천목 등 무거운 재료를 옮긴다.

사다리

높은 곳의 작업을 할 때 사용한다.

8평형 목천흙집에 들어가는 재료
(방 5평, 화장실 3평)

- 목천목 : 400개(방 265개, 화장실 135개)
- 흙 : 15톤 트럭 1대 반 정도
- 서까래 : 30개
- 피죽 : 약 2다발(한 묶음 지름은 3m, 자르면 1톤 트럭에 3다발을 실을 수 있다.)
- 동판 : 12개(동판 1개당 3m, 흙집 원의 길이는 36m)
- 판재 : 16묶음(2묶음이 1평 분량)
- 창틀, 문틀 : 9자 9개
- 못 : 한 박스
- 방수포 : 약 7롤
- 돌 : 1톤 트럭 1대
- 시멘트 : 3포